U0188603

深远海工程装备与高技术丛书

北斗卫星系统
的定位技术及船舶导航应用

张云　等　著

上 海 科 学 技 术 出 版 社

图书在版编目(CIP)数据

北斗卫星系统的定位技术及船舶导航应用 / 张云等著. —上海：上海科学技术出版社，2019. 1

(深远海工程装备与高技术丛书)

ISBN 978－7－5478－4249－2

Ⅰ. ①北… Ⅱ. ①张… Ⅲ. ①卫星导航—全球定位系统—应用—航海导航 Ⅳ. ①P228. 4 ②U675. 7

中国版本图书馆 CIP 数据核字(2018)第 257822 号

北斗卫星系统的定位技术及船舶导航应用

张云　等　著

技术编辑　张志建　陈美生

美术编辑　赵　军

上海世纪出版(集团)有限公司
上　海　科　学　技　术　出　版　社　出版、发行

(上海钦州南路 71 号　邮政编码 200235　www. sstp. cn)

苏州望电印刷有限公司印刷

开本 787×1092　1/16　印张 14. 5　插页 4

字数 350 千字

2019 年 1 月第 1 版　2019 年 1 月第 1 次印刷

ISBN 978－7－5478－4249－2/TN・21

定价：118. 00 元

内 容 提 要

本书是技术应用型专著，首先系统阐述了全球卫星导航系统的概念及定位基本原理，主要介绍了北斗系统的单点定位技术、差分定位技术、廉价导航模块载波定位技术，以及北斗系统特有的短报文通信技术；在此基础上，介绍了北斗系统在船舶导航中的应用技术，包括电子海图、北斗卫星电子罗经、无人水面航行器的设计与开发；最后对北斗系统船舶定位与导航技术的未来发展趋势进行展望。

通过本书，读者可以全面了解北斗系统的定位原理和特性，掌握北斗系统的定位算法，拓宽北斗系统在船舶导航领域的应用范围。

本书的主要读者对象是船舶导航技术研发人员、船舶导航专业的高校学生，以及海洋测绘及陆地测绘领域的开发人员。

学术顾问

丛书编委会

前　言

全球卫星导航系统应用起源于船舶导航，普及于陆地应用。随着国家“海洋战略”的不断深化，尤其是我国自主研发的北斗全球卫星导航系统的全球化战略，使得北斗系统在船舶导航领域的应用范围不断扩展。

本书共分为 10 个章节：第 1～6 章系统地阐述了北斗全球卫星导航系统的单点和差分定位技术，以及北斗系统特有的短报文通信技术；第 7～9 章介绍了若干个北斗系统的船舶导航领域的应用技术，重点阐述了北斗系统的定位的基本特性，以及北斗系统在船舶导航领域中的实际意义；第 10 章对北斗系统船舶定位技术的发展趋势进行了展望。

在“北斗系统定位技术”方面，重点阐述了基于北斗系统混合星座、三频率等特点的定位技术以及北斗特有的短报文通信技术。首先介绍了北斗系统单点定位原理，包括伪距单点定位原理、北斗系统信号多径误差模型，以及多系统组合单点定位技术；其次介绍了北斗系统载波差分定位技术，包括单差和双差伪距和载波相位模型、各类线性组合技术，以及北斗系统双频/三频载波差分定位技术；然后介绍了廉价导航模块载波定位技术，包括单频载波组合定位模型、零基线/静态/动态试验及结果分析；最后介绍北斗短报文通信技术，包括短报文通信流程、短报文的编码压缩技术，以及北斗短报文的系统开发和应用。

在“北斗系统船舶导航应用”方面，重点突出了北斗系统在船舶导航领域的应用。首先介绍了船舶导航与电子海图技术，包括电子海图和 YimaEnc SDK 的介绍，以及船舶监控系统模块设计；其次介绍了北斗卫星电子罗经的开发和设计，包括北斗卫星电子罗经仪技术、基于海洋渔业云平台架构技术；最后介绍了无人水质监测船的设计与开发，包括系统总体设计、移动端硬件设计和软件设计。

在“北斗系统船舶定位与导航技术展望”方面，重点阐述了北斗系统船舶定位技术的发展趋势，包括人工智能与定位导航技术、低轨卫星的导航定位增强技术、面向大众船舶自主式航行的位置补正信息服务，以及通导遥一体化服务。

本书主要由上海海洋大学信息学院通信导航实验室的人员编写，中海云重庆科技有限公司、上海海事大学信息工程学院的人员参与编写。本书的第 1～6 章由张云组织编写，第 7 章由洪中华和徐志京组织编写，第 8 章由蔡其和韩彦岭组织编写，第 9 章由韩彦岭组织编写，第 10 章由张云和韩彦岭组织编写，全书由张云、韩彦岭统稿。上海海洋大学的硕士研究生魏聪、于文浩、杭斯加、苏晓容、袁阳、张扬阳做了大量的论文内容收集和整理工作，在此一并致谢。

本书获得国家自然科学基金面上项目“基于全球导航卫星系统(GNSS)反射信号的海冰检测模型的研究”(编号：41376178)和“基于激光测高和高分立体测绘卫星的大范围建(构)筑物灾害损失精细化评估方法研究”(编号：41871325)的资助，在此表示感谢。

本书虽数易其稿，几经增删，但由于编者水平有限，错误和不当之处在所难免，恳请广大读者朋友批评指正。

作　者

2018 年 10 月

目 录

第1章　概　　述

本章首先介绍了船舶导航的历史、电子海图的发展状况和现有的船舶导航技术，并介绍了卫星导航系统，对四大卫星导航系统的特点进行了对比。然后介绍了全球卫星导航系统(GNSS)的定义和组成，包括GNSS的全球设施、区域设施、用户部分以及外部设备。接着详细介绍了一些全球和区域的导航卫星系统，包括美国的GPS、俄罗斯的GLONASS、欧洲的GALILEO、中国自主研发的北斗系统、日本的QZSS和印度的IRNSS，给出各个卫星导航系统的星座组成、轨道参数、卫星运转周期和建设情况等，并介绍了各个卫星导航系统的特点和相关应用技术。最后简要介绍了北斗系统的船舶导航应用现状。

1.1 引 言

1.1.1 船舶导航的历史

船舶的历史几乎和人类文明史一样久远。船舶导航的发展大致分为三个阶段：远古时代至19世纪、20世纪初至20世纪中叶和20世纪60年代至21世纪。

船舶导航第一个阶段主要以灯塔作为航行指向，建立的是点对点的近距离导航(一般适合于60 km之内)，该方法受气候影响较大。世界上第一座灯塔为建立于公元前约270年的埃及法罗斯灯塔(见图1.1a)，它是古代的七大奇观之一，为进出亚历山大港的船只指引方向。其他著名的灯塔还有号称远东第一灯塔的中国浙江舟山嵊泗县花鸟灯塔(见图1.1b)、澳大利亚奥特维角灯塔(见图1.1c)和美国最上镜灯塔波特兰灯塔(见图1.1d)等。

船舶导航第二个阶段主要以雷达为主，可以全天候实时导航，同时还可以测量船舶之间距离以避免相撞，在第二次世界大战中德军和英美盟军的军舰均广泛使用船用导航雷

(a)

(b)

(c)

(d)

图 1.1 世界著名灯塔

(a) 埃及法罗斯灯塔；(b) 中国浙江舟山嵊泗县花鸟灯塔；(c) 澳大利亚奥特维角灯塔；(d) 美国波特兰灯塔

达(Brown 1999)，战后逐步扩大到民用船舶，国际海事组织(IMO)规定，1 600 吨位以上的船舶需要装备导航雷达(见图 1.2)。

图 1.2 船用导航雷达

船舶导航第三个阶段为卫星导航，卫星导航可以实现全天候、全球性实时导航，目前全球四大卫星导航系统(美国的 GPS、俄罗斯的 GLONASS、欧洲的 GALILEO 和中国的北斗系统)在船舶导航中得到广泛使用，具有划时代的意义。

近代船舶的发展，除了在船舶吨位和航速方面不断有所改进外，主要是在船上应用了越来越多的电子设备和仪器，既保证了船舶的安全航行，又方便了船员对日益复杂和庞大的现代化船舶的管理。所以有人认为，现代船舶的发展史，也是电子航海仪器的发展史[1]。

船用通信机的种类很多，使用的无线电频率范围也很宽，从中波、短波、高频，直至特高频。远距离全球范围通信主要由单边带无线电通信机和卫星通信船站来承担，除了传统的莫尔斯电码和通话方式外，船上还普遍使用窄带直接印字电报机，可将电文直接打印出来，不需报务员人工抄报。除了主收发信机外，船上还配备有应急收发信机和无线电自动拍发器，可供应急求救时使用。近距离通信可使用甚高频无线电话。船舶内部通常都装有有线电话系统，供船舶上各部门之间联系使用。

导航方面的电子设备在近半个世纪以来发展特别迅速。利用陀螺仪的指向性做成的陀螺罗经已广泛使用于现代的大型船舶，它能为船舶指示准确的航向。为了在大海中测定自己船舶的位置，除了使用古老的天文导航方法外，目前已有很多种无线电导航系统可供使用，而且正以差不多每隔十年左右推出一种新的电子导航系统的速度在发展着。这些无线电定位系统主要有：无线电测向仪，它可测定无线电指向台(岸台)的方向，从而求得船位，同时它也是搜寻遇难船舶(发出无线电求救信号的船舶)的有力工具。罗兰 A 和罗兰 C 定位系统是利用测定岸台信号到达接收机的时间差来定位的双曲线定位系统。奥米加定位系统是一种甚低频双曲线定位系统，其特点除了能全球覆盖外，还能供水下潜艇定位使用。台卡定位系统是一种相位差式近距离高精度双曲线定位系统。子午仪卫星导航则是利用人造卫星来定位的一种导航系统，其定位精度高，但不能连续定时定位，只有当卫星飞临上空期间能进行定位，其定位间隔一般需 2～4 h。随着 GPS 等卫星导航系统的建成，由于卫星数量多且高度高，所以能对船舶提供连续实时的高精度船位信息，这将给船舶导航带来极大的方便。

船舶导航是指通过航位推算、无线电信号、惯性解算、地图匹配、卫星定位及多种方式组合运用，确定船舶的动态状态和位置等参数的综合技术。导航技术是指通过航位推算、无线电信号、惯性解算、地图匹配、卫星定位及多种方式组合运用，确定运载体的动态状态和位置等参数的综合技术。导航技术根据方法的不同可分为航位导航、无线电导航、惯性导航、地图匹配、卫星导航及两种以上方式的组合导航等；导航运载体包括飞机、船舶、汽车等[2]。

随着船舶导航技术的发展，导航设备不断增多，各学科越来越多的技术成果被引入船舶导航领域，导致系统内规模日益庞大。因此，需要对船舶导航技术进行信息化和自动化的改造和提升，构建一个高度信息化、高度自动化、统一操控的船舶导航平台。

1.1.2 海图的简介及发展状况

海图是航海人员主要的参考资料以及计算工具。航行之前研究海区，选择航线并制定出海计划；航行中绘图并计算航迹、航船位置；航行结束后分析整理航行情况、总结航海教训等都要用到海图。航海用图除了墨卡托海图(见图 1.3)外，还包括一些特殊条件下需要视野的高斯公里网图(见图 1.4)等。

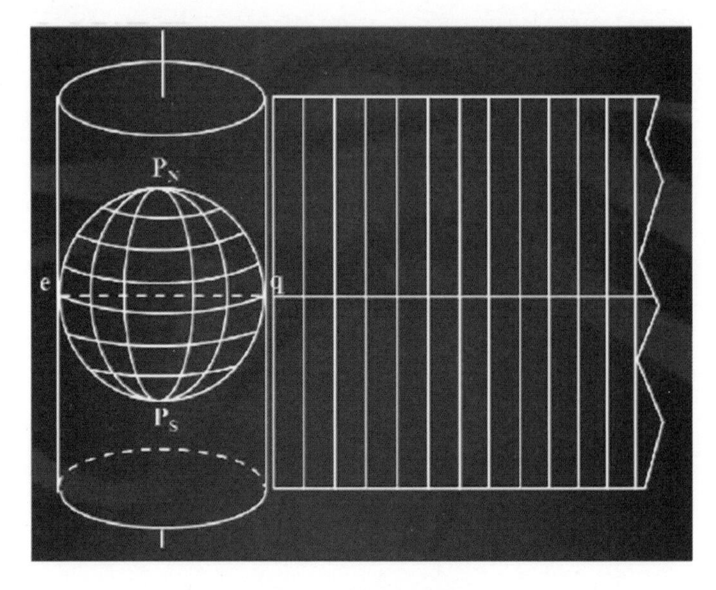

图 1.3 墨卡托海图

（图片来源：https：//wenku. baidu. com/view/78c0720043323968011c926d. html）

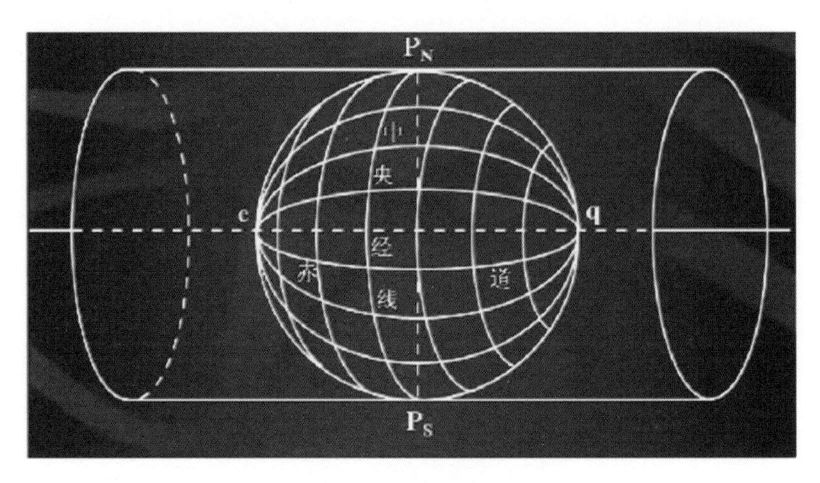

图 1.4 高斯公里网

（图片来源：https：//wenku. baidu. com/view/78c0720043323968011c926d. html）

海图按照用途可分为普通航海图和专用航海图，其中普通航海图又包括港湾图、航行图、海区总图和江河图。纸质海图的缺点包括以下几个方面：

（1）纸质海图是一个标准化的固定产品，改革起来相对麻烦，因此发展较慢。

（2）纸质海图受到很多方面的限制，如印刷机械、海框图大小等，使海图分图变得困难。

（3）纸质海图是一种纸产品，印刷量过大的时候造成浪费，印刷量过少又会影响船舶使用。

（4）纸质海图不能随意折叠，不便于携带。

(5) 纸质海图容易变形，长期使用后会变色，影响使用精度。

(6) 纸质海图修改工作量大，作航线设计时工作量也很大，耗时太长。

随着科技的进步，电子海图的诞生成了必然。电子海图与纸质海图的对比见表 1.1。

表 1.1 电子海图和纸质海图的对比

名 称	海图改正	介 质	授 权
电子海图	人工完成	大量高级纸张，印刷后不能大面积修改	一张图只能给一个用户使用
纸质海图	网络自动完成	通过网络、光盘等介质发行，可随时修改	可随意拷贝，但存在盗版问题

随着全球贸易的快速发展，世界各国之间的航运业得到蓬勃发展。然而海洋环境非常复杂，船舶的安全需要根据沿途的海洋环境进行科学决策，才能有效避免各种险境，而电子海图(electronic navigational charts，ENC)可以提供航线设计、航行轨迹记录、航线偏离预警等操作。电子海图是应用在船舶导航方面的又一项标志性技术，现在已经发展成为新型的船舶航行辅助决策系统。国际海事组织(International Maritime Organization，IMO)于 1995 年第 19 届大会通过了 IMO 第 A. 817(19)号公约，确认了电子海图可以合法取代传统纸质海图。国际海道测量组织(International Hydrographic Organization，IHO)分别于 1996 年 11 月、12 月相继发布了《数字化海道测量数据传输标准》(S－57 3.0 版)和《ECDIS 海图内容与显示规范》(S－52 5.0 版)。由英国海道测量局(UK Hydrographic，UKHO)在线发布的全球电子海图分为六种比例尺的数据产品见表 1.2，其中第 1 波段覆盖情况如图 1.5 所示。

表 1.2 电子海图数据产品

波 段	名 称	比例尺范围	可选比例尺
1	Overview	<1∶1 499 999	1∶3 000 000、1∶1 500 000
2	General	1∶180 000～1∶1 499 999	1∶700 000、1∶350 000、1∶180 000
3	Coastal	1∶45 000～1∶179 999	1∶90 000、1∶45 000
4	Approaches	1∶22 000～1∶144 999	1∶22 000
5	Harbour	1∶4 000～1∶21 999	1∶12 000、1∶8 000
6	Berthing	>1∶4 000	1∶4 000 及更大比例尺

1.1.3 全球卫星导航系统

全球卫星导航系统(global navigation satellite system，GNSS)是一种空间无线电定位系统，包括一个或多个卫星星座，为支持预定的活动视需要而加以扩大，可为地球表面、近地表和地球外空任意地点的用户提供 24 h 三维位置、速率和时间信息。全球卫星导航

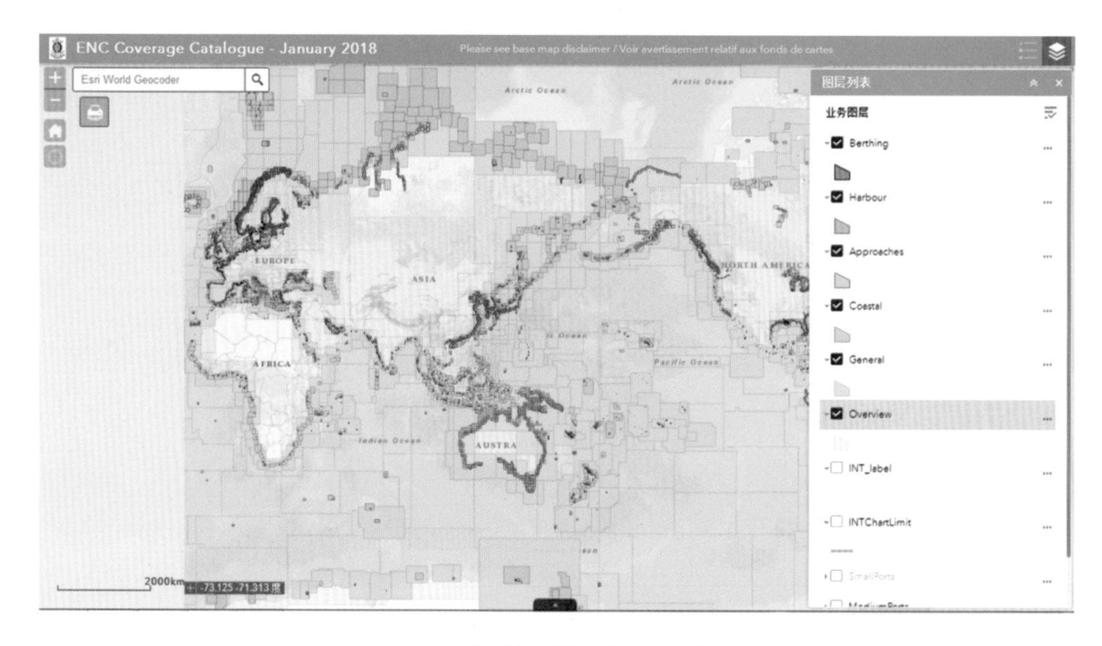

图 1.5　电子海图(第 1 波段)覆盖情况

系统是国防现代化的关键技术支撑系统，是国家信息体系的重要基础设施，是国家经济信息化建设的重要组成部分，直接关系到国家安全和经济发展，具有重要战略意义。多个国家在筹建卫星导航系统，当前主要卫星导航系统有美国 GPS、俄罗斯 GLONASS、欧洲 GALILEO 和中国北斗卫星导航系统。卫星导航定位指利用全球卫星导航系统提供的位置、速度、时间等信息来完成对地球上各种目标的定位、导航、监测和管理。随着卫星导航定位技术的日益提高，卫星导航定位产品不断发展，应用领域也不断拓宽，渗透到军事国防、国民经济和社会生活的各个方面，包括测绘、智能交通、城市规划、资源调查、精细农业、气象、授时、航海、航空、精密定位、形变检测等专业领域，娱乐休闲、车辆及货物追踪监控、汽车导航、通信等消费领域。

经过对 GPS、GLONASS、GALILEO 和北斗三号卫星导航系统的描述，下面将部分性能指标进行比较，见表 1.3。

表 1.3　四大卫星导航系统比较

系　统	GPS	GLONASS	GALILEO	北斗三号
国家和地区	美国	俄罗斯	欧洲	中国
启动时间	1973 年	1982 年	1998 年	2009 年
建成时间	1995 年	1995 年	2008 年	2020 年
设计寿命	15 年	5～10 年	20 年	10 年以上
定位原理	伪码单项测距 三维导航	伪码单项测距 三维导航	伪码单项测距 三维导航	伪码单项测距 三维导航

(续表)

系 统	GPS	GLONASS	GALILEO	北斗三号
独立组网	可以	可以	可以	可以
卫星数量	24	24	24	35
轨道数量	6	3	3	3
轨道高度	20 200 km	19 100 km	23 222 km	21 528 km
轨道周期	11 h 58 min	11 h 15 min	14 h 5 min	12 h 38 min
民用精度	15 m	4.5～7.4 m	1 m	10 m
兼容性	—	可与GPS兼容	可与GPS兼容	独立体制
覆盖范围	全球	全球	全球	区域(2020年全球覆盖)
有无盲区	无	无	无	无
有无通信功能	无	无	—	有
授时精度	20 ns	—	—	50 ns
用户范围	军民两用	军民两用	军民两用	军民两用
用户容量	无限	无限	无限	无限
用户普及程度	普及	不普及	不普及	国内普及
最大优势	系统成熟	抗干扰性强	定位精度高	自主研发,具有通信功能

从目前的竞争格局看,GPS占主导优势,但其技术优势正逐步被其他三大系统赶超。GPS胜在成熟,GALILEO胜在精准,GLONASS抗干扰能力强,北斗卫星导航系统优势在于其由我国自主研发,能够进行短报文通信。目前,日本正研制建造由7颗卫星组成的“准天顶卫星系统”,截至2018年4月已发射了4颗准天顶卫星;印度已正式加入俄罗斯GLONASS系统和欧洲GALILEO计划,并研制由7颗卫星组成的区域卫星导航系统。

1.1.4 天空海一体化导航系统

为了更好地提供船舶导航服务,有必要构建更安全可靠的天空海一体化船舶导航系统(见图1.6)。该导航系统主要分为三个部分:天基系统,包含光学/雷达遥感卫星、北斗/GPS导航卫星、海事/通信卫星和气象卫星等;空基系统,包含航空飞机/无人机机载遥感、机载通信等;海基系统,主要包括船舶携带的电子海图、北斗/GPS接收机、雷达、通信设备以及海面浮标等。天基系统主要解决全球性的船舶通信、导航问题,而空基系统主要解决应急时的通信、分析需求,海基系统主要实现与天基系统和海基系统协同合作,获取全面的海洋环境信息,以便科学决策船舶导航方案。

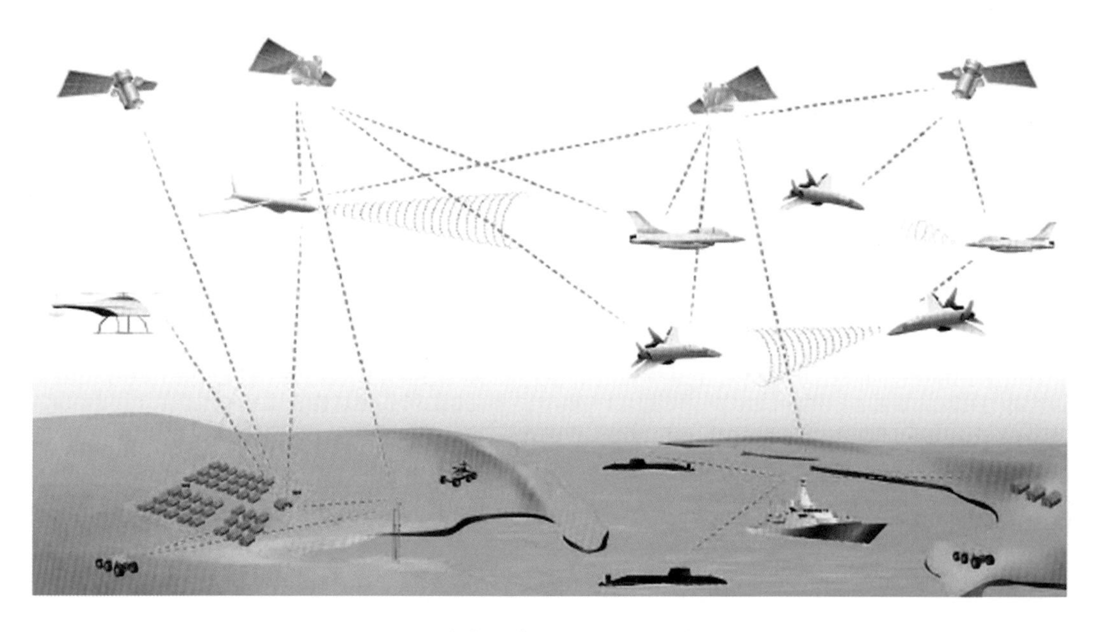

图 1.6　天空海一体化立体导航系统示意图

1.2　全球卫星导航系统的定义和系统组成

1.2.1　全球卫星导航系统的定义

GNSS 是全球导航卫星系统的英文缩写，也是所有卫星导航系统的统称，包括全球系统（GPS、GLONASS、GALILEO、北斗）、区域系统（QZSS、IRNSS）和广域增强系统（WAAS、EGNOS、SDCM、MSAS、GAGAN、NiSatCom－1）。在 2020 年前，全球星座基本上有四大系统，其中美国 GPS 将实现 GPS Ⅲ计划，预计星座的卫星数达到 30 颗中轨道（medium earth orbit，MEO）地球卫星。俄罗斯的 GLONSS 实现 K 星计划，在 L1 与 L5 上实现与 GPS 兼容，改为 CDMA 制式，从 2010 年开始发第一个信号为 CDMA 制式的 GLONASS－K 星，最终达到 24 颗 MEO 卫星的额定状态。欧洲 GALILEO 全球星座为 30 颗 MEO 卫星。中国的北斗三号系统为 30 颗卫星，其中 MEO 卫星 24 颗，地球静止轨道（geostationary earth orbit，GEO）卫星和倾斜地球同步轨道（inclined geosynchronous orbit，IGSO）卫星各 3 颗，并视情部署在轨备份卫星。美俄欧分别建有各自星基增强系统 WAAS、SDCM、EGNOS，日本和印度各自建设自己的区域系统 QZSS、IRNSS 和 GPS 星基增强系统 MSAS、GAGAN[3]。

全球卫星导航系统及其产业当前正经历前所未有的三大转变：从单一的GPS时代转变为多星座并存兼容的GNSS新时代，导致卫星导航体系全球化和增强多模化；从以卫星导航为应用主体转变为PNT（定位、导航、授时）与移动通信和互联网等信息载体融合的新阶段，导致信息融合化和产业一体化；从经销应用产品为主逐步转变为运营服务为主的新局面，导致应用规模化和服务大众化。三大趋势发展的直接结果是使应用领域扩大，应用规模跃升，大众化市场和产业化服务迅速形成。

1.2.2 全球卫星导航系统组成

GNSS由全球设施、区域设施、用户部分以及外部设备等部分构成。

1）全球设施

全球设施是GNSS的核心基础组件，它是全球卫星导航定位系统提供自主导航定位服务所必需的组成部分，由空间段、空间信号和相关地面控制部分构成。

（1）空间段。空间段是由一系列在轨道运行的卫星（来自一个或多个卫星导航定位系统）构成，提供系统自主导航定位服务所必需的无线电导航定位信号。其中，在轨卫星称GNSS导航卫星，是空间部分的核心部件，卫星内的原子钟（采用铷钟、铯钟甚至氢钟）为系统提供高精度的时间基准和高稳定度的信号频率基准。由于高轨卫星对地球重力异常的反应灵敏度低，作为高空观测目标的GNSS导航定位卫星一般采用高轨卫星。

（2）空间信号段。它是指在轨GNSS导航定位卫星发射的无线电信号。GNSS卫星发送的导航定位信号一般包括载波、测距码和数据码（或称D码）三类信号。

（3）地面部分。它是由一系列全球分布的地面站组成，这些地面站可分为卫星监测站、主控站和信息注入站。地面部分的主要功能是卫星控制和任务控制。

2）区域设施

区域设施是面向对系统功能或性能有特殊要求的服务，并且可以组合当地地面定位和通信系统，以满足广泛用户群体的要求。

（1）星基增强设施。欧洲地球静止导航重叠服务（European geostationary navigation overlay service，EGNOS）全面运行时，星基增强设施由3颗INMARSAT Ⅲ静地通信卫星构成。

（2）区域检测控制设施。由静地卫星基准站、地面测距/完备性监测站、EGNOS任务控制中心和导航地面地球站组成。

3）用户部分

由一系列的用户接收机终端构成。接收机是任何用户终端的基础部件，用于接收GNSS卫星发射的无线电信号，获取必要的导航定位信息和观测信息，并经数据处理以完成各种导航、定位以及授时任务。一般情况，用户可以根据不同的需求定制接收机。

4）外部设施

外部设施是指GNSS所采用的一系列区域性或地方性基础设施。目前，外部设施主要指协助 GNSS 完成各种公益或增值服务的外部设施[4]。

1.3 现有的全球卫星导航系统

1.3.1 美国 GPS 系统

1) GPS 简述

GPS 即全球定位系统(global positioning system)。简而言之,这是一个由覆盖全球的 24 颗卫星组成的卫星系统。这个系统可以保证在任意时刻,地球上任意一点都可以同时观测到 4 颗卫星,以保证卫星可以采集到该观测点的经纬度和高度,以便实现导航、定位、授时等功能。这项技术可以用来引导飞机、船舶、车辆以及个人,安全、准确地沿着选定的路线,准时到达目的地。

GPS 是 20 世纪 70 年代由美国陆海空三军联合研制的新一代空间卫星导航定位系统。其主要目的是为陆、海、空三大领域提供实时、全天候和全球性的导航服务,用于情报收集、核爆监测和应急通信等一些军事目的,是美国独霸全球战略的重要组成。经过 20 多年的研究实验,耗资 300 亿美元,到 1994 年 3 月,全球覆盖率高达 98%的 24 颗 GPS 卫星星座已布设完成[5]。

GPS 定位技术具有高精度、高效率和低成本的优点,使其在各类大地测量控制网的加强改造和建立,以及在公路工程测量和大型构造物的变形测量中得到了较为广泛的应用。

2) GPS 构成

GPS 全球卫星定位系统由三部分组成:空间部分——GPS 星座;地面控制部分——地面监控系统;用户设备部分——GPS 信号接收机。

(1) 空间部分。GPS 的空间部分是由 24 颗工作卫星组成,它位于距地表 20 200 km 的上空,均匀分布在 6 轨道面上(每个轨道面 4 颗),轨道倾角为 55°。此外,还有 4 颗有源备份卫星在轨运行。卫星的分布使得在全球任何地方、任何时间都可观测到 4 颗以上的卫星,并能保持良好定位解算精度的几何图像。这就提供了在时间上连续的全球导航能力。GPS 卫星产生两组电码,一组称为 C/A 码,一组称为 P 码。P 码因频率较高,易受干扰,定位精度高,因此受美国军方管制,并设有密码,一般民间无法解读,主要为美国军方服务。C/A 码人为采取措施而刻意降低精度后,主要开放给民间使用。位于轨道中的 GPS 卫星如图 1.7 所示。

(2) 地面控制部分。地面控制部分由 1 个主控站、5 个全球监测站和 3 个地面控制站组成。监测站均配装有精密的铯钟和能够连续测量到所有可见卫星的接收机。监测站将

图 1.7　位于轨道中的 GPS 卫星

（图片来源：http://www.navipedia.net/index.php/File:GPS_Satellite_NASA_art-iif.jpg）

取得的卫星观测数据，包括电离层和气象数据，经过初步处理后，传送到主控站。主控站从各监测站收集跟踪数据，计算出卫星的轨道和时钟参数，然后将结果送到 3 个地面控制站。地面控制站在每颗卫星运行至上空时，把这些导航数据及主控站指令注入卫星。这种注入对每颗 GPS 卫星每天一次，并在卫星离开注入站作用范围之前进行最后的注入。如果某地面站发生故障，那么在卫星中预存的导航信息还可用一段时间，但导航精度会逐渐降低。

（3）用户设备部分。用户设备部分即 GPS 信号接收机，其主要功能是能够捕获到按一定卫星截止角所选择的待测卫星，并跟踪这些卫星的运行。当接收机捕获到跟踪的卫星信号后，即可测量出接收天线至卫星的伪距离和距离的变化率，解调出卫星轨道参数等数据。根据这些数据，接收机中的微处理计算机就可按定位解算方法进行定位计算，计算出用户所在地理位置的经纬度、高度、速度、时间等信息。接收机硬件和机内软件以及 GPS 数据的后处理软件包构成完整的 GPS 用户设备。GPS 接收机的结构分为天线单元和接收单元两部分。接收机一般采用机内和机外两种直流电源。设置机内电源的目的在于更换外电源时不中断连续观测。在用机外电源时机内电池自动充电。关机后，机内电池为 RAM 存储器供电，以防止数据丢失。目前各种类型的接收机体积越来越小，重量越来越轻，便于野外观测使用[4]。民用车间 GPS 装置如图 1.8 所示。

图 1.8　民间车用 GPS 装置

3) GPS的特点和应用

GPS的主要特点是：全天候，全球覆盖，三维快速定时高精度，快速省时高效率，应用广泛多功能。

GPS的主要用途包括：

(1) 陆地应用。主要包括车辆导航、应急反应、大气物理观测、地球物理资源勘探、工程测量、变形监测、地壳运动监测、市政规划控制等。

(2) 海洋应用。包括远洋船最佳航程航线测定、船只实时调度与导航、海洋救援、海洋探宝、水文地质测量、海洋平台定位、海平面升降监测等。

(3) 航空航天应用。包括飞机导航、航空遥感姿态控制、低轨卫星定轨、导弹制导、航空救援和载人航天器防护探测等。

GPS全球定位系统的主要应用领域包括[6]：

(1) 农业。通过结合GPS和地理信息系统(geographic information system，GIS)，精细农业的发展和实施已成为可能。这些技术能够将实时数据采集与准确的位置信息相结合，从而实现对大量地理空间数据的有效操作和分析。精细农业中基于GPS的应用正在用于农场规划、田间测绘、土壤采样、拖拉机制导、作物探测、变速率应用和产量测绘。

(2) 航空。GPS可以提供完美的卫星导航服务，满足航空用户的许多要求。以空间为基地的定位和导航可以在飞行的所有阶段确定三维的位置，从起飞、飞行和降落，到机场的地面导航。

(3) 海运。GPS为海运业者提供了最快且最准确的导航、测速及定位方法。它提高了全世界海运业者的安全和效率水平。海运业者和海洋学者越来越多地使用GPS资料来从事水下勘测、浮标安置，以及航海危险水域的定位及制图。商业渔船队使用GPS来寻找最佳捕捞地点，跟踪鱼群迁徙，并保证遵守捕捞规则。GPS技术与GIS软件相结合，成为在世界上最大的港口设施中高效管理与操作集装箱自动化定位的关键。

(4) 环境。GPS数据收集系统与GIS系统相结合，能够为综合分析环境问题提供一个工具。GPS系统有助于提高精确追踪诸如火灾或海上原油溢漏等环境灾害的能力。精确的GPS定位数据能够帮助科学家观测地壳与地震。GPS追踪与制图功能有助于对濒危物种的观测与保护。

(5) 铁路。世界上很多国家的铁路系统都把GPS与各类传感器、电脑及通信系统结合起来使用，以提高安全水平及运作效率。这些技术有助于减少事故、晚点及运作成本。GPS还能够通过了解火车位置以提高与其他交通方式的连接能力(诸如从火车站到飞机场的转运)，从而帮助制定可靠的时刻表。

(6) 公共安全和灾害救援。在全球性灾难的救援中，GPS都扮演了不可或缺的角色。搜寻与救援队借助GPS、GIS以及遥感技术画出受灾地区图，供救援与救助行动使用，并评估灾情。作为紧急救援车辆和其他专用车辆的国际通用定位标准，GPS极大地提高了管理人员高效管理他们的应急队伍的能力。

(7) 道路和高速公路。GPS的使用和精确性可以提高高速公路和街道上公共交通车辆的安全和效率。而且由于GPS的帮助，许多商用车辆的分派和调度的问题明显地减少了。同样地，公交系统、道路维修和急救车辆所面临的问题也大大地减轻。

(8) 授时。每一个GPS卫星都装有多台原子钟为GPS信号提供非常精确的时间数据。GPS接收机可以将这些信号解码，有效地使每一个接收机与那些原子钟同步。精确的时间对于世界上许多不同的经济活动都是至关重要的。通信系统、电力网和金融网络都依赖精确的定时来实现同步和运行的效率。免费的GPS定时功能使得依靠精确定时的公司节约成本，而且显著地提高业务能力。

1.3.2 俄罗斯GLONASS系统

1) GLONASS简述

GLONASS是俄语"globalnaya navigatsionnaya sputnikovaya sistema"的缩写，即全球导航卫星系统，是由苏联(现为俄罗斯)国防部独立研制和控制的第二代军用卫星导航系统，与美国的GPS相似，该系统也开设民用窗口。GLONASS技术可为全球海陆空及近地空间的各种军、民用户，全天候、连续地提供高精度的三维位置、三维速度和时间信息。GLONASS在定位、测速及定时精度上优于施加选择可用性之后的GPS。由于俄罗斯向国际民航和海事组织承诺将向全球用户提供民用导航服务，并于1990年5月和1991年4月两次公布GLONASS的接口控制文件，为GLONASS的广泛应用提供了方便。1993年俄罗斯开始独自建立本国的全球卫星导航系统。按计划，该系统于2007年年底之前开始运营，届时开放俄罗斯境内卫星定位及导航服务；到2009年年底前，其服务范围将拓展到全球。该系统主要服务内容包括确定陆地、海上及空中目标的坐标及运动速度信息等。GLONASS的公开化，打破了美国对卫星导航独家经营的垄断局面，既可为民间用户提供独立的导航服务，又可与GPS结合，提供更好的精度几何因子(geometric dilution precision，GDOP)；同时也降低了美国政府利用GPS施以主权威慑给用户带来的后顾之忧，因此GLONASS系统引起了国际社会的广泛关注[7]。俄罗斯发行的GLONASS纪念邮票如图1.9所示。

图1.9　俄罗斯发行的GLONASS纪念邮票

(图片来源：https://en.wikipedia.org/wiki/History_of_GLONASS#/media/File:Stamp-russia2016-glonass.png)

GLONASS的标准配置为24颗卫星，而18颗卫星就能保证该系统为俄罗斯境内用户提供全部服务。该系统卫星分为GLONASS和GLONASS-M两种类型，后者使用寿命更长。

2) GLONASS的构成

GLONASS的构成与美国的GPS十分相似，也分为空间卫星、地面监控和用户设备三大部分组成。

(1) 空间卫星部分。GLONASS 系统星座由 21 颗工作星和 3 颗备份星组成，所以 GLONASS 系统星座共由 24 颗卫星组成。24 颗卫星均匀地分布在 3 个近圆形的轨道平面上，这 3 轨道平面两两相隔 120°，每个轨道面有 8 颗卫星，同平面内的卫星之间相隔 45°，轨道高度 19 100 km，运行周期 11 h 15 min，轨道倾角 64.8°[8]。

(2) 地面监控部分。地面监控系统由系统控制中心、中央同步器、遥测遥控站（含激光跟踪站）和外场导航控制设备组成。地面支持系统的功能由苏联境内的许多场地来完成。随着苏联的解体，GLONASS 由俄罗斯航天局管理，地面支持段已经减少到只有俄罗斯境内的场地了，系统控制中心和中央同步处理器位于莫斯科，遥测遥控站位于圣彼得堡、捷尔诺波尔、埃尼谢斯克和共青城。

(3) 用户设备部分。GLONASS 的用户设备（即接收机）能接收卫星发射的导航信号，并测量其伪距和伪距变化率，同时从卫星信号中提取并处理导航电文。接收机处理器对上述数据进行处理并计算出用户所在的位置、速度和时间信息。GLONASS 系统提供军用和民用两种服务。

3) GLONASS 的特点

GLONASS 与美国的 GPS 有着许多不同的技术方法，如 GLONASS 系统采用频分多址（frequency division multiple access，FDMA）方式，根据载波频率来区分不同卫星［GPS 是码分多址（code division multiple access，CDMA），根据调制码来区分卫星］；每颗 GLONASS 卫星发播的两种载波的频率分别为：$L_1=1\,602+0.562\,5K$（MHz），$L_2=1\,246+0.437\,5K$（MHz），其中，$K=1\sim24$ 为每颗卫星的频率编号；所有 GPS 卫星的载波频率是相同的，均为 $L_1=1\,575.42$ MHz 和 $L_2=1\,227.6$ MHz。GLONASS 卫星的载波上也调制了 2 种伪随机噪声码（S 码和 P 码）；GLONASS 绝对定位精度水平方向为 16 m，垂直方向为 25 m。俄罗斯对 GLONASS 采用了军民合用、不加密的开放政策。

为进一步提高 GLONASS 的定位能力，开拓广大的民用市场，俄罗斯政府计划用 4 年时间将其更新为 GLONASS-M。其内容有：改进一些地面测控站设施；延长卫星的在轨寿命到 8 年；实现系统高的定位精度：位置精度提高到 10～15 m，定时精度提高到 20～30 ns，速度精度达到 0.01 m/s。另外，俄罗斯政府计划将系统发播频率改为 GPS 的频率，并得到美罗克威尔公司的技术支持。

目前，GLONASS 的主要用途是导航定位，当然与 GPS 一样，也可以广泛应用于各种等级和种类的定位、导航和时频领域及测量应用、GIS 应用等。GLONASS 的应用范围首先是在军事需求的推动下发展起来的，GLONASS 与 GPS 一样可为全球海陆空及近地空间的各种用户提供全天候、连续提供高精度的各种三维位置、三维速度和时间信息（PVT 信息），这样不仅为舰船、飞机、坦克、装甲车、炮车等提供精确导航；也可在精密导弹制导、C3 I 精密敌我态势产生、部队准确的机动和配合、武器系统的精确瞄准等方面进行广泛应用。另外，卫星导航在大地和海洋测绘、邮电通信、地质勘探、石油开发、地震预报、地面交通管理等各种国民经济领域有越来越多的应用。

GLONASS 的出现，打破了美国对卫星导航独家垄断的地位，消除了美国利用 GPS

施以主权威慑给用户带来的后顾之忧，GPS/GLONASS 兼容使用可以提供更好的精度几何因子，从而提高定位精度。

1.3.3 欧洲 GALILEO

1) GALILEO 简述

GALILEO 是伽利略卫星导航系统（Galileo satellite system）的简称，是由欧盟研制和建立的全球卫星导航系统。GELILEO 开始于 1990 年，欧洲太空局（European Space Agency，ESA）决定研制自己的全球导航卫星系统——GALILEO。其建设分为两个阶段：第一阶段是建立一个与美国 GPS 系统、俄罗斯 GLONASS 以及三种区域增强系统均能相容的第一代全球导航卫星系统（GNSS - 1）；第二阶段是建立一个完全独立于 GPS 和 GLONASS 之外的第二代全球导航卫星系统（GNSS - 2），也就是伽利略系统。GALILEO 将实现欧洲拥有自己独立的全球导航卫星系统的长远目标[9]。

GALILEO 原计划的实施可分为三个阶段，包括前期论证工作、研制和鉴定阶段（2001—2005 年），有三项工作，即整合任务要求、研制卫星及地基设施和对系统进行在轨鉴定。部署阶段（2006—2007 年）的任务有两项，即建造和发射卫星以及全面安装地面段。从 2008 年起，项目进入商业运行阶段（因各种原因已推迟）。GALILEO 将是欧洲自己的全球导航卫星系统，可在民用部门控制下提供高度精确的、有保障的全球定位服务。它将与另两个全球卫星导航系统——美国的 GPS 和俄罗斯的 GLONASS 兼容。用户可利用同一接收机从不同组合的卫星获得定位信息，通过把双频工作作为标准配置，GALILEO 将提供米级的定位精度，其民用精度可达 6 m。

图 1.10 首颗伽利略卫星发射

（图片来源：https：//www.flickr.com/photos/dlr_de/6266227357/）

GALILEO 的第一颗正式卫星于 2011 年 10 月 21 日发射（见图 1.10）。截至 2017 年 12 月，已有 14 颗卫星在轨运行，4 颗入轨试运行。GALILEO 于 2017—2018 年提供初步工作服务，最终于 2019 年具备完全工作能力。该系统的 30 颗卫星预计将于 2020 年前发射完成，其中包含 24 颗工作卫星和 6 颗备份卫星。

2) GALILEO 的构成

全面部署后的 GALILEO 由 30 颗卫星组成，其中 24 颗为工作星，6 颗为在轨热备份星。按设计，卫星将分布在地球上空 23 222 km 的 3 个中地球轨道（medium earth orbit，

MEO)的平面上,各轨道面相对于赤道面的倾角为56°。卫星全部部署到位后,GALILEO的导航信号即便对纬度高达75°(与北角对应)乃至更高的地区也能提供良好的覆盖。由于卫星数量多,星座经过优化,加上有6颗热备份星可用,系统可保证在有一颗卫星失效的情况下也不会对用户产生明显影响。

该系统将在欧洲设立两座GALILEO控制中心,以对卫星进行控制,并对导航任务进行管理。由20座GALILEO传感器站构成的一个全球网络所提供的数据将通过一个冗余通信网传送给伽利略控制中心。控制中心将利用传感器站的数据来计算完好性信息,并对所有卫星和地面站时钟的时间信号进行同步。控制中心与卫星间的数据交换将通过所谓的上行站来完成,为此将在全球各地建设5座S波段和10座C波段的上行站[10]。

GALILEO的另一个特点就是具有全球搜索与救援功能。这项功能利用了现有的“科斯帕斯-萨尔萨特”(COSPAS-SARSAT)搜救卫星系统。为实现这一功能,每颗卫星要配备一台能把遇险信号从用户发射机发给救援协调中心以启动救援行动的转发器。同时,该系统还能向用户发送信号,告知其所处险境已被探测到,以及救援工作已经展开。这项功能与中国北斗系统的短报文通信功能类似,被认为是对现有卫星导航系统的一项重大改进。

3) GALILEO的特点

GALILEO可以实现与GPS和GLONASS的兼容,其接收机可以采集各个系统的数据或者通过各个系统数据的组合来实现定位导航的要求。GALILEO确定目标位置的误差将控制在1 m之内,明显好于现在使用的GPS Ⅱ提供的3 m的定位精度,比俄罗斯的GLONASS提供的10 m的军民两用信号更优,与未来建设的GPS Ⅲ技术指标接近。GALILEO仅用于民用,并且为地面用户提供3种信号:免费使用的信号;加密且需要交费使用的信号;加密并且需满足更高要求的信号。免费服务信号与GPS民用信号相似;收费信号主要指为民航和涉及生命安全保障的用户服务。

按照“伽利略计划”的最初设想,系统的定位精度将达到厘米级,人们将其与GPS再次做了对比,形象地说:如果GPS能找到街道,那么GALILEO则可以精准地找到车库门。因此通过GALILEO,精准的定位已经不是一句空话。GALILEO由于采用了许多较GPS和GLONASS更高的新技术,使得系统更加灵活、全面、可靠,并且可以提供完整、准确、实时的数据信号。GALILEO的卫星发射信号功率比GPS的大,所以在一些GPS不能实现定位的区域,伽利略系统可以很容易克服干扰并进行信号接收,例如高纬度地区、中亚以及黑海等地区。

总之,GALILEO的建设是一个经济、实用、高效、先进的系统,它的建立与应用将给美国GPS在欧洲地区的垄断局面带来很大的冲击。

1.3.4 中国北斗系统

1) 北斗系统简述

北斗卫星导航系统(简称“北斗系统”)是中国自主研发创新的系统,也是在美国GPS和俄罗斯的GLONASS之后,第三个成熟的、拥有自主知识产权的卫星导航系统。根据国家制定的“三步走”战略计划,第一步是1994年启动北斗一号系统工程建设,于2003年先后发射了三颗地球静止轨道卫星；第二步是2004年正式启动并开始投入北斗二号系统工程建设，至2012年已完成14颗卫星的发射组网，为亚太地区用户提供相关服务；第三步是预计2020年完成全部北斗导航卫星的发射组网，将为全球用户提供连续、稳定、可靠的导航定位、测速、授时等服务。北斗系统将有效服务于国家安全和经济社会发展对定位、导航、授时的战略需求。现阶段，北斗系统已实现区域服务能力，可以为55°S～55°N、70°E～150°E的大部分区域连续提供公开服务，如图1.11所示。

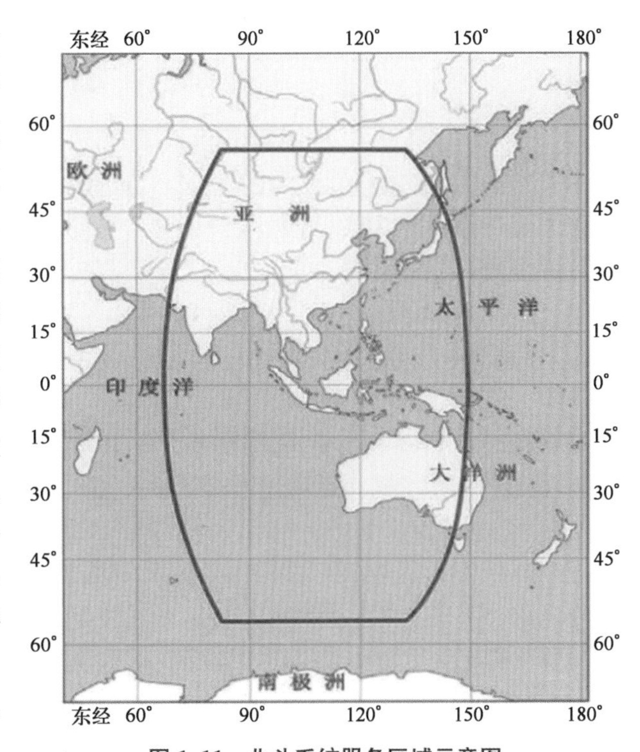

图1.11 北斗系统服务区域示意图

［图片来源：《中国北斗卫星导航系统》白皮书(中文版)］

与其他GNSS不同，我国北斗导航系统采用混合空间星座设计，包括倾斜地球同步轨道(inclined geosynchronous satellite orbit，IGSO)、MEO和地球静止轨道(geosynchronous earth orbit，EGO)卫星，如图1.12所示。

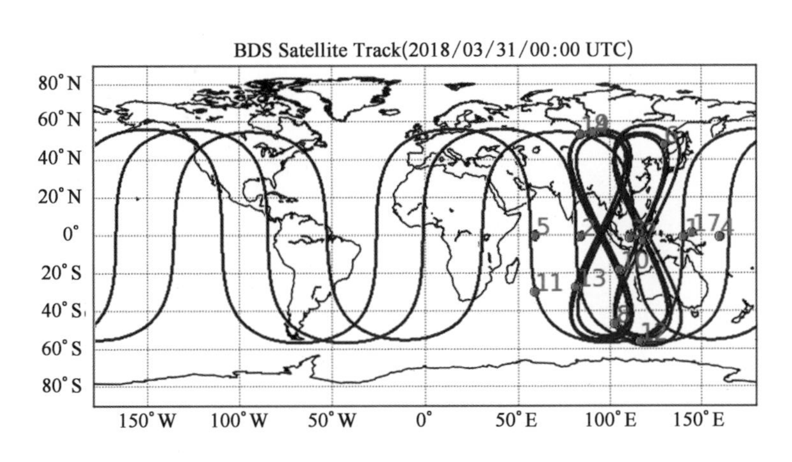

图1.12 北斗系统卫星及轨道示意图

(图片来源：http://www.beidou.gov.cn/xt/xlxz/201803/t20180331_14303.html)

北斗二号基本空间星座由5颗GEO卫星、5颗IGSO卫星和4颗MEO卫星组成，并视情部署在轨备份卫星。

北斗三号基本空间星座由3颗GEO卫星、3颗IGSO卫星和24颗MEO卫星组成，并视情部署在轨备份卫星。GEO 高度 35 786 km，分别定点于东经 80°、110.5°和 140°；IGSO 高度 35 786 km，倾角 55°；MEO 高度 21 528 km，轨道倾角 55°[11]。

目前，我国正在实施北斗三号系统建设。根据系统建设总体规划，计划 2018 年面向“一带一路”沿线及周边国家提供基本服务，截至 2018 年 3 月，北斗系统在该地区实现了基本覆盖，如图 1.13 所示；2020 年前后，完成 35 颗卫星发射组网，为全球用户提供服务。

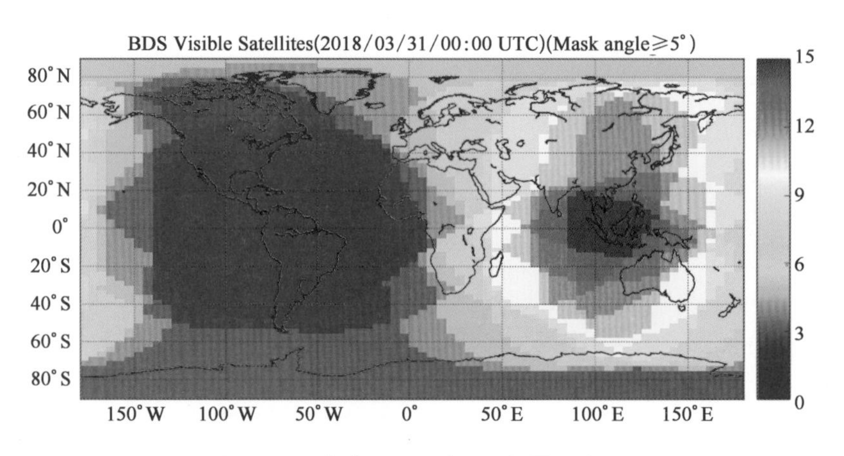

图 1.13　全球可见北斗卫星数量示意图

（图片来源：http://www.beidou.gov.cn/xt/jcpg/201803/t20180331_14304.html）

北斗系统的时间基准为北斗时（Bei Dou time，BDT）。BDT 采用国际单位制（SI）秒为基本单位连续累计，不闰秒，起始历元为 2006 年 1 月 1 日协调世界时（coordinated universal time，UTC）00 时 00 分 00 秒，采用周和周内秒计数。BDT 通过美国国家电视标准委员会（National Television Standards Committee，NTSC）与国际 UTC 建立联系，BDT 与 UTC 的偏差保持在 100 ns 以内（模 1 s）。BDT 与 UTC 之间的闰秒信息在导航电文中播报。

2）北斗系统组成

北斗系统由空间段、地面段和用户段三部分构成[12]。

（1）空间段。北斗系统空间段由若干 GEO 卫星、IGSO 卫星和 MEO 卫星三种轨道卫星组成混合导航星座。

北斗系统目前在轨工作卫星有 5 颗 GEO 卫星、5 颗 IGSO 卫星和 4 颗 MEO 卫星。星座相应的位置为：GEO 卫星的轨道高度为 35 786 km，分别定点于东经 58.75°、80°、110.5°、140°和 160°。IGSO 卫星的轨道高度为 35 786 km，轨道倾角为 55°，分布在三个轨道面内，升交点赤经分别相差 120°，其中三颗卫星的星下点轨迹重合，交叉点经度为东 118°，其余两颗卫星星下点轨迹重合，交叉点经度为东经 95°。MEO 卫星轨道高度为 21 528 km，轨道倾角 55°，回归周期 7 天 13 圈，相位从 Walker24/3/1 星座中选择，第一轨道面升交点赤经为 0°。四颗 MEO 卫星位于第一轨道面 7、8 相位、第二轨道面 3、4 相位。

（2）地面段。北斗系统地面段包括主控站、时间同步/注入站和监测站等若干地面站。主控站是北斗系统的运行控制中心，主要任务包括：

① 收集各时间同步/注入站、监测站的导航信号监测数据，进行数据处理，生成导航电文等。

② 负责任务规划与调度、系统运行管理与控制。

③ 负责星地时间观测比对，向卫星注入导航电文参数。

④ 卫星有效载荷监测和异常情况分析等。

时间同步/注入站主要负责完成星地时间同步测量，向卫星注入导航电文参数。监测站对卫星导航信号进行连续观测，为主控站提供实时观测数据。

(3) 用户段。北斗系统用户段包括北斗兼容其他卫星导航系统的芯片、模块、天线等基础产品，以及终端产品、应用系统与应用服务等。

3) 北斗系统的特点

北斗系统的建设实践，实现了在区域快速形成服务能力，逐步扩展为全球服务的发展路径，丰富了世界卫星导航事业的发展模式。

北斗系统具有以下特点：

(1) 北斗系统空间段采用三种轨道卫星组成的混合星座，与其他卫星导航系统相比，高轨卫星更多，抗遮挡能力强，尤其低纬度地区性能特点更为明显。

(2) 北斗系统提供多个频点的导航信号，能够通过多频信号组合使用等方式提高服务精度。

(3) 北斗系统创新融合了导航与通信能力，具有实时导航、快速定位、精确授时、位置报告和短报文通信服务五大功能。

目前，正在运行的北斗二号系统和北斗三号系统的所有卫星发播 B1I、B2I 和 B3I 公开服务信号，免费向亚太地区提供公开服务。服务区为南北纬 55°、东经 55°～180°区域，定位精度优于 10 m，测速精度优于 0.2 m/s，授时精度优于 50 ns。B1C 和 B2a 信号在北斗三号系统 MEO 和 IGSO 上播发，提供公开服务。B1C 信号为新增信号，而 B2a 信号将逐步取代 B2I 信号。

1.3.5 其他区域性卫星导航系统

1.3.5.1 日本准天顶卫星系统

在日本，广泛应用于通信的是地球同步轨道卫星，但是它们与地面的观测仰角普遍较低，如在东京地区，观测仰角不超过 48°，卫星发出的信号实际只能覆盖城市面积的 30%，这样对于汽车等移动体的通信盲区时常发生。如果信号从“天顶”上来，将有效解决这个问题。现在，卫星导航定位系统已经成为人类生存不可或缺的社会基础设施，如此重要的系统完全依靠外国将是一种极大的冒险。从自己的地理环境、用途等国情出发，最终建立独立自主的卫星导航定位系统是相当重要的。

早在 1972 年，当时的日本电波研究所(现为信息与通信研究所)就提出了准天顶卫星系统(quasi-zenith satellite system，QZSS)的概念，论证了这种系统很适合日本这样地处中纬度、国土狭小的国家。1997 年，日本政府发表报告，要求对建立卫星导航定位系统中的三项基本技术进行自主研发，即星载原子钟的研制、系统时间的管理和卫星的精密定轨。2002年，日本政府综合科学技术会议正式决定开发建立国家项目QZSS，为导航定位、新一代移动通信等提供技术手段。系统建成后，它将成为日本高精度定位和移动通信的中心[13]。

用于补充GPS的QZSS主要的服务范围在亚太地区，重点服务于日本地区。目前，QZSS有4颗卫星在轨运行，它们在环绕地球的圆形轨道上以每天1圈的速度运行。每颗卫星各自有不同的轨道，分布在不同平面上，并且轨道都与地球赤道所在的平面成45°的夹角。从日本本土来看，将始终有一颗卫星停留在靠近天空顶点的地方。准天顶轨道(quasi-zenith orbit，QZO)上的卫星远离地球时在北半球速度较慢，而靠近地球时在南半球速度较快。因此，QZSS的QZO是一个南北不对称的“8”字形轨道，如图1.14所示。卫星在北半球运行时间约为13 h，在南半球运行时间约为11 h[14]。

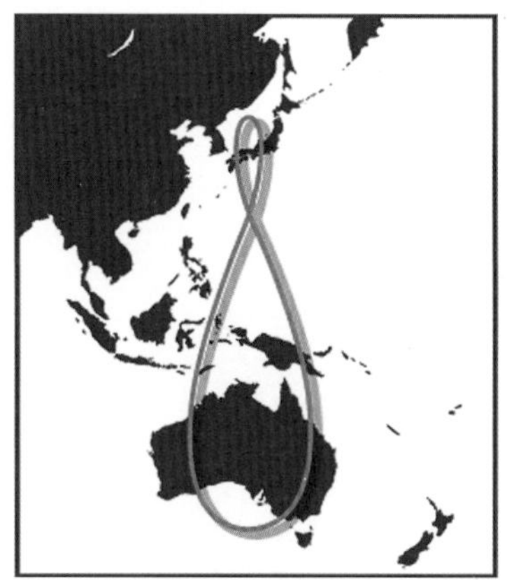

图1.14 准天顶卫星轨道(QZO)示意图

(图片来源：http://qzss.go.jp/en/overview/services/sv02_why.html)

对于QZSS的建设，采取政府与民间企业合资的方式进行，总费用约为2 000亿日元，其中民间企业负担1 500亿日元左右。投入的研发力量也是日本战后空前的，除了有近十个国立研究机构参加外，还有由43家日本企业出资组建的“新卫星企业株式会社”参与QZSS的建设与运营。

根据日本官方推算，系统运营后，在12年里将能够产生近6万亿日元的直接经济效益、21万亿日元的间接经济效益和2.4万个就业岗位。

系统的发展进程是：2002—2005年为设计规划阶段；2006—2010年为建设阶段；2010年9月发射了首颗QZO卫星；2011年日本政府决定建设一个由4颗QZO卫星组成的星座系统；2018年正式形成4星系统；至2035年建成一个7星的卫星系统。

QZSS具备以下一些优点：

(1) 现在的通信卫星系统所采用的无线通信技术数字化程度和图像处理能力偏低，新的系统将弥补这一缺陷。

(2) 该系统将增强和补充GPS系统的导航功能，实现更加精确的定位。

(3) 该系统用户有较高的观测仰角,在日本主要地区大于 70°、全日本大于 60°。

(4) 如果增加三颗地球静止卫星,该系统即可扩建成为一个独立的导航系统,而没有任何的资源浪费。

在导航定位中,QZSS 与 GPS 关系密切。事实上,它是一种 GPS 增强系统。其主要功能有两个:一是加强 GPS 系统的完整性。QZSS 将发射类 GPS 信号,频率与 GPS 相同。在仅能收到三颗 GPS 卫星信号的地方,再加上 QZO 卫星信号就能定位,这样 GPS 的可用性将得到很大的改善。二是 QZSS 还能提供 GPS 卫星的异常预警信息,给出各种 GPS 的补正信息,如卫星钟精密时间改正、电离层的准确数据等重要信息。

1.3.5.2 印度区域导航卫星系统

印度主要有印度空间研究组织(Indian Space Research Organization,ISRO)和印度机场管理局联合组织开发的两个卫星导航系统:一个是 GPS 辅助 GEO 增强导航系统(GPS aided geo augment navigation system,GAGAN),它是印度基于卫星的通信、导航、监视和空中交通管制计划的一部分,由美国公司提供地面终端;另一个是印度自主建设的区域卫星导航系统(Indian regional navigation satellite system,IRNSS),GAGAN 将为 IRNSS 系统的实施提供技术储备。

印度空间研究组织在 GAGAN 基础上,加紧研制印度独立自主的 IRNSS。IRNSS 可以不依靠 GPS 为印度领土用户提供独立的导航定位服务。IRNSS 空间卫星全时段可见,实时为用户广播卫星钟差改正数、电离层误差改正数和相应的完好性信息。系统可提供标准定位服务(standard positioning service,SPS)、精确定位服务(precision positioning service,PPS)和政府特许用户服务。IRNSS 空间星座由分别位于东经 34°、83°和 132°的 3 颗 GEO 卫星和东经 55°～111°之间的 4 颗倾角为 29°的 IGSO 卫星组成,如图 1.15 所示。

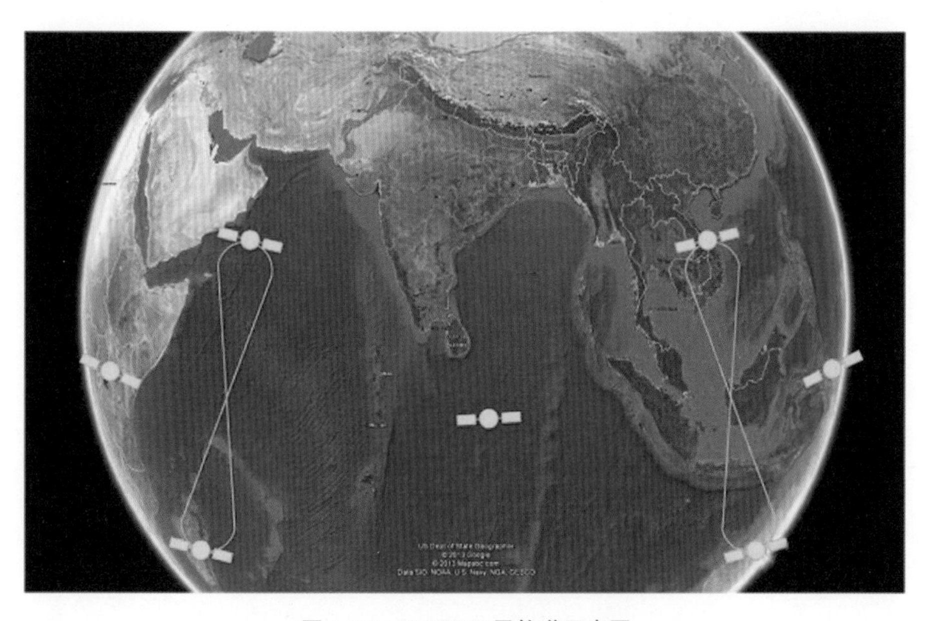

图 1.15 IRNSS 卫星轨道示意图

(图片来源:https://www.isro.gov.in/irnss-programme)

IRNSS设计覆盖东经40°～140°和北纬40°～南纬40°的范围，包括印度次大陆及印度洋等区域，可为印度全境及周边1 500 km的范围提供全天候的单频和双频导航信号，在主要服务区内的定位精度优于20 m[15]。

地面段包括空间卫星控制中心、监测站、测控注入站、时间中心、CDMA测距站、激光测距站、导航控制中心和数据链路。IRNSS监测站主要功能为接收(GEO和IGSO)卫星数据，同时对GEO卫星和IGSO卫星的测距值进行修正，并将原始数据和测距修正值传送到导航控制中心。导航控制中心主要功能为计算卫星星历、卫星钟差改正数、电离层误差改正数以及相应的完好性信息，并将计算结果传送给上行注入站，然后通过GEO卫星广播给用户。空间卫星控制中心主要负责对空间卫星正常工作的管理、控制和维护。CDMA测距站和激光测距站负责采集IRNSS卫星测距信息，并进行修正后传送到导航控制中心。

用户段主要包括特殊设计的单频用户接收机和双频用户接收机，所有的接收机除接收IRNSS信号外，也可以接收空间其他GNSS的信号(比如GPS/GLONASS/GELLIEO等)，并且接收机都能够对空间卫星进行连续的跟踪。单频接收机用户同时可以接收相应的电离层误差改正信息。IRNSS的计划为：2009年上半年发射第一颗GEO卫星；2010年前再发射3颗卫星，初步完成空间星座的最小组合；2011年前，7颗空间卫星星座布置完善，系统投入运行。

2013年7月1日，印度的第一颗IRNSS I发射成功，该卫星是一颗IGSO卫星，实际倾角27.1°，升交点位置为东经55°，寿命10年。印度原计划2015年完成IRNSS I所有卫星的发射，实现全星座运行，根据目前其系统建设进展估计，下一颗卫星至少在1年后发射，如果一切顺利，之后按照每半年发射一颗卫星估计，IRNSS I至少要在2017年底才可能具备全星座运行的能力[16]。

1.4 北斗系统的船舶导航应用现状

船舶导航系统是指运用现代电子海图、卫星导航、通信等技术实现船舶的自动导航和管理，确保船舶航行安全、畅通的系统。GPS已在船舶导航中广泛使用，随着北斗系统快速完善，预计在2020年左右向全球提供服务。截至2018年6月，北斗系统已成功发射31颗导航卫星，已经初步具备了区域服务能力。基于北斗卫星的导航系统可以为船舶定位、船舶监管和信息交互提供有效的技术手段，各类应用系统的研究、研制已经在紧锣密鼓地进行中，主要包含如下四个部分：

1) 电子海图显示与信息系统

该部分比较成熟，主要提供电子海图数据更新、显示、漫游、图层控制、查询、航线规划、航海日志等。电子海图显示与信息系统如图1.16所示。

图 1.16　电子海图显示与信息系统

2) 基于北斗/GPS双模定位的船舶导航系统

集成北斗/GPS双模定位方法，提供更稳定、精确的船舶实时定位、航速航向测定等系列导航功能。

各导航系统的卫星空间分布有限，多系统兼容接收机可以增加可见卫星数，改善卫星空中几何架构，提高导航系统完备性，克服单一卫星导航系统在连续性、可用性、完好性方面的不足。国外的多模导航主要研究GPS/GLONASS多模接收，而我国多系统兼容的多模导航接收机不仅允许设备检测到空间中的北斗信号，同时也可以兼容接收GPS和其他卫星系统的卫星信号，这不仅提高了卫星定位精度和系统可用性，同时还可以扩展北斗接收机的市场份额，推动北斗产业化发展[17]。

3) 基于北斗/GPS双模定位的AIS船舶动态监控系统

可用于建立基于北斗/GPS双模定位的船舶避碰、岸基监控系统，提供远海船舶的动态监控，对船舶进行安全监管等。

船舶自动识别系统(automatic identification system，AIS)是基于GNSS定位的设备，精度稳定在5～30 m。该系统无须人工维护和参与，只需要在舰船上安装1部AIS设备，就能够自动将船位、航速、航向及改变航向率等船舶动态结合船名、呼号、吃水及危险货物等船舶识别和航行相关信息，通过甚高频向附近水域船舶及岸台广播，使邻近船舶及岸台能及时掌握附近所有船舶资讯，得以互相通信和协调，采取必要避让措施[18]。

虽然AIS覆盖的船舶范围非常广泛，目前全球任何500总吨以上的船舶都强制安装AIS系统，但AIS系统发射的信号传输距离有限，存在监控盲区。当船舶在远洋中航行时，其AIS信息往往不能被岸基AIS基站接收。几年前，美国、挪威等国家开始利用低轨卫星接收其覆盖范围的船舶AIS信息，从而实现远离陆地区域的船舶动态监控[19]。

4) 基于北斗通信的船岸信息应用系统

利用北斗导航通信功能，可以提供气象信息服务、船代货代信息交互、船舶搜救等应用服务。

我国南海广大海域环境条件恶劣，易导致海岛气象站的通信系统和设备故障，直接影响气象数据上传的及时性和可用性等问题。海南省近年来新建的海岛自动气象站，依托成熟的北斗系统，结合海洋气象监测实际对相关气象设备进行改进，设计实现了基于北斗卫星的通信功能的双备份（一主一备）自动气象站，为海洋气象探测提供了一套稳定可行的新方法[20]。

此外，北斗导航系统具有救援功能，一旦通过北斗导航系统进行了呼救行为，进行呼叫行为船舶的位置信息在电子海图上就可以重点显示出来，海事部门可以根据遇险船舶具体位置及其周边态势对其进行救援。

参考文献

[1] 孙国元. 现代船舶上的电子设备//中国电子学会电子技术应用学术会议[C]. 1990.

[2] 王玲，张彬祥. 船舶通信导航技术及发展趋势[J]. 舰船电子工程，2016，36(3)：17－21.

[3] 赵静，曹冲. GNSS 系统及其技术的发展研究[J]. 全球定位系统，2008，33(5)：27－31.

[4] 谢钢. GPS 原理与接收机设计[M]. 北京：电子工业出版社，2009.

[5] 杨元喜. 北斗卫星导航系统及关联产业发展[J]. 领导科学论坛，2016(24)：79－96.

[6] GPS Applications. GPS. gov[EB/OL]. [2018－04－01]https://www. gps. gov/applications.

[7] 周祖渊. 全球卫星导航系统的构成及其比较[J]. 重庆交通大学学报(自然科学版)，2008，27(s1)：999－1004.

[8] GLONASS CONSTELLATION STATUS. INFORMATION AND ANALYSIS CENTER FOR POSITION, NAVIGATION AND TIMING[EB/OL]. [2018－04－01]https://www. glonass-iac. ru/en/GLONASS/index. php.

[9] What is Galileo? European Space Agency[EB/OL]. [2018－04－01]http://www. esa. int/Our_Activities/Navigation/Galileo/What_is_Galileo.

[10] System. European Global Navigation Satellite Systems Agency[EB/OL]. [2018－04－01]https://www. gsc-europa. eu/galileo-gsc-overview/system.

[11] 北斗系统空间信号接口控制文件 B3I(1.0 版)中文版. 北斗卫星导航系统[EB/OL]. (2018－02－09)[2018－04－01] http://www. beidou. gov. cn/xt/gfxz/201802/P020180209620480385743. pdf.

[12] 北斗卫星导航系统介绍. 北斗卫星导航系统[EB/OL]. [2018－04－01]http://www. beidou. gov. cn/xt/xtjs.

[13] 孙宏伟，李玉莉，袁海波. 日本准天顶卫星系统概要[J]. 武汉大学学报(信息科学版)，2010，35(8)：1004－1007.

[14] What is the Quasi-Zenith Satellite System (QZSS)? Quasi-Zenith Satellite System (QZSS)[EB/OL]. [2018－04－01]http://qzss. go. jp/en/overview/services/sv02_why. html.

[15] Indian Regional Navigation Satellite System (IRNSS): NavIC. ISOR-Government of India[EB/OL]. [2018－04－01]https://www. isro. gov. in/irnss-programme.

[16] 张春海，赵晓东，李洪涛. 印度卫星导航系统概述[J]. 电讯技术，2014，54(2)：231－235.

[17] 许培培. 基于北斗/GPS 的船载多模导航智能终端研发[D]. 厦门：集美大学，2015.

[18] 蒋聪. AIS与导航雷达信息融合仿真平台设计与应用[D]. 哈尔滨：哈尔滨工程大学，2011.

[19] 贺超峰，徐铁，胡勤友，等. 应用北斗卫星导航系统的船舶 AIS 数据采集[J]. 上海海事大学学报，2013，34(1)：5-9.

[20] 甘志强，陆土金，李大君，等. 北斗卫星通信在南海海洋气象观中的应用[J]. 气象水文海洋仪器，2015，33(1)：70-74.

第 2 章　北斗系统简介

本章介绍了北斗系统的建设现状及特点，包括北斗系统混合星座、北斗三频信号以及北斗短报文功能。

另外，重点阐述了北斗软件接收机信号处理系统的实现方法及信号处理流程，给出了捕获及跟踪两大主要模块的详细流程图及处理方法。然后设计了软件接收机的部分功能，给出了从对原始信号数据的捕获、跟踪处理，直到得到码功率和载波功率的软件整体流程图、结构图及实现方法和结果展示。最后介绍了北斗定位技术的研究现状。

2.1 北斗系统的建设现状

我国自主研发的北斗卫星导航定位系统已逐步实现同其他卫星导航系统的兼容性和互操作性，这有助于实现多卫星星座的混合定位方式，使其定位性能更加稳定。北斗卫星共经历三个发展阶段，并且已经完成从试验验证阶段到区域性导航服务的星座布局，到2020年将完成全球卫星导航系统的星座布局，从“5＋5＋4”的区域性星座布局逐步转向“3＋3＋24”的全球布局[1]，将北斗系统的导航定位服务覆盖范围从区域拓展到全球。图2.1是北斗卫星导航系统空间星座图。

图 2.1 北斗卫星导航系统空间星座

北斗系统在二代卫星系统的基础上，2018 年计划发射约 10 颗北斗三代 MEO 和 1 颗北斗三代 GEO 卫星，2019—2020 年计划发射 6 颗北斗三代 MEO 卫星、3 颗 IGSO 卫星和 2 颗 GEO 卫星。同时，我国正在加强北斗增强系统的建设，目前已经完成地基增强第一阶段的建设任务，将于 2018 年完成北斗地基增强的第二阶段建设，实现全国主要覆盖区域米级、分米级的定位精度，并且在特殊覆盖区域试播发厘米级和后处理毫米级的改正数[2]。表 2.1 为目前已发射的北斗卫星相关信息[3]。

表 2.1　已发射北斗卫星的基本信息

北斗卫星序号	发射日期	轨道类型
第 1 颗北斗实验卫星	2000 年 10 月 31 日	GEO
第 2 颗北斗实验卫星	2000 年 12 月 21 日	GEO
第 3 颗北斗实验卫星	2003 年 5 月 25 日	GEO
第 4 颗北斗实验卫星	2007 年 2 月 3 日	GEO
第 1 颗北斗卫星	2007 年 4 月 14 日	MEO
第 2 颗北斗卫星	2009 年 4 月 15 日	GEO
第 3 颗北斗卫星	2010 年 1 月 17 日	GEO
第 4 颗北斗卫星	2010 年 6 月 2 日	GEO
第 5 颗北斗卫星	2010 年 8 月 1 日	IGSO
第 6 颗北斗卫星	2010 年 11 月 1 日	GEO
第 7 颗北斗卫星	2010 年 12 月 18 日	IGSO
第 8 颗北斗卫星	2011 年 4 月 10 日	IGSO
第 9 颗北斗卫星	2011 年 7 月 27 日	IGSO
第 10 颗北斗卫星	2011 年 12 月 2 日	IGSO
第 11 颗北斗卫星	2012 年 2 月 25 日	GEO
第 12、13 颗北斗卫星	2012 年 4 月 30 日	MEO
第 14、15 颗北斗卫星	2012 年 9 月 19 日	MEO
第 16 颗北斗卫星	2012 年 10 月 25 日	GEO
第 17 颗北斗卫星	2015 年 3 月 30 日	IGSO
第 18、19 颗北斗卫星	2015 年 7 月 25 日	MEO
第 20 颗北斗卫星	2015 年 9 月 30 日	IGSO
第 21 颗北斗卫星	2016 年 2 月 1 日	MEO
第 22 颗北斗卫星	2016 年 3 月 30 日	IGSO
第 23 颗北斗卫星	2016 年 6 月 12 日	GEO
第 24、25 颗北斗卫星	2017 年 11 月 5 日	MEO
第 26、27 颗北斗卫星	2018 年 1 月 12 日	MEO
第 28、29 颗北斗卫星	2018 年 2 月 12 日	MEO
第 30、31 颗北斗卫星	2018 年 3 月 30 日	MEO

2.2　北斗系统的特点

2.2.1　北斗系统混合星座

北斗卫星星座结构与GPS卫星星座有较大区别,GPS卫星星座是仅由MEO卫星组成的单一卫星星座,而我国北斗卫星导航定位系统的星座结构是由三种轨道组成的混合星座结构,其空间星座是由5颗GEO卫星、3颗IGSO卫星和27颗MEO卫星构成。目前北斗卫星系统正快速地由二代向三代系统迈进,表2.2所示为北斗二号和北斗三号星座的基本信息。其中,GEO卫星的轨道高度为35 786 km,IGSO卫星均匀分布在3个倾角为55°、升交点赤经差120°的倾斜同步轨道面上,并与GEO卫星有着相同的轨道高度,运行轨迹是以赤道为对称轴的"8"字形。MEO卫星轨道高度相对于GEO卫星轨道较低,均匀分布在轨道倾角为55°的3个轨道面上,并且GEO卫星和IGSO卫星与MEO卫星相比,轨道高度较高,可以观测到数量较多的高仰角卫星。这为恶劣环境情况下的定位研究提供了较大可能性,理论上能够实现比GPS卫星提供更多的高仰角可视卫星,以此来达成更高的准确性与精密度。北斗卫星星座部署的特殊性使其拥有如下优势:

(1) 北斗系统特殊的星座结构可以用较少的卫星来保证特定区域内的定位服务正常进行。

(2) 高轨卫星较多,具有更强的抗遮挡能力,尤其是在低纬度地区其特点更为明显。

(3) 北斗系统的地球同步轨道卫星,与GPS相比多了有源定位和短报文通信功能。

表2.2　北斗二号和北斗三号星座基本信息

卫星类型	轨道高度(km)	北斗二号	北斗三号
GEO	35 786	5颗	3颗
IGSO	35 786	5颗	3颗
MEO	21 528	4颗	24颗

2.2.2　北斗系统三频信号

我国在2006年发布的《2006年中国的航天》白皮书宣布第二代北斗卫星导航系统将在4年内完成部署。2011年年底,中国政府发布了《2011年中国的航天》白皮书。航天白皮书的发布,显示出我国政府对航天事业的重视,以及发展航天事业的决心,同时也表达了我国对航天事业的发展持有透明和开放的态度。北斗系统空间信号接口控制文件正式版在 2012 年 12 月 27 日公布，标志着北斗导航业务正式对亚太地区提供无源定位、导航、授时服务。

北斗二代系统一开始就是当前定位研究的重点。杨元喜在 2011 年具体分析了北斗系统的时间系统，并使用艾兰方差对北斗卫星的时钟稳定性做出了具体评估[4]。施闯在 2013 年分析了基于北斗 GEO、IGSO 卫星数据的相对定位[5]，指出 GPS 与北斗卫星的组合定位效果比 GPS 系统的单独定位要好近 20%。2013 年杨鑫春分析了 5 颗 GEO 卫星、3 颗 IGSO 卫星和 27 颗 MEO 卫星的北斗卫星导航系统所能提供的星座性能指标[6]，并指出北斗二代系统向全球用户提供的可视卫星数、PDOP 值和定位精度等指标与 GPS 相当；同时对于中国大陆区域的用户，由于 5 颗 GEO 卫星和 3 颗 IGSO 卫星的增强作用，其享受的北斗性能更加优越。一直以来对北斗系统的分析都停留在双频阶段，原因是现在大部分用户所使用的接收机及相关设备都是基于双频信号的。尽管现在只有一颗 GPS 卫星能够播发三频信号（L1，L2，L5），但是针对 GPS 的三频研究从 1996 年就开始了。Ron Hatch 在 2000 年给出了三频带来的具体好处，比如更多观测值的线性组合用来探测周跳，以及解算模糊度[7]。鉴于模糊度估计受多径误差以及基线长度的影响，范建军在 2007 年介绍了一种基于几何无关模型的 GNSS 三频模糊度的解算方法[8]。而后 2009 年，王东会研究了在北斗信号体制下，使用三频 CIR 方法求解模糊度的算法[9]。

2.2.3 北斗系统短报文功能

我国自主研制的北斗卫星导航系统的简短数字报文通信（用户机与用户机、用户机与地面控制中心之间进行双向数字报文通信）服务，实现水质数据的稳定传输。北斗一号导航卫星系统运用主动式双向测距定位原理，采用双星进行有源定位的导航系统，可以全天候、全天时提供卫星导航信息的区域性导航系统，在亚洲地区可以实现无缝隙覆盖。与 GPS 相比，除了快速定位功能外，还有简短数字报文通信和精密授时功能。目前北斗一号卫星导航系统广泛用于交通运输、海洋观测、水文监测、气象监测、抗险防灾及国防安全等众多领域。

北斗短报文的功能在国防、民生和应急救援等领域，都具有很强的应用价值。特别是灾区移动通信中断、电力中断或移动通信无法覆盖北斗终端的情况下，可以使用短消息进行通信、定位信息和遥感信息等。该技术被用于紧急救援、野外作业、海上作业系统。在 2008 年汶川地震时，进入重灾区的救援部队就利用 120 字的短报文功能突破了通信盲点，与外界取得联系，通报了灾情，供指挥部及时作出决策。

北斗卫星的短报文通信功能是美国 GPS 和俄罗斯 GLONASS 都不具备的特殊功能，是全球首个在定位、授时之外具备报文通信为一体的卫星导航系统。

北斗卫星短报文通信具有用户机与用户机、用户机与地面控制中心间双向数字报文通信功能，一般的用户机可一次传输 36 个汉字，申请核准的可以达到传送 120 个汉字或 240 个代码。短报文不仅可点对点双向通信，而且其提供的指挥端机可进行一点对多点的广播传输，为各种平台应用提供了极大便利。指挥端机收到用户机发来的短报文，通过串口与服务器连接并且以JAVA或其他语言编写的通信服务解析数据，通过短信网关转发至普通手机，以及通过通信服务可实现普通手机往用户机发送短报文功能。

北斗报文通信与其他的卫星通信方式相比，具有以下特点：

(1) 北斗通信申请的信道的分析。通信申请的用户机端通过北斗卫星与其他的用户机建立通信申请的链接，类似于互联网通信的链路层，只不过北斗通信是通过卫星无线互联。卫星TCP/IP传输技术中定义的链路层不仅仅指整个系统的通信链接，而是在其基础上高了一个层次。北斗卫星通信的实际链路中并没有实现链路控制功能，类似于互联网的物理层。可以类比，数据丢失率类似于链路的差错率，通信频度类似于传播延迟，信息往返同样也存在信道的不对称性。

(2) 通信频度和通信量的限制。根据北斗卡的不同级别，北斗卡可以支持的报文通信可分为两个级别：36和120汉字/次。三级北斗卡发送短报文时间频率为1分钟一次。

(3) 数据格式的种类。根据需要，可以选择北斗通信申请的短报文两种数据类型：一种是通常汉字通信采用的ASCII码的方式；另一种为BCD码方式。

(4) 其他通信过程中干扰因素和制约因素。北斗短报文通信除了易受天气等环境因素的影响，数据传输误码率比较大的限制外，其发送短报文的长度和频率也影响了其民用的灵活性，但其在救援救急上应用还是能起到较好的补充和保障。

北斗卫星导航系统应用前景十分广阔。例如，我们可以使用安装北斗卫星导航系统的手机或车载装置查询需要走的路线，或者监控物流车辆、公共车辆的行驶轨迹，以及通过接有外设传感设备监控车辆的行驶速度、停车时间、驾驶时间等。

此外，北斗卫星导航系统还可以向紧急救援服务单位提供移动信号中断(如地震、灾难)时的紧急救援的文字信息等，或者向喜欢去偏远地区远足的人提供查询最近的停车位、餐厅、旅馆等，以及无信号覆盖地区的遇险情况下的求救服务等。

当在无信号覆盖的沙漠、偏远山区，以及海洋等人烟稀少地区进行搜索救援时，北斗设备除导航定位外，人们通过北斗卫星导航终端设备的短报文通信功能可及时报告所处位置和受灾情况，有效提高救援搜索效率。

2.3 北斗反射信号软件接收机的设计与实现

本节给出了北斗反射信号软件接收机的结构及模块，针对原始信号接收过程、数据跟踪捕获原理进行了叙述。重点介绍了北斗软件接收机信号处理系统的实现方法及信号处理流程，给出了捕获及跟踪两大主要模块的详细流程图及处理方法。通过对软件接收机中部分功能的设计，对原始信号数据进行捕获、跟踪处理，得到码功率和载波功率的软件整体流程图、结构图和实现方法。

2.3.1 通用 GNSS 软件接收机中信号捕获处理相关算法

1）信号捕获算法

GNSS 发射的信号是经过扩频码调制和载波调制的信号，为了跟踪到 GNSS 信号并减少无效的信号跟踪过程（信号功率过低时，噪声大，影响信息的获取），必须先通过捕获过程来获得信号的粗略载波相位估算值和码相位估算值以及功率[10]。在 GNSS 软件接收机中的输入数据都是分块的，因此在信号捕获算法中采用快速傅里叶变换（fast Fourier transformation，FFT）是一种比较好的方式[11]。

如果想要实现 GPS 直射信号和反射信号的实时接收，就需要提供足够快的捕获速度。决定捕获速度的因素有两个：捕获参数的设置和捕获算法的运算效率。在捕获参数设置方面需要尽可能地将参加捕获的数据长度缩短，一般用于捕获数据的时间长度为 10 ms（超过 10 ms 会造成资源浪费）。多普勒范围设定在－10～＋10 kHz 的频率范围内，这样可以搜索到全部多普勒频率范围。但在设置的时候需要注意，搜索的频率步长不能过小（一般可以选取 1 kHz 作为步长），否则增大了多余的频率搜索会影响捕获的速度。在提高捕获算法运算效率方面，人们做的研究主要是如何降低 FFT 运算本身的计算量，从而达到降低捕获算法的计算量的目的。

如果需要减少捕获过程中 FFT 的运算次数，可以通过对输入信号的频谱信号进行圆周移位，来代替在不同载波多普勒搜索单元下对输入信号的重复性的载波剥离和 FFT 操作，达到降低算法的运算量和节省捕获时间的目的。

对于时间序列的 FFT，可以得到该时间序列频域范围的分布，则利用输入信号变换到频域来代替时域中载波剥离和码相位剥离的过程，从而达到降低运算量和缩短捕获时间的效果。在传统的 FFT 信号算法的执行过程中，需要对每个多普勒搜索单元进行输入信号的载波剥离和 FFT 操作，实现单颗卫星的捕获需要进行 $2N_f$ 次（I、Q 两路）载波剥离操作（每次载波剥离操作需要进行 N 次乘法操作）和 $2N_f+1$ 次 FFT 或快速傅里叶逆变换（inverse fast Fourier transformation，IFFT）操作。而基于频域圆周移位的信号捕获算法对输入信号只需进行一次 FFT 操作，而对于每个多普勒搜索单元，则可以通过简单、快速的圆周移位操作实现。此种卫星捕获方式，只需进行 N_f+2 次 FFT 或 IFFT 操作，在这个过程中不需要对载波进行剥离。

由于 $f_{\mathrm{IF\_remains}}$ 的影响，虽然两种算法中的载波多普勒搜索单元中各个多普勒的值不同，但如果两种算法的多普勒搜索单元宽度相同，捕获得到的载波多普勒频率的估计值精度也大致相同。使用圆周移位来替换载波剥离的过程不会造成相关功率损失，因而新算法并不会影响到导航卫星信号的捕获概率。

2）后端信号处理算法

（1）反射信号二维相关处理结构。

GNSS 反射信号包含的反射分量都具有不同的码延迟和多普勒范围，所以在反射面上具有不同的反射区域，但反射信号的相关功率值可以通过计算码延迟-多普勒二维相关值来实现。在 GNSS 导航定位接收机中，时-频域相关功率最大点处的相关值计算能够利用乘法加法单元(MAC)的相关处理器来完成,同时可以获得精确的伪距信息和速度信息,但无法通过并行计算指定范围内所有的时-频域相关值;基于 FFT 的相关处理器则需要计算每个码相位上的相关值,需要占用很多硬件资源和时间。为解决这类问题,在 GRrSv.2 设计中采用了时域并行-频域并行的二维相关处理结构[12],如图 2.2 所示。

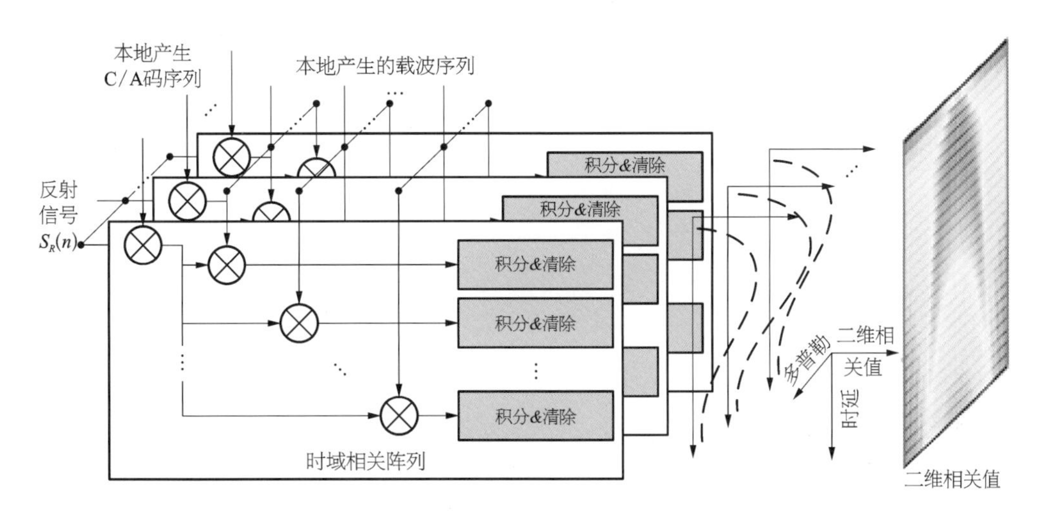

图 2.2　反射信号相关通道中的二维相关处理结构图

此处的二维相关处理结构是由 N 个多普勒时域相关处理阵列组成,每个反射信号在单一指定频率上的一维时延功率可以通过相关处理阵列完成。此系统中可以实现不同导航卫星反射信号的一维相关功率提取,也可以提取同一颗卫星在不同频率上的一维相关功率,这两个构成了反射信号时延——多普勒二维相关功率[11]。

(2) 本地信号产生与反射信号同步方法。

为获取反射信号二维相关功率值,首先需要对本地码相位和载波频率进行同步,在利用时延窗口和多普勒窗口滑动来获得二维相关功率。

① 载波多普勒同步。反射信号的载波多普勒频移可以表示:

$$f_{\mathrm{R}}=f_{\mathrm{D}}+f_{\mathrm{E}} \tag{2.1}$$

式中　f_{D}——直射信号的多普勒频率;

f_{R}——反射信号的多普勒频率;

f_{E}——反射信号相对于直射信号有一定频偏的多普勒频移[13]。

反射信号的本地载波由图 2.2 产生。直射信号多普勒频率分量在直射信号的捕获和载波跟踪过程获取,f_{E} 可以通过式(2.2)进行估计:

$$f_{\mathrm{E}}=[v_{\mathrm{t}}\cdot u_{\mathrm{i}}-v_{\mathrm{r}}\cdot u_{\mathrm{r}}-(v_{\mathrm{t}}-v_{\mathrm{r}})u_{\mathrm{rt}}]/\lambda \tag{2.2}$$

② 码相位同步。反射信号与导航卫星信号源的路径延迟为:

$$\rho_R = c \cdot \tau_R = \rho_D + \Delta\rho_E \tag{2.3}$$

式中　c——光速；

τ_R——反射信号与信号源之间的时间延迟；

ρ_D——直射信号与信号源之间的路径延迟；

$\Delta\rho_E$——反射信号与直射信号两者间的路径延迟。

反射信号的本地码产生如图 2.3 所示。

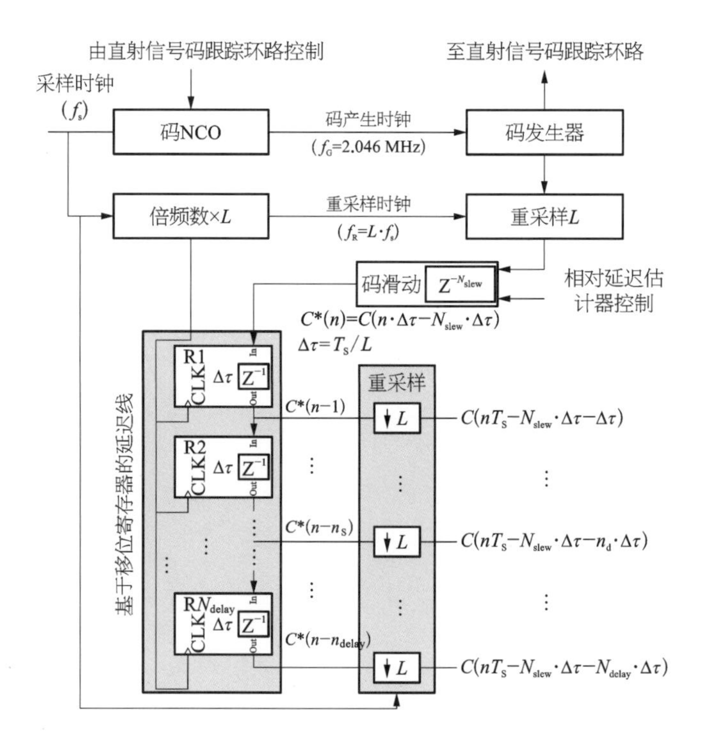

图 2.3　反射信号本地码产生

2.3.2　北斗反射信号软件接收原理

北斗卫星发射的信号为右旋圆极化波，经过反射后，其极化特性将发生改变，呈左旋极性。因此，接收信号天线为一副接收直射信号的右旋圆极化（right handed circular polarization，RHCP）天线和一对接收反射信号的左右旋圆极化（left & right handed circular polarization，L&RHCP）天线。右旋圆极化天线采用成熟的商用航空天线，用于接收北斗直射信号；左右旋反射圆极化天线采用 2×2 的阵列天线，以平衡天线增益和覆盖范围，用于接收北斗卫星的反射信号。

为了使直射和反射信号同步接收，射频前端使用四通道的对称结构设计，经过对接收卫星信号的放大、滤波、下变频处理后再输出。

射频前端输出的模拟中频以差分的形式进入四通道模数转换器芯片，通过采集量化操作转化为数字中频，最后以二进制数据形式存进存储介质。

在北斗反射信号处理过程中，对前端接收到的信号进行降频后得到的中频信号利用软件接收机进行后处理，利用码相位跟踪环和载波相位跟踪环来完成信号的跟踪和捕获，对反射信号进行相关处理，进行数据分析、处理及可视化。

北斗信号处理主要使用数据处理工作站，用来对已采集的原始直射信号、反射信号数据进行数据处理。

软件接收机工作原理和数据处理流程如图 2.4 所示。

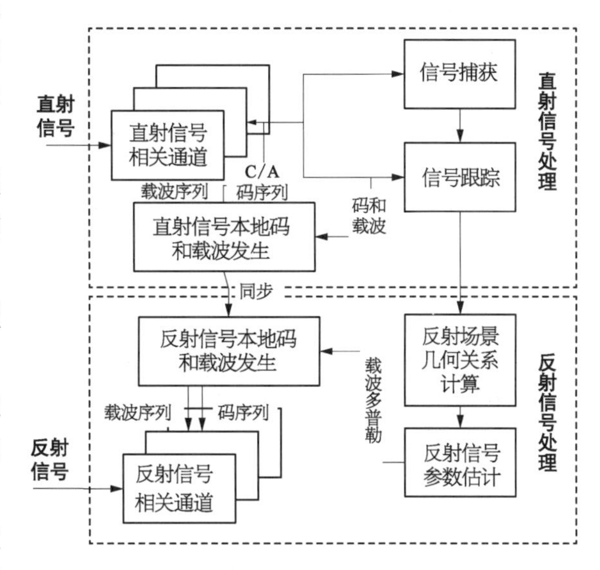

图 2.4　软件接收机工作原理和数据处理流程

其中，直射信号相关通道的实现包括直射信号的码剥离、载波剥离、累加运算等。

反射信号相关通道需要完成对反射信号的时延一维、多普勒一维或时延-多普勒二维相关处理。

反射信号来自不同的反射区域，是由包含不同码延迟和多普勒延迟的反射分量组成，但是反射信号的相关功率可以通过码延迟-多普勒二维相关值矩阵来描述。为了获得反射信号的二维相关值，需要利用直射信号跟踪捕获过程中的载波多普勒和码相位信息实现反射信号的同步。对二维相关值的数据进行处理，最后生成本地多频载波。

1) 载波多普勒同步

反射信号的载波多普勒频移为：

$$f_R = f_D + f_E \tag{2.4}$$

式中　f_D——直射信号的多普勒频率；

f_R——反射信号的多普勒频率；

f_E——反射信号相对于直射信号的多普勒频移。

如图 2.4 所示，直射信号多普勒频率通过直射信号的捕获和载波跟踪过程中获得，反射信号的本地载波得出方法，f_E 可以通过式(2.5)进行估计：

$$f_E = [\nu_t \cdot u_i - \nu_r \cdot u_r - (\nu_t - \nu_r) u_{rt}]/\lambda \tag{2.5}$$

2) 码相位同步

反射信号相对导航卫星发射点的路径延迟为：

$$\rho_R = c \cdot \tau_R = \rho_D + \Delta\rho_E \tag{2.6}$$

式中　c——光速；

τ_R——反射信号相对于发射时间的延迟；

ρ_D——直射信号相对于发射时间的路径延迟；

$\Delta\rho_E$——反射信号比直射信号多走的一段路径，称为路径延迟。

直射信号相对于发射点的路径延迟可以通过直射信号的捕获和码跟踪过程消除，$\Delta\rho_E$ 通过相关估计得出。

3）二维相关功率的数据预处理

对二维相关功率的数据预处理主要包括相干累加和非相干累加。

首先，对累加监控单元的输出进行 1 ms 的累加，然后对这个累加值进行时间为 T_{coh} 的相干累加来增大信噪比：

$$DDM^{coh} = \sum_{k=1}^{T_{coh}} DDM_{lk}^{raw} \tag{2.7}$$

式中 DDM_k^{raw}——经过第 k ms 的信号处理后端输出的原始二维相关值；

DDM^{coh}——相干累加结果。

在信号处理中使用直射信号的同相分量的数据位消除了导航电文数据位对二维相关值矩阵的影响。因此，相干累加时间可以超过导航数据位长度(20 ms)的限制。但粗糙的反射面有可能使得反射信号之间的相干时间变短，此时如果采取过长的相干累加时间反而会造成信号信噪比的下降，因为增加了无关的噪声信号。

因此，在本系统设计中考虑到了非相干累加来实现反射信号信噪比的提高。

通过监控单元对相干累加结果进行时间为 T_{incoh} 的非相干累加：

$$DDM^{incoh} = \sum_{I=1}^{T_{incoh}} |DDM_I^{coh}|^2 \tag{2.8}$$

式中 DDM_I^{coh}——第 I 次相干累加的结果；

DDM^{incoh}——非相干累加后的二维相关功率。

二维相关值的计算过程中需要本地并行产生具有不同码延迟的 C/A 码序列和具有不同多普勒频移的载波序列，而本地信号使用的反射信号频率和码相关参考点就是以直射信号的时间延迟和多普勒频移为参照的，本地 C/A 码序列和多频载波序列的产生也需要直射信号跟踪捕获处理中的码相位和载波频率进行参考。

4）本地多频载波产生

多频载波生成的一种典型方法如图 2.4 所示，该方法基于直接数字频率合成技术。

理想的余弦波信号 $S\cos(t)$ 可以表示成

$$S\cos(t) = A\cos(2\pi ft + \phi) \tag{2.9}$$

式(2.9)表明如果振幅 A 和初相 ϕ 确定，那么频率可以由相位偏移来唯一的确定，$\theta(t) = 2\pi ft$。

对两端微分后有 $\mathrm{d}\theta/\mathrm{d}t = 2\pi f$，很显然就可以得到下面的公式，即

$$f = \frac{\omega}{2\pi} = \frac{\Delta\theta}{2\pi\Delta t} \tag{2.10}$$

由式(2.10)中就可以看出,如果可以控制 $\Delta\theta$,就可以控制不同的频率输出。$\Delta\theta$ 受频率控制字 F_{CW} 的控制,即 $\Delta\theta=\frac{F_{CW}2\pi}{2^L}$,所以,改变 F_{CW} 就可以得到不同的频率输出 f_0,经过代换处理,就得到了本地载波产生的原理方程:

$$f_0=\frac{(F_{CW}+F_E\pm F_{dp})}{2^L}F_{CLK} \tag{2.11}$$

式中　f_0——需要得到的频率;

F_{CW}——基准频率控制字;

F_E——镜面反射点处反射信号频率与直射信号频率差对应的控制字;

F_{dp}——系统中划分好的多普勒频移控制字;

L——所用累加器寄存器的位数;

F_{CLK}——输入的采样时钟。

2.3.3　北斗软件接收机的实现

北斗导航卫星反射信号的软件接收机总体结构如图2.5所示。信号接收端,右旋天线用于接收导航卫星直射信号,而在反射信号上则同时利用了左旋天线和右旋天线。北斗导航卫星的直射信号和北斗导航卫星的反射信号经接收后分别输入到三个射频前端,进行采样处理和数字化后得到直射和反射的原始数字中频信号。

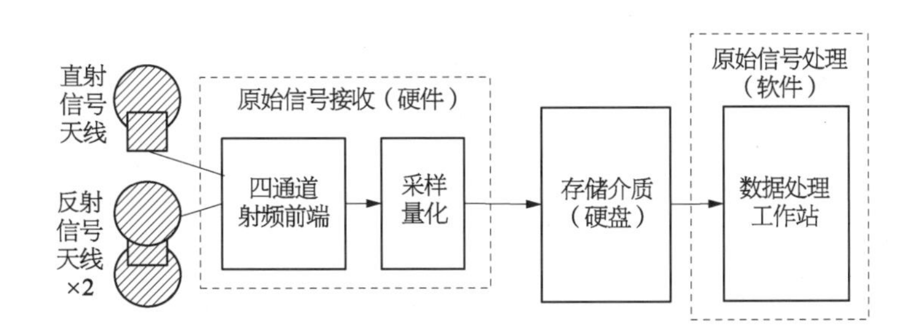

图2.5　北斗反射信号软件接收机的总体结构

1) 北斗信号捕获的实现

本软件通过对北斗原始信号数据的捕获、跟踪处理,最后得到码功率和载波功率。

信号捕获的方法通常意义上有3种:串行、并行码相位和并行频率捕获。其中,串行捕获算法是最传统的算法,其实现十分简易,但在实际使用上相当耗时间;并行码相位捕获利用离散傅里叶变换(discrete fourier transform,DFT)将时域运算变换到频域,对所要搜索的频段只需做一次计算即可找到初始码相位和初始载波频率,计算量和耗时最小,但得到的频率并不精确,对后期的跟踪会有影响;并行频率捕获的搜索时间比串行速度快，但是比并行码相位速度慢，在高采样率的情况下，能得到较精确的初始载波频率。

为了能快速找到相对较精确的初始码相位和载波频率，本书采用基于并行码相位和并行频率捕获的算法。

利用基于 FFT 的并行搜索码相位[14]的方式可快速地捕获码相位、多普勒频移。先载波剥离中频 IF 信号，采集原始信号数据进行傅里叶变换，信号的要求是整数倍毫秒时间内的。接下来把信号 FFT 后的结果和本地伪码的 F 取共轭，再将共轭后的值逐一进行复数乘法运算。最后对乘法运算后的结果进行逆傅里叶变换，得到复数的幅值。将幅值与预估的门限值进行比对，以确认能否成功捕获导航卫星信号。

长度为 N 的序列 $x(n)$ 的离散 FFT 变换为：

$$X(k)=\sum_{n=0}^{N-1}x(n)\mathrm{e}^{-j2\pi kn/N} \tag{2.12}$$

长度有限且为 N，并且具有周期性的系列 $x(n)$ 中，其循环互相关序列为：

$$z(n)=\sum_{m=0}^{N-1}x(m)y(n+m) \tag{2.13}$$

通过对式(2.12)和式(2.13)DFT 可得到式(2.14)：

$$\begin{aligned}Z(k)&=\sum_{n=0}^{N-1}\sum_{m=0}^{N-1}x(m)y(n+m)\mathrm{e}^{-\frac{j2\pi kn}{N}}\\&=\sum_{m=0}^{N-1}x(m)\mathrm{e}^{\frac{j2\pi kn}{N}}\sum_{n=0}^{N-1}y(n+m)\mathrm{e}^{-\frac{j2\pi k(n+m)}{N}}\\&=X^{*}(k)Y^{*}(k)\end{aligned} \tag{2.14}$$

式中　X^{*}——共轭形式。

北斗系统导航电文分为 D1 和 D2，D1 和 GPS 一样，每 20 ms 代表一个导航数据位，D2 每 2 ms 代表一个导航数据位，考虑到因数据位跳变而导致卫星漏捕的问题，对 D1 捕获的最长数据应为 10 ms，D2 为 1 ms，而 CB1 码和 C/A 码的周期同为 1 ms。

综合以上原因，选用连续 1 ms 的数据进行捕获，即如果在前 1 ms 发生了数据位跳变，那么在下 1 ms 就不可能发生，这样保证了捕获的可靠性。以其中 1 ms 数据分析为例，根据 ICD 中码发生器产生本地码，以对原始信号同样的采样率对本地码进行采样，对其做 FFT 并取复共轭得 $X(n)$。设定初始频率搜索步长为 500 Hz，由中频产生一组本地正交载波 $\cos(n)$、$\sin(n)$ 分别与输入信号相乘得同相和正交支路 I、Q，并构造复数信号 $I+\mathrm{j}Q$ 对其作 FFT 之后与 $X(n)$ 相乘得 $R1(n)$。同理可得，另外 1 ms 的结果为 $R2(n)$，取两者中含较大最值的结果作为最终二维搜索数组 R。若 R 中的最大值和次值之比大于设定的阈值，则表示捕获成功，其中，R 的最值索引之一为初始码相位。根据捕获所得的初始码相位取原始数据中相对应的一组数据，本书选用 10 ms 的数据长度与本地码相乘后做 FFT，找最值所在的频率索引，即初始载波频率。

北斗信号捕获处理流程图如图 2.6 所示。

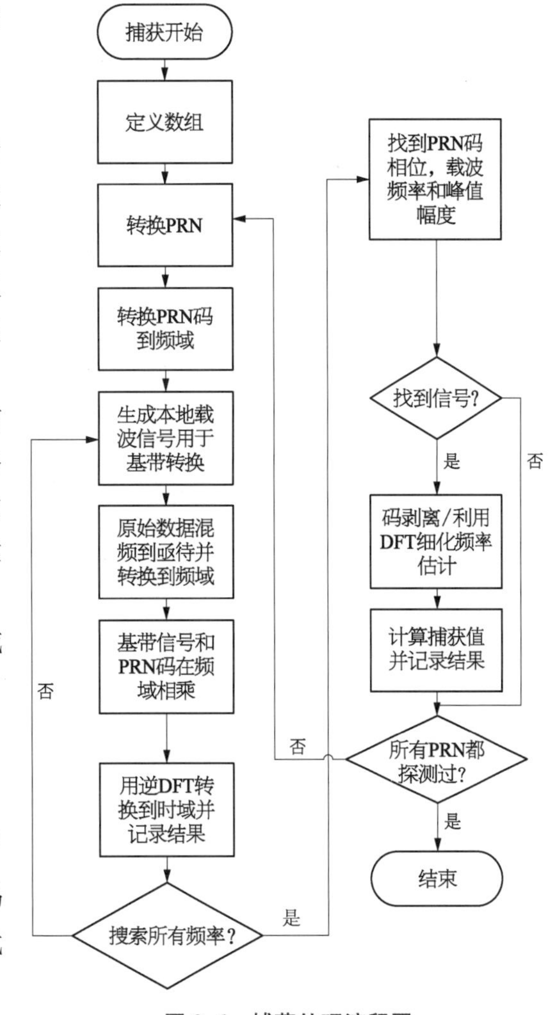

图 2.6　捕获处理流程图

2) 北斗信号跟踪的实现

由于导航卫星的捕获阶段仅能提供对频率和码相位参数的粗略估计和计算，无法达到所需要的结果，所以使用跟踪使这些估计值更加精确并保持跟踪，然后从卫星信号中算出伪距，通过对捕获到的卫星信号进行跟踪，得出相应的结果。

目的码跟踪保持特定的代码相位的信号跟踪。它通常通过 DLL 产生的本地码与接收信号关联。本地码是超前、当前和滞后延迟。为了提高码跟踪回路的可靠性，I 和 Q 两条支路都要被跟踪。

选择的跟踪环鉴别器归一化的超前减滞后功率来得到精确的码频率：

$$D=\frac{(I_{E}^{2}+Q_{E}^{2})-(I_{L}^{2}+Q_{L}^{2})}{(I_{E}^{2}+Q_{E}^{2})+(I_{L}^{2}+Q_{L}^{2})} \tag{2.15}$$

六条道路相关的输出被馈送到鉴码器，同时得到正确的码相位和相位调整代码发生器。

载波跟踪的目的是实现导航数据和载波相位误差。选择 Costas 环是因为它不受导航数据引起的敏感影响。

可以得到载波相位误差的计算公式[12]如下：

$$\phi=\arctan(Q_{p}/I_{p}) \tag{2.16}$$

北斗信号跟踪处理流程如图 2.7 所示。

在跟踪环节，1 ms 为单位来解析数据，对该段时间的数据分别进行码跟踪与载波跟踪。在得到两者的码频率和载波频率后，进行互相关计算，得到对应的码功率和载波功率并将结果存储在跟踪结果中，并保存对应文件，数据是通过使用 DLL 和 PLL 跟踪。码跟踪是为了保持导航卫星信号中特定码相位的跟踪，可以得到精确的码频率；而为了解调出导航数据，则需要使用载波跟踪来得到精确的本地载波信号。其原理如图 2.8 所示，相应的码相位和载波相位可以得到。结合本地代码，相关的功率可以存储以备将来使用。

3) 软件接收机功能的实现

北斗反射信号接收处理与通用的无线通信信号接收处理流程相同，都需经过

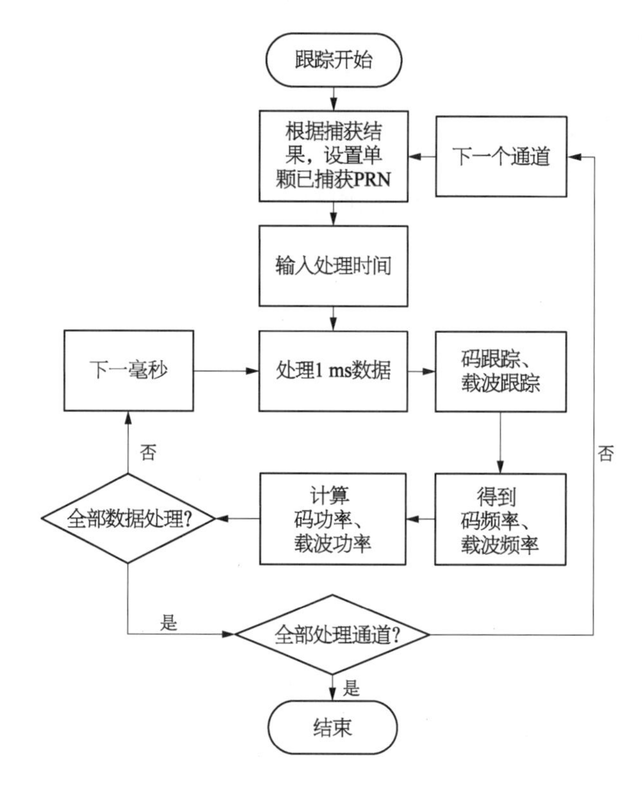

图 2.7　北斗信号跟踪处理流程图

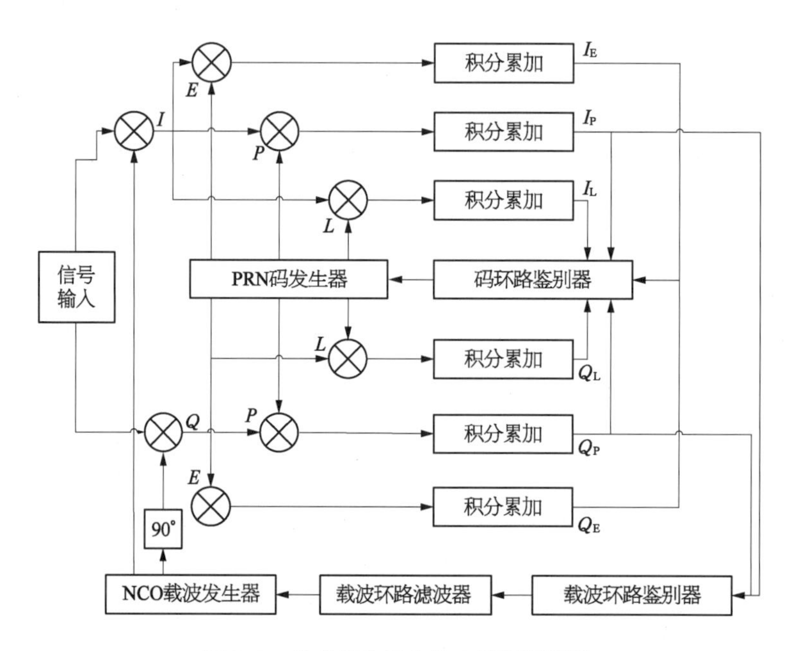

图 2.8　北斗接收机中的完整跟踪通道

天线接收、放大、滤波、下变频、采样及数字化和数字信号处理等几个过程。应用场景对反射信号处理需求主要体现在数字信号处理过程中。换而言之，对于北斗软件反射信号接收机来讲，信号的接收、放大、滤波、下变频、采样及数字化是其共性问题。

本软件通过对原始信号数据的捕获、跟踪处理，最后得到码功率和载波功率。

首先使用本软件的 GUI 界面设置对应的参数，包括采样频率、数字中频、需要处理的数据，捕获跟踪的卫星信号等重要信息。

修改完成后，这些信息储存在系统初始变量脚本中，当然这些信息也可以在默认参数设置脚本中直接修改相关参数，启动 GUI 时就直接调用该函数的预设值。其软件整体流程图如图 2.9 所示。

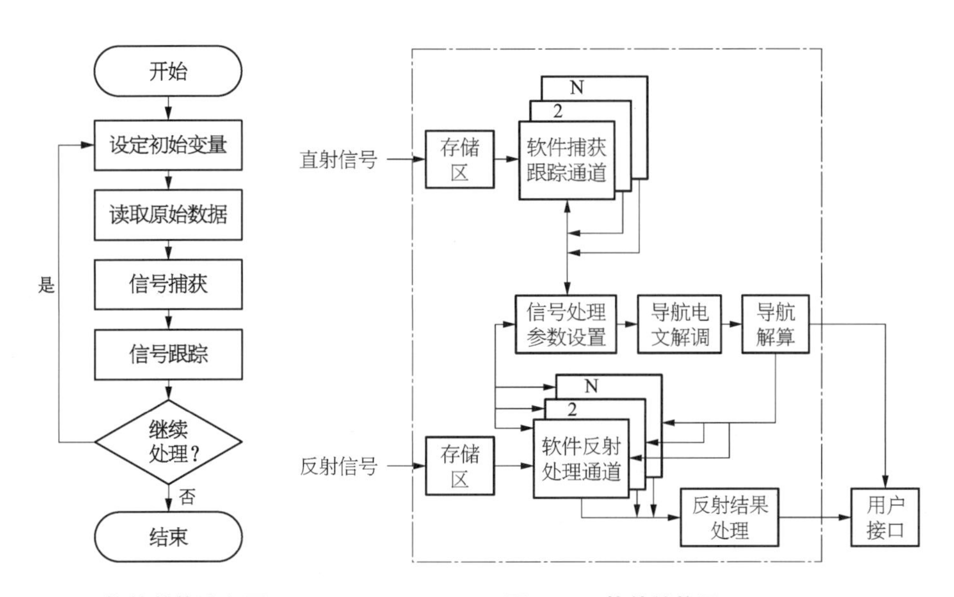

图 2.9　软件整体流程图　　**图 2.10　软件结构图**

因此，本书实现的软件接收机功能主要集中于信号处理软件上，其软件结构如图 2.10 所示。功能设置包含基带设置，用于设定采样率、数字中频频率、量化比特数和通道数等信息，使该软件能适用于不同的硬件前端类型，环境变量设置主要用于设定反射面的高度(以便求解反射信号与直射信号的路程差)，反射信号处理所需要的码相位(或码延迟)分辨率、多普勒分辨率；数据文件选项用于读取存储的原始数据，并进行后处理，以求解不同参数条件下的反射信号相关值输出，来达成不同应用领域(如海面测高、海面测风和冰面检测)的反演要求。

(1) 反射通道信息。以柱状图形式分别显示各个反射通道中的卫星信号、门限值及可用卫星，如图 2.11 所示。

(2) 相关功率图形信息。给出所选反射卫星的码延迟、多普勒和相关功率三者的图形化关系，图形随计算结果动态变化，如图 2.12 所示，反演结果如图 2.13 所示。

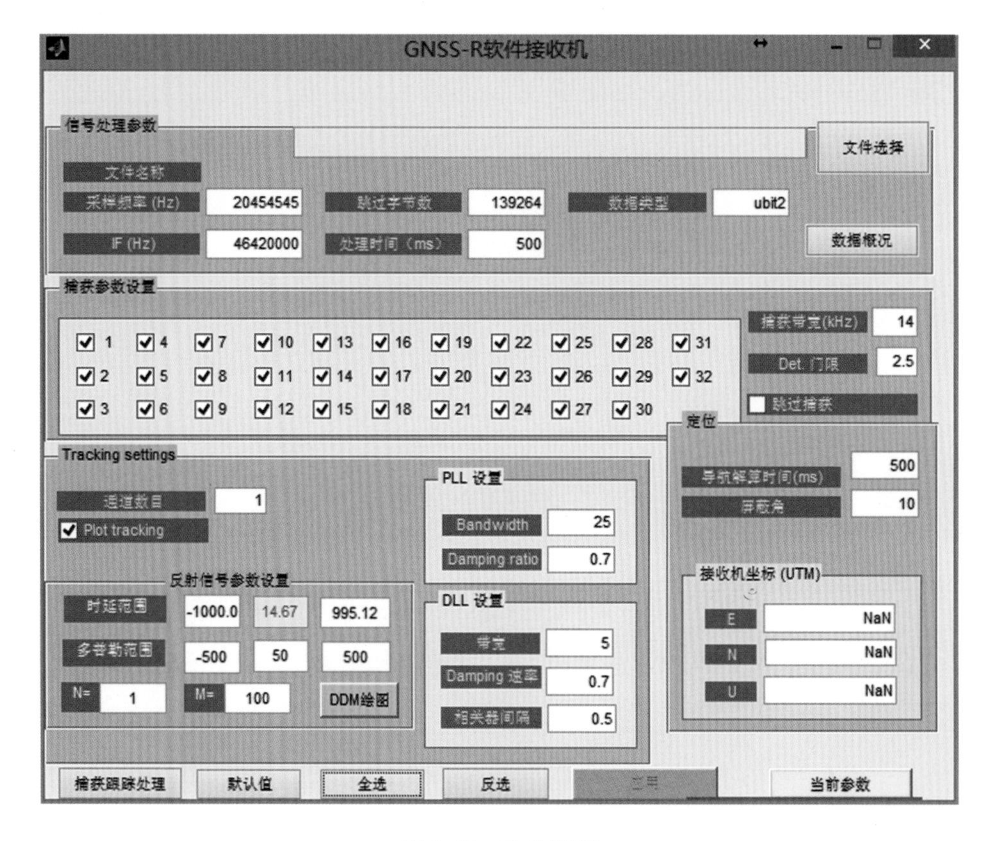

图 2.11　软件界面

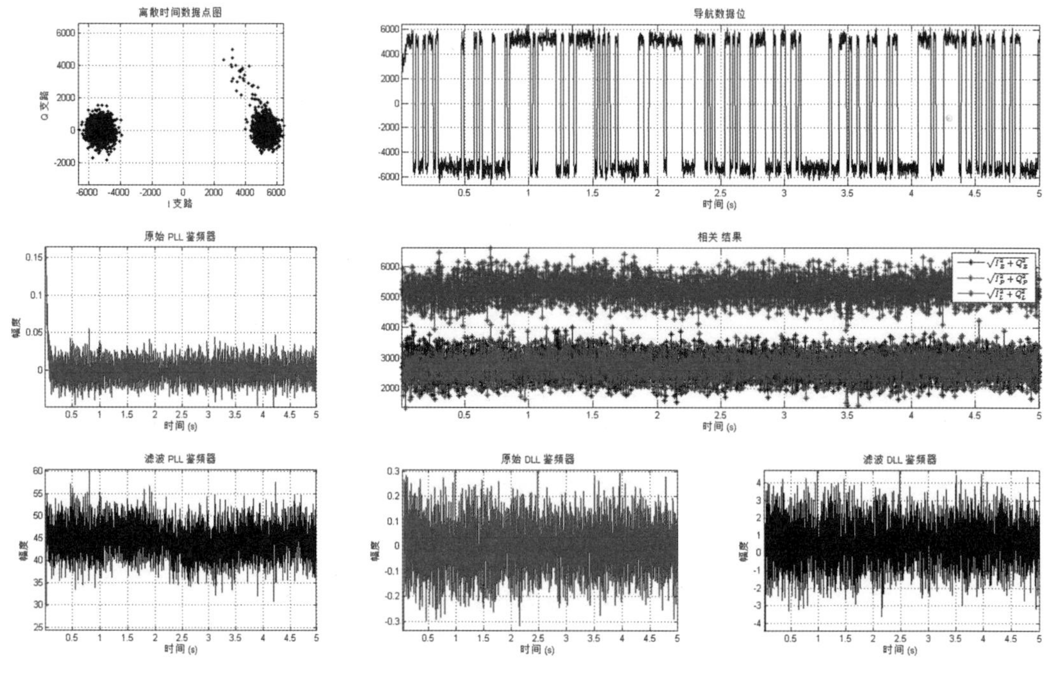

图 2.12　直射/反射信号跟踪结果

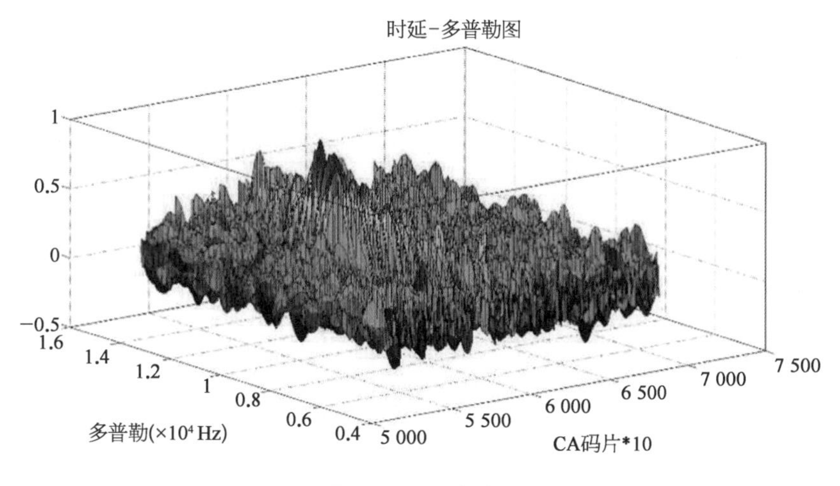

图 2.13　反演结果

2.4　北斗定位技术研究现状

GPS是目前最成熟的、运行时间最长的导航定位系统。围绕GPS，各项研究工作广泛展开。随着网络RTK定位、差分定位以及广域差分定位等技术的产生，使得GPS的定位性能逐渐地提高。我国北斗系统目前正在建设阶段，对其研究也才正式展开。在北斗系统提供服务之前，对其研究也仅限于实验仿真阶段。随着北斗系统的完善和北斗数据的广泛应用，北斗的性能分析研究将得到更多关注。

2013年，施闯等人分析了北斗系统相对定位性能，得到了较高的精度[15]。对于定位精度相对较高的载波差分定位技术的研究也愈来愈多。2013年，赵琳等研究了北斗载波相位差分精密的定位技术[16]。2013年，王茜进行了基于载波相位差分的GPS/DR组合定位算法的研究[17]，得知相位差分中整周模糊度的固定解的解算是定位的关键，可采用LAMBDA算法解决。过去几年，在大量的理论基础中，经过多次实验，已经对北斗卫星系统GEO和IGSO的定位性能有了较多研究成果。

北斗卫星在B1(1 561.098 Mh)、B2(1 207.14 Mh)、B3(1 268.52 Mh)三个中心频段上播发信号，根据之前的调查，使用三频信号对于长基线的模糊度解算的效率以及可靠性显著提高，并且在实时高精度定位应用中更加重要。目前，一些GPS和GALILEO卫星已经可以获取到三频观测值，但是在整个系统中其卫星的数量仍然不足，相比较而言，北斗卫星已经实现每一颗卫星都能够播发三频信号，为三频模糊度解算提供很高的可靠性。

北斗系统有着不同于GPS、GLONASS的混合轨道星座布局，基于GEO和IGSO卫星轨道的特殊性，高仰角卫星的数目逐渐增多，即使在恶劣的环境下可以观测的可视卫星数也逐渐增加,具备更多可视卫星数的优点,各轨道卫星在参与定位时都有着重要的研究价值。

参考文献

[1] 中国卫星导航定位应用管理中心[DB/OL].[2018-08-01]http://www.chinabeidou.gov.cn.

[2] 中国卫星导航系统管理办公室.北斗卫星导航系统空间信号接口控制文件B31版[DB/OL].http://www.beidou.gov.cn/yw/xwzx/201802/t20180209_14125.html.

[3] 北斗卫星导航系统[DB/OL].[2018-08-01]http://www.beidou.gov.cn.

[4] 黄观文,杨元喜,张勤.开窗分类因子抗差自适应序贯平差用于卫星钟差参数估计与预报[J].测绘学报,2011,40(1):15-21.

[5] 施闯,谷守周.基于GPS/COMPASS数据的完备性指标XPL研究[C].中国卫星导航学术年会,2013.

[6] 杨鑫春,徐必礼,胡杨.北斗卫星导航系统的星座性能分析[J].测绘科学,2013,38(02):8-11,31.

[7] Hatch R, Jung J, Enge P, et al. Civilian GPS: The Benefits of Three Frequencies[J]. GPS Solutions, 2000, 3(4): 1-9.

[8] 范建军,王飞雪.一种短基线GNSS的三频模糊度解算(TCAR)方法[J].测绘学报,2007(1):43-49.

[9] 王东会,彭竞,王飞雪.北斗信号体制下三频CIR法模糊度解算方法研究[J].全球定位系统,2009,34(6):13-16.

[10] Lowe S T, Kroger P, Franklin G, et al. A delay/Doppler-mapping receiver system for GPS-reflection remote sensing[J]. IEEE Transactions on Geoscience & Remote Sensing, 2002, 40(5): 1150-1163.

[11] Martin-Neira M. A passive reflectometry and interferometry system (PARIS): Application to ocean altimetry[J]. ESA Journal, 1993, 17: 331-355.

[12] Pany T, Moon S W, Fürlinger K, et al. Performance assessment of an under sampling SWC receiver for simulated high-bandwidth GPS/Galileo signals and real signals[C]//Proc of the 16th ION GPS/GNSS. Portland, 2003: 103-116.

[13] TANG Kang-hua, WU Mei-ping, HU Xiao-ping. Design and validation of GPS software receiver based on RF front-end[J]. Journal of Chinese Inertial Technology, 2007, 15(1): 51-54.

[14] 马瑞,施闯.基于北斗卫星导航系统的精密单点定位研究[J].导航定位学报,2013,1(2):7-10.

[15] 赵琳.基于北斗-Ⅱ多频观测量的载波相位差分精密定位技术研究[C].中国卫星导航学术年会,2013.

[16] 王茜.基于载波相位差分的GPS/DR组合定位算法研究[J].电脑知识与技术,2013,9(5):1142-1143.

第3章　北斗系统单点定位技术

我国自主研发的北斗卫星导航定位系统目前已逐步实现同其他卫星导航系统的兼容性和互操作性,这有助于实现多卫星星座的混合定位方式,使其定位性能更加稳定。单点定位技术(single point positioning,SPP)是基于单接收机伪距测量的常规定位方式,精度为米级,也是差分定位以及精密单点定位(precise point positioning,PPP)等高精度定位模式的基础。

本章介绍了北斗单点定位基本原理,从可视卫星数、信噪比、空间几何分布等因素来分析观测质量,分析北斗多路径误差并最终给出单点定位精度,最后阐述了组合定位算法及混合星座的选星技术,并通过在开发环境和有障碍物环境下的实验进行验证。

3.1 北斗系统测量质量分析

3.1.1 可视卫星数

定位解算过程中,主要待求参数为接收机三维位置坐标及接收机钟差,理论上至少需要四个定位方程进行求解,因而可视卫星数要达到四颗才能保证基本定位要求。随着卫星数增加,可供选择的优质数据增加,使得定位结果更加精确。

图 3.1 展示了北斗系统 2018 年 4 月 12 日在上海临港新城以及浙江大洋山岛观测的卫星天顶图,蓝线表示卫星轨迹,径向刻度是以接收机为中心正北方向为 0 度顺时针为正方向观察卫星时的方位角,各同心圆上的刻度为卫星的仰角。从图 3.1 中可以看出不同轨道卫星的轨迹不同。C01、C02、C03、C04 和 C05 是 GEO,相对于地面静止,其轨迹在天顶图上为一点;C06、C07、C08、C09 和 C10 是 IGSO,在地面的轨迹是“8”字形,C06、C07、C08 处在一个轨道面内为正式星座的一部分,而 C09、C10 处在另一个轨道面内为备份星;其余为 MEO 卫星。我国幅员辽阔,增设备份星是为了增强北斗系统在亚太地区定位的鲁棒性。对比两图可以看出同一时间段不同地点北斗星座在这段时间内的变化情况,图 3.2 所述是在实验中观察到的北斗系统可视卫星数。

3.1.2 载噪比

在卫星信号捕获的过程中,需要合理地设置信号捕获门限,较小的门限会出现将噪声误当作信号捕获到的情况,较大的门限则会使一些卫星信号捕获不到。

而门限值的设定与卫星信号的强弱有关,信号越强则容易设置捕获门限值,信号越弱则会使虚警和漏警概率很难取舍。载噪比反映了信号的强弱与接收机的捕获门限有着直接的关系。图 3.3 所示为接收机对信号频率和码相位进行搜索时,出现了一个高于其他

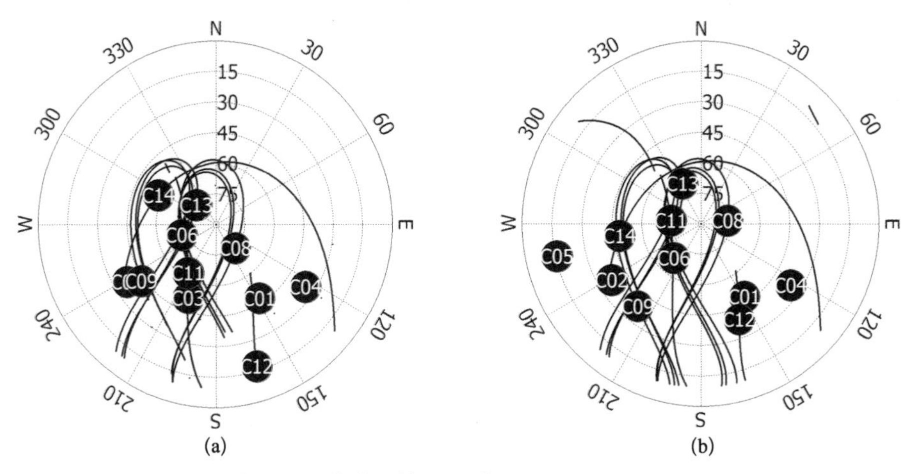

图 3.1　北斗系统 2018 年 4 月 12 日天顶图

(a) 上海临港新城；(b) 浙江大洋山岛

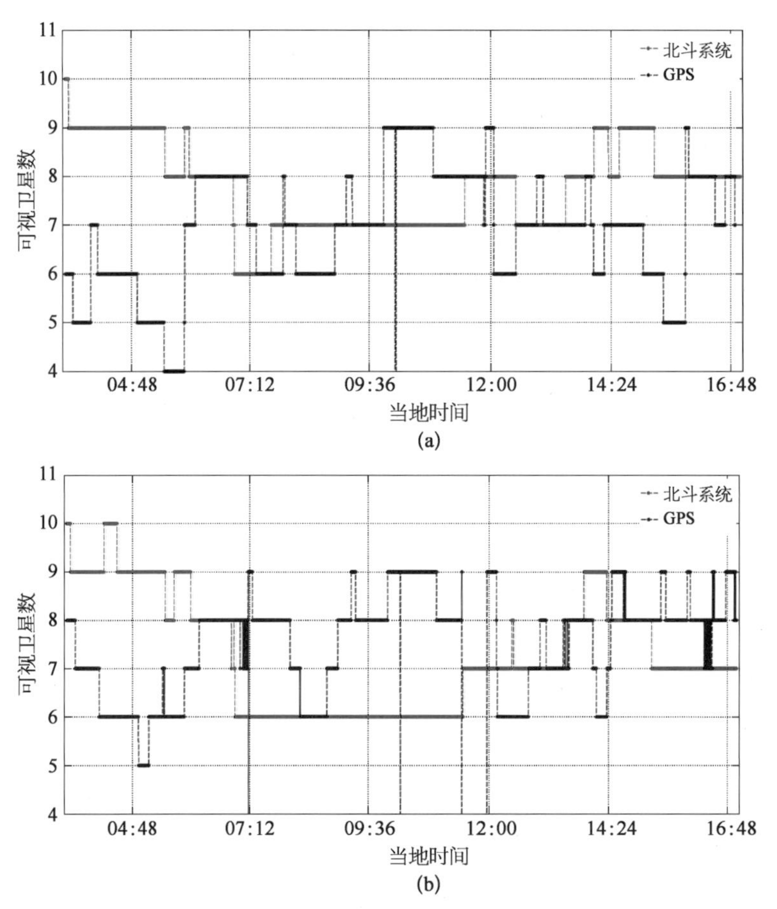

图 3.2　北斗卫星可视卫星数

(a) 上海临港新城；(b) 浙江大洋山岛

检测量的峰值且大于捕获门限，这表明卫星信号成功被接收机捕获。

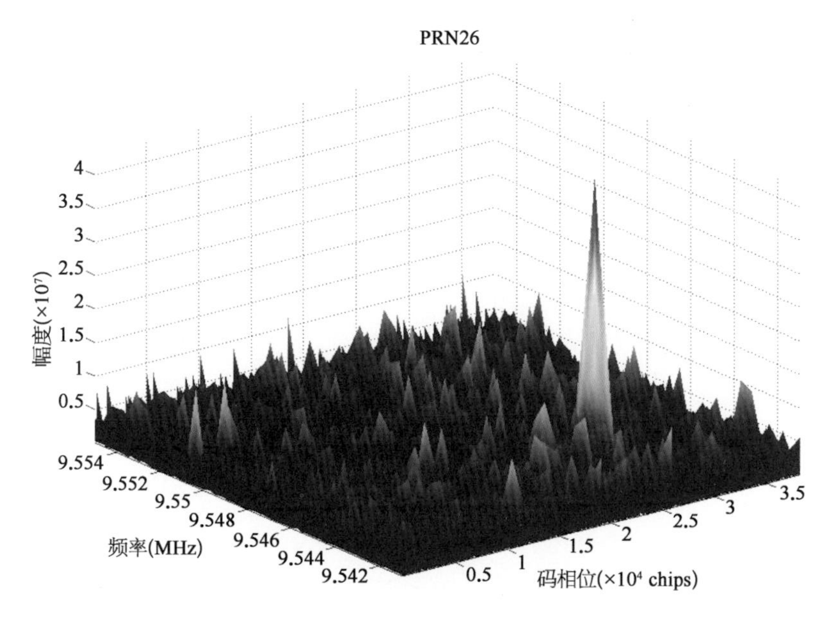

图 3.3　卫星信号成功捕获

卫星信号比噪声的功率要小得多，对弱信号的跟踪接收能力就成为衡量接收机性能优劣的一个重要标准。定位信号在被接收机接收之前，在卫星电子电路、天线、信号传播路径，以及接收机天线和电路中都要有信号损失，载噪比就是对接收到的卫星信号质量的直观反映，载噪比定义为载波功率与噪声功率谱密度的比值。图 3.4 所示是北斗卫星和 GPS 卫星载噪比。

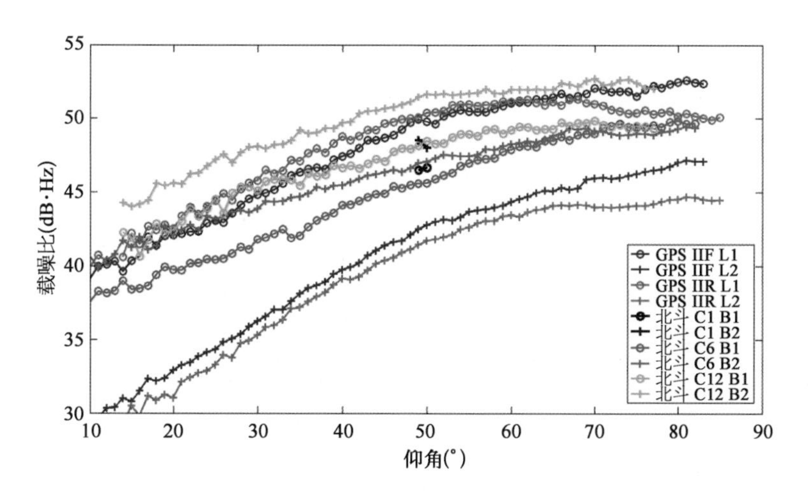

图 3.4　北斗卫星与 GPS 卫星载噪比

图3.4中，GPS L1信号和北斗B1信号用带圈的线描绘，L2信号和B2信号则用带加号的直线描绘。北斗B1信号中心频率1 561.089 MHz接近GPS L1信号中心频率1 575.42 MHz，B2信号中心频率1 207.14 MHz接近GPS L2信号中心频率1 227.60 MHz，故将其接近频率处的信号做相应的对比。从图中可以看出载噪比随仰角的升高而增长，GPS BLOCK-ⅡF卫星和ⅡR卫星的L1信号比L2的载噪比高6～10 dB·Hz，而北斗卫星的B1信号的载噪比要比B2低。根据不同的轨道高度，其载噪比表现为三种特性，地球静止卫星C01仰角在50°处波动，B2信号比B1载噪比大1～2 dB·Hz，中轨道卫星C12在10°～80°仰角内载噪比差距为2～4 dB·Hz。而IGSO卫星C06 B2，B1信号载噪比之间的差距随着仰角的升高逐渐减小。在65°仰角处，甚至B1信号的载噪比超越了B2信号。从两系统MEO的载噪比曲线可以看到，北斗MEO的B2信号在仰角范围内载噪比为44～52 dB·Hz，高于GPS卫星L1信号。

3.2 伪距单点定位

3.2.1 伪距观测模型

接收机要想实现定位功能，除了要确定可见卫星位置，还要知道卫星到接收机之间的距离。接收机对每颗可见卫星产生伪距和载波相位两种测量值，本节以伪距定位为主。定位卫星测距码编码方式已知，依据星载时钟向地面发送测距码，接收机本地产生一组复制码，经过延时器将两组测距码相关处理，当相关系数为1时，所经历的时间τ乘以光速即为伪距。图3.5所示为伪距的测量过程。

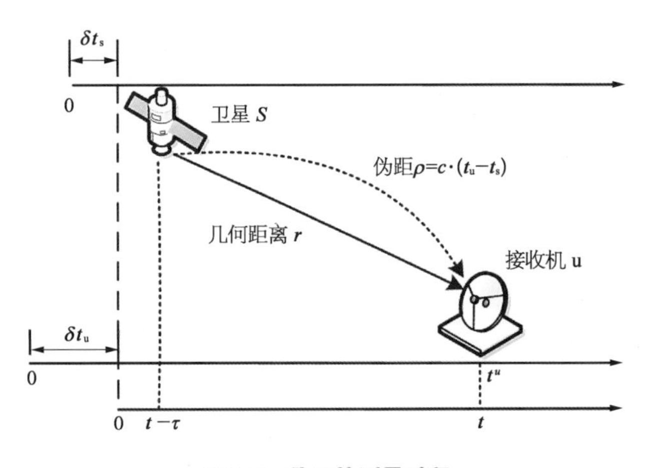

图3.5 伪距的测量过程

在传播过程中，由于卫星钟差、接收机钟差、电离层延迟、对流层延迟等一系列因素影响，得到的距离并不是接收机到卫星之间的真实几何距离，因此称为伪距。图 3.5 中，δt_s 是卫星钟差，卫星时钟为小型铷钟/铯钟，由于频偏频漂等因素与时间基准有一定的差距，星历中加入广播卫星时钟校正参数使用户了解各卫星的钟差。对接收机而言，铷钟/铯钟造价很高，只能采用石英钟，这样接收机得到的伪距中将会包含接收机钟差引起的多余距离 δt_u，信号在大气中传播又会受到空气的折射作用而产生传播延迟[大气层延迟 $I(t)$ 和对流层延迟 $T(t)$]，伪距中还包括了测量噪声量 $\varepsilon_\rho(t)$，从而得到伪距观测方程：

$$\rho^{(n)}=r^{(n)}+\delta t_u-\delta t^{(n)}+I^{(n)}+T^{(n)}+\varepsilon_\rho^{(n)} \tag{3.1}$$

式中　n ——可见卫星编号；

r ——接收机到卫星的真实几何距离。

所求的接收机位置即包含在其中：

$$r^{(n)}=\sqrt{(x^{(n)}-x)^2+(y^{(n)}-y)^2+(z^{(n)}-z)^2} \tag{3.2}$$

式中　(x, y, z) ——接收机坐标；

$(x^{(n)}, y^{(n)}, z^{(n)})$ ——可见卫星坐标。

在伪距观测方程中可通过广播星历中的时钟校正参数修正卫星钟差，电离层延迟和对流层延迟也可经过相应模型估计消除。

3.2.2　单点定位原理

1) 卫星位置

接收机实现定位不但要有足够数量的可见卫星，还要计算出每颗卫星的准确位置，再结合伪距和载波相位才能估算出接收机的位置。

导航卫星在围绕地球运行时，除了受到来自地球的引力外，在无其他摄动力作用的理想状态下，以开普勒 6 参数来确定卫星在轨道上的位置：轨道升交点赤经 Ω、轨道倾角 i、近地点角距 ω、长半径 a_s、偏心率 e_s 和卫星的真近点角 ν。然而卫星在运行中还受到其他天体的作用力等多种因素的影响，使得卫星偏离无摄动力运行轨道，这六个开普勒参数也就不是原来的常数值。这将对计算卫星空间位置造成很大的影响。为了精确确定卫星在实际轨道中的位置，地面监控站通过监控推算出各导航卫星摄动校正参数，通过卫星广播给地面接收机。

图 3.6 表示了开普勒参数。同时，表 3.1 列举了卫星广播星历中的 16 个基本参数。参数说明最右侧为 RINEX 格式文件中北斗 C01 地球静止卫星 2013 年 4 月 14 日 23 时(本地时间)卫星的开普勒参数值及摄动修正量，D 表示科学计数法中的 E，星历中小数点前的 0 都省略。其定位过程如下：

(1) 计算归化时间 t_k。

星历给出的轨道参数是以参考时间 t_{oe} 为基准的，卫星星历每两小时播发一次新值。

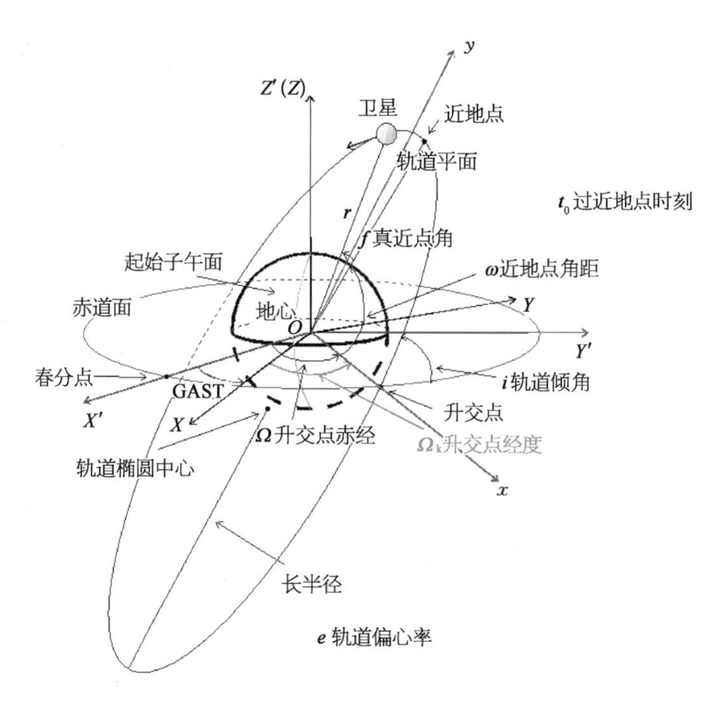

图 3.6　开普勒参数

表 3.1　卫星广播星历说明

参　数	定　　义	北斗卫星 C01 数据
t_{oe}	星历参考时间	.540000000000D+05
$\sqrt{a_s}$	长半轴的平方根	.649336073303D+04
e	偏心率	.194788095541D−03
ω	近地点角距	−.965681437582D+00
Δn	卫星平均运动速率与计算值之差	−.153327815290D−08
M_0	参考时间的平近点角	−.581760914734D−01
Ω_0	按参考时间计算的升交点赤经	.112254711937D+01
$\dot{\Omega}$	升交点赤经变化率	.257653589449D−08
i_0	参考时间的轨道倾角	.801533751898D−01
I_{DOT}	轨道倾角变化率	−.307155651409D−09
C_{uc}	纬度幅角的余弦调和改正项的振幅	.158608891070D−04
C_{us}	纬度幅角的正弦调和改正项的振幅	.681960955262D−05
C_{rc}	轨道半径的余弦调和改正项的振幅	−.202296875000D+03
C_{rs}	轨道半径的正弦调和改正项的振幅	.483515625000D+03
C_{ic}	轨道倾角的余弦调和改正项的振幅	.194788095541D−03
C_{is}	轨道倾角的正弦调和改正项的振幅	.223517417908D−07

当前时刻的卫星位置是以参考时间处播发的卫星位置推演而来，要想计算当前卫星位置首先要计算出当前时刻与参考时刻的时间差 t_k。

$$t_k = t - t_{oe} \tag{3.3}$$

与 GPS 时间统计方式一样，北斗时间采用周计数的方式。一周(604 800 s)每周六午夜零点秒数置零，星期数增加 1，这样 t_k 可能会引入 604 800 s 偏差。因此当 $t_k >$ 302 400 s时应减去 604 800 s，$t_k <$ 302 400 s 应增加 604 800 s，t_k 绝对值越大，推演出的卫星位置偏差越大，对于有效星历而言 t_k 的绝对值必须小于 7 200 s。

(2) 计算卫星的平均角速度 n。

围绕地球做半径为 a_s 圆周运动的卫星运行周期和长半径为 a_s 的椭圆轨道运行的卫星周期相同。由开普勒第三定律 $\left(\frac{T^2}{a_s} = \frac{4\pi^2}{GM}\right)$ 可以求出卫星运行的周期：

$$n_0 = \sqrt{\frac{GM}{a_s^3}} = \sqrt{\frac{\mu}{a_s^3}} \tag{3.4}$$

CGCS2000 坐标系中 $\mu = 3.986\,004\,418 \times 1\,014\ \mathrm{m^3 \cdot s^{-2}}$，这样平均角速度就可以由星历中的长半轴的平方根求出，添加上星历中的平均角速度修正量，校正后的平均角速度为 $n = n_0 + \Delta n$。

(3) 由导航电文中提供的参考时间的平近点角，计算信号发射时刻平近点角 M_k：

$$M_k = M_0 + n t_k \tag{3.5}$$

(4) 计算信号发射时刻的偏近点角。偏近点角和平近点角之间的关系是：

$$E_k = M_k + e_s \sin E_k \tag{3.6}$$

E_k 的值可由迭代求出，E_k 的初始值可以设为 M_k。

(5) 计算信号发射时刻的真近点角。

$$\nu_k = \tan^{-1}\left(\frac{\sqrt{1-e^2}\sin E_k}{\cos E_k - e}\right) \tag{3.7}$$

(6) 由导航电文中的近地点幅角计算信号发射时刻的升交点角距 Φ_k。

$$\Phi_k = \nu_k + \omega \tag{3.8}$$

(7) 将星历中的参数 C_{uc}、C_{us}、C_{rc}、C_{rs}、C_{ic}、C_{is} 和上一步计算出的升交点角距代入下列各式：

$$\delta_{uk} = C_{us}\sin(2\Phi_k) + C_{uc}\cos(2\Phi_k) \tag{3.9}$$

$$\delta_{rk} = C_{rs}\sin(2\Phi_k) + C_{rc}\cos(2\Phi_k) \tag{3.10}$$

$$\delta_{ik}=C_{is}\sin(2\Phi_k)+C_{ic}\cos(2\Phi_k) \tag{3.11}$$

得到卫星升交点赤经、卫星矢量长度和轨道倾角的二次谐波摄动量校正值。

(8) 将摄动校正量添加至对应的计算值中得到修正后的值。

$$u_k=\Phi_k+\delta u_k \tag{3.12}$$

$$r_k=a_s(1-e_s\cos E_k)+\delta_{rk} \tag{3.13}$$

$$i_k=i_0+IDOT\cdot t_k+\delta_{rk} \tag{3.14}$$

(9) 计算信号发射时刻在轨道平面的位置。

将卫星在极坐标系下的坐标 $(r_k,\ u_k)$ 变换到平面直角坐标系中:

$$\begin{cases}x'_k=r_k\cos u_k\\ y'_k=r_k\sin u_k\end{cases} \tag{3.15}$$

(10) 计算 MEO、IGSO 和 GEO 卫星信号发射时刻的升交点赤经 Ω_k。

GEO 卫星相对地球静止,与 MEO 和 IGSO 卫星相比,具有不同的升交点赤经计算方式,MEO 和 IGSO 卫星的升交点赤经线性模型:

$$\Omega_k=\Omega_0+(\dot{\Omega}-\dot{\Omega}_e)t_k-\dot{\Omega}_e t_{oe} \tag{3.16}$$

GEO 卫星随着地球旋转相对静止,相对上述模型将缺少 $\dot{\Omega}_e t_k$ 项,GEO 卫星的升交点赤经线性模型:

$$\Omega_k=\Omega_0+\dot{\Omega}_e t_k-\dot{\Omega}_e t_{oe} \tag{3.17}$$

Ω_0 和 $\dot{\Omega}$ 由星历给出,CGCS2000 坐标系下地球自转角速度:$\dot{\Omega}_e=7.292\ 115\ 0\times 10^{-5}$ rad/s。

(11) 计算不同轨道卫星在 CGCS2000 坐标系中的坐标。

计算 MEO 及 IGSO 的轨道时,需将轨道直角坐标系绕 X' 轴旋转 $(-i_k)$,再绕旋转后的 Z' 轴旋转 $(-\Omega_k)$,由此可转变为 CGCS2000 坐标系下的坐标 $(x_k,\ y_k,\ z_k)$。

$$\begin{cases}x_k=x'_k\cos\Omega_k-y'_k\cos i_k\sin\Omega_k\\ y_k=x'_k\sin\Omega_k+y'_k\cos i_k\cos\Omega_k\\ z_k=y'_k\sin i_k\end{cases} \tag{3.18}$$

监控站会周期性地调整 GEO 的位置,得

$$\begin{cases}x_{GK}=x'_k\cos\Omega_k-y'_k\cos i_k\sin\Omega_k\\ y_{GK}=x'_k\sin\Omega_k+y'_k\cos i_k\cos\Omega_k\\ z_{GK}=y'_k\sin i_k\end{cases} \tag{3.19}$$

$$\begin{bmatrix} x_{\mathrm{k}} \\ y_{\mathrm{k}} \\ z_{\mathrm{k}} \end{bmatrix} = \boldsymbol{R}_{\mathrm{Z}}(\dot{\Omega}_{\mathrm{e}} t_{\mathrm{k}}) \boldsymbol{R}_{\mathrm{x}}(-5^{\circ}) \begin{bmatrix} x_{\mathrm{GK}} \\ y_{\mathrm{GK}} \\ z_{\mathrm{GK}} \end{bmatrix} \tag{3.20}$$

式中　$\boldsymbol{R}_{\mathrm{x}}(\phi) = \begin{pmatrix} 1 & 0 & 0 \\ 0 & \cos\phi & \sin\phi \\ 0 & -\sin\phi & \cos\phi \end{pmatrix}$；

$\boldsymbol{R}_{\mathrm{z}}(\phi) = \begin{pmatrix} \cos\phi & \sin\phi & 0 \\ -\sin\phi & \cos\phi & 0 \\ 0 & 0 & 1 \end{pmatrix}$。

2）求解

每颗可见卫星提供一个伪距观测方程，经伪距修正后组成一个非线性方程组。在用户位置解算中采用牛顿迭代法和最小二乘法。首先对未知数提供首次估值，将方程组在估值位置展开为泰勒级数，并忽略高阶展开项，这样非线性方程组变为线性方程组。求出未知数的值并将估值替换为新求出的值，再将方程在新估值处展开。如此往复，直至求得的结果与上次的估值误差满足要求时将结果输出。图 3.7 是求解用户位置的软件设计流程图。

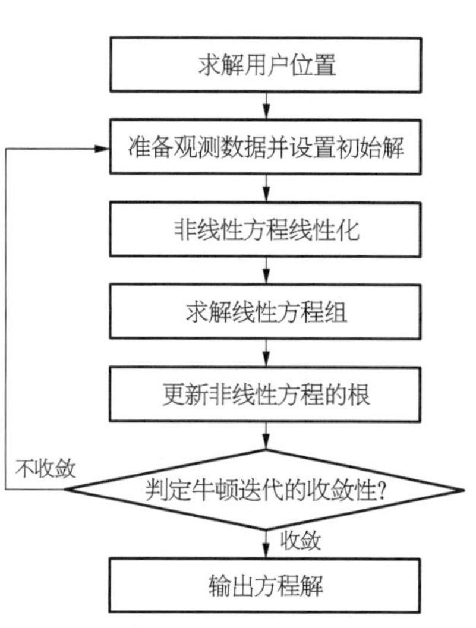

图 3.7　求解用户位置的软件设计流程图

其求解过程如下：

（1）设定初始值。

$$\begin{cases} e^{(1)}(x-x_0,\ y-y_0,\ z-z_0,\ \delta t_{\mathrm{u}}) = d_1 \\ e^{(2)}(x-x_0,\ y-y_0,\ z-z_0,\ \delta t_{\mathrm{u}}) = d_2 \\ \cdots \\ e^{(n)}(x-x_0,\ y-y_0,\ z-z_0,\ \delta t_{\mathrm{u}}) = d_n \end{cases} \tag{3.21}$$

设定接收机的坐标位置 $\boldsymbol{P}_0 = [x_0,\ y_0,\ z_0]^{\mathrm{T}}$ 与接收机钟差初始值 $\delta t_{\mathrm{u},0}$。将方程在初始值位置以泰勒级数的方式展开，将方程线性化。迭代与真实未知数之间的差值可表示为：

$$\Delta\boldsymbol{P} = \begin{bmatrix} \Delta x \\ \Delta y \\ \Delta z \\ \Delta\delta t_{\mathrm{u}} \end{bmatrix} = \begin{bmatrix} x - x_0 \\ y - y_0 \\ z - z_0 \\ \delta t_{\mathrm{u}} - \delta t_{\mathrm{u},0} \end{bmatrix} \tag{3.22}$$

（2）观测方程线性化。

$$\boldsymbol{G}\Delta\boldsymbol{P} = \boldsymbol{d} \tag{3.23}$$

式中 $$\boldsymbol{G}=\begin{bmatrix} \left.\frac{\partial e^{(1)}}{\partial x}\right|_{x=x_0} & \left.\frac{\partial e^{(1)}}{\partial y}\right|_{y=y_0} & \left.\frac{\partial e^{(1)}}{\partial z}\right|_{z=z_0} & 1 \\ \left.\frac{\partial e^{(2)}}{\partial x}\right|_{x=x_0} & \left.\frac{\partial e^{(2)}}{\partial y}\right|_{y=y_0} & \left.\frac{\partial e^{(2)}}{\partial z}\right|_{z=z_0} & 1 \\ \cdots & \cdots & \cdots & \cdots \\ \left.\frac{\partial e^{(n)}}{\partial x}\right|_{x=x_0} & \left.\frac{\partial e^{(n)}}{\partial y}\right|_{y=y_0} & \left.\frac{\partial e^{(n)}}{\partial z}\right|_{z=z_0} & 1 \end{bmatrix};$$

$$\boldsymbol{d}=\begin{bmatrix} \rho_{\mathrm{c}}^{(1)}-r^{(1)}(x_0)-\delta_{\mathrm{u},0} \\ \rho_{\mathrm{c}}^{(2)}-r^{(2)}(x_0)-\delta_{\mathrm{u},0} \\ \cdots \\ \rho_{\mathrm{c}}^{(n)}-r^{(n)}(x_0)-\delta_{\mathrm{u},0} \end{bmatrix}。$$

(3) 求解线性方程组。

由于接收机钟差吸收了误差中所有位置元素的平均值,因此其钟差部分系数为 1。当可见卫星的数目大于位置数的数目,即方程组的系数矩阵是满秩的,则矩阵 $\boldsymbol{G}$ 有逆矩阵 $\boldsymbol{G}^{-1}$。方程的个数大于未知数的个数,此方程为超定方程组。方程组无精确解,可以通过最小二乘法拟合出近似解。拟合误差平方和 $\|\boldsymbol{G}\Delta\boldsymbol{P}-\boldsymbol{d}\|^2$ 最小时:

$$\Delta\boldsymbol{P}=\begin{bmatrix}\Delta x \\ \Delta y \\ \Delta z \\ \Delta\delta t_{\mathrm{u}}\end{bmatrix}=(\boldsymbol{G}^{\mathrm{T}}\boldsymbol{G})^{-1}\boldsymbol{G}^{\mathrm{T}}\boldsymbol{d} \tag{3.24}$$

(4) 求解现行方程组的估值。

由第 K 次牛顿迭代方程组的解 $\Delta\boldsymbol{P}_{\mathrm{k}}=[\Delta x_{\mathrm{k}},\ \Delta y_{\mathrm{k}},\ \Delta z_{\mathrm{k}},\ \Delta\delta t_{\mathrm{u,k}}]^{\mathrm{T}}$ 和第 K 次牛顿迭代的估值 $\boldsymbol{P}_{\mathrm{k}}=[x_{\mathrm{k}},\ y_{\mathrm{k}},\ z_{\mathrm{k}},\ \delta t_{\mathrm{u,k}}]^{\mathrm{T}}$ 更新第 $K+1$ 次方程组的估值:

$$\boldsymbol{P}_{k+1}=\begin{bmatrix} x_{\mathrm{k}}+\Delta x_{\mathrm{k}} \\ y_{\mathrm{k}}+\Delta y_{\mathrm{k}} \\ z_{\mathrm{k}}+\Delta z_{\mathrm{k}} \\ \delta t_{\mathrm{u,k}}+\Delta\delta t_{\mathrm{u,k}} \end{bmatrix} \tag{3.25}$$

(5) 判断第 K 次迭代时方程的解 $\Delta\boldsymbol{P}_{\mathrm{k}}=[\Delta x_{\mathrm{k}},\ \Delta y_{\mathrm{k}},\ \Delta z_{\mathrm{k}},\ \Delta\delta t_{\mathrm{u,k}}]^{\mathrm{T}}$ 是否满足误差的精度 $\sqrt{(\Delta x)^2+(\Delta y)^2+(\Delta z)^2+(\Delta\delta t)^2}<c$。软件中设置的误差值门限值为 10^{-6},如果误差不满足精度要求,则继续进行牛顿迭代和最小二乘法求解;如果满足精度要求,则输出位置坐标:

$$\boldsymbol{P}=[x_{\mathrm{k}},\ y_{\mathrm{k}},\ z_{\mathrm{k}}]^{\mathrm{T}}。$$

3.2.3 观测误差分析

1）卫星时钟修正

在定位解算中，无论是伪距定位还是载波相位定位对卫星时钟的要求都十分高，即使是星载的高精度铷钟/铯钟也存在一定偏差。地面监控站在导航电文中加入时钟偏差 a_{f0}、时钟频率漂移 a_{f1} 和时钟偏移率 a_{f2}，提供给用户削弱卫星钟差引起的误差：

$$\Delta t^{(s)}=a_{f0}+a_{f1}(t-t_{oc})+a_{f1}(t-t_{oc})^2+\Delta t_r \tag{3.26}$$

上述卫星时钟修正中，末项为相对论修正。相对论认为快速运动的物体时间流逝的速度要比静止的物体慢，导航卫星的速度远比地面上的物体速度快，其相对论效应校正量表示为：

$$\Delta t_r=Fe_s\sqrt{a_s}\sin E_k \tag{3.27}$$

F 的大小可由地球引力常数和光速计算得来，在 CGCS 坐标系下 F 值为：

$$F=\frac{-2\sqrt{\mu}}{c^2}=4.442\,807\,309\times10^{-10}\ \mathrm{s/m^{1/2}} \tag{3.28}$$

偏近点角 E_k 在计算卫星位置时已求出，卫星轨道偏心率 e_s 和轨道长半轴长 a_s 可从星历中获取。

2）电离层延迟修正

电离层延迟修正依据 Klobuchar 模型。

（1）计算接收机与电离交点之间的地心夹角。

$$\phi=\frac{0.013\,7}{E+0.11}-0.022(\text{半圆}) \tag{3.29}$$

（2）计算电离层交点处的大地纬度 Φ_I。

$$\Phi_I=\Phi_u+\phi\cos A \tag{3.30}$$

Φ_u 为接收机所处位置的大地纬度，A 为可见卫星的方位角。当计算的结果 $\Phi_I>0.416$ 时纬度值取为 0.416，$\Phi_I<-0.416$ 时纬度值取为 -0.416。

（3）计算电离层交点处的大地经度 λ_I。

$$\lambda_I=\lambda_u+\frac{\phi\sin A}{\cos\Phi_I} \tag{3.31}$$

（4）求出电离层交点处的地磁纬度。

$$\Phi_m=\Phi_I+0.064\cos(\lambda_I-1.617) \tag{3.32}$$

（5）计算本地时间。

$$t=4.32\times10^4\lambda_I+\text{北斗时间} \tag{3.33}$$

判断 t 是否是当天时间，$t>86\,400$ s 取 $t-86\,400$，$t<0$ 时取 $t+86\,400$。

(6) 计算垂直方向上的电离层延迟。

$$I_{\mathrm{V}}(t)=\begin{cases}5\times10^{-9}+A_2\cos\left(\dfrac{2\pi(t-50\,400)}{A_4}\right), & |t-50\,400|<A_4/4\\ 5\times10^{-9}, & |t-50\,400|>A_4/4\end{cases} \tag{3.34}$$

A_2 是白天电离层延迟余弦曲线的辐角，可由 α_{n} 系数求得：

$$A_2=\begin{cases}\sum_{n=0}^{3}\alpha_{\mathrm{n}}\,|\,\Phi_{\mathrm{m}}\,|, & A_2\geqslant0\\ 0, & A_2<0\end{cases} \tag{3.35}$$

A_4 为余弦曲线周期，可由导航电文中 β_{n} 系数求得：

$$A_4=\begin{cases}172\,800, & A_4\geqslant172\,800\\ \sum_{n=0}^{3}\beta_{\mathrm{n}}\,|\,\Phi_{\mathrm{m}}\,|^2, & 172\,800>A_4\geqslant72\,000\\ 72\,000, & A_4<72\,000\end{cases} \tag{3.36}$$

(7) 计算倾斜系数。

$$F=1.0+16.0\times(0.53-E)^2 \tag{3.37}$$

式中　E ——可见卫星的仰角。

最后求出电离层改正值：

$$T_{\mathrm{ION}}=F\times I_{\mathrm{v}}(t) \tag{3.38}$$

3) 对流层延迟修正

对流层延迟误差采用标准大气参数和 Saastamoinen 模型修正，Saastamoinen 模型将对流层延迟分为两部分：天顶静水力学延迟 T_{H} 和天顶湿延迟 T_{W}，分别表示为：

$$T_{\mathrm{H}}=0.002\,276\,8\times\frac{P_{\mathrm{s}}}{f(\theta,h)} \tag{3.39}$$

$$T_{\mathrm{W}}=0.002\,277\times\frac{\left(0.05+\dfrac{1\,255}{T}\right)e_0}{f(\theta,h)} \tag{3.40}$$

式中　θ ——观测位置的纬度；

h ——观测位置的高度(m)；

$f(\theta,h)$ ——不同纬度处地球自转引起的重力加速度的变化。

$$f(\theta,h)=1-0.002\,66\cos2\theta-0.000\,28h \tag{3.41}$$

地面气压：

$$P_s = P_0\left(1-\frac{L\cdot h}{T_0}\right)^{\frac{gM}{RL}} = 1\,013.25\times(1-2.557\times10^{-5}\cdot h)^{5.256\,8} \tag{3.42}$$

地面温度：

$$T = T_0 - L\cdot h = 288.15 - 6.5\times10^{-3}h \tag{3.43}$$

表 3.2 所示为要求解上述两个因素地面气压和地面温度所需要的常数。

表 3.2 求地面气压和地面温度需要的常数

参　数	参数描述	值
P_0	海平面标准大气压	1 013.25 mbar
L	温度递减率	6.5×10^{-3} K/m
T_0	海平面标准温度	288.15 K
g	地球重力加速度	9.800 665 m/s^2
M	干空气的摩尔质量	0.028 964 4 kg/mol
R	通用气体常数	8.314 47 J/(mol·K)

地面水汽：

$$e_0 = 6.108\times RH\times e^{\frac{17.15T-4\,684}{T-38.45}} \tag{3.44}$$

RH 为空气相对湿度，在程序中设置为 0.7。

对流层延迟为：

$$T = (T_H + T_W)/\cos\left(\frac{\pi}{2}-\theta\right) \tag{3.45}$$

式中　θ——可见卫星的仰角，$\left(\frac{\pi}{2}-\theta\right)$ 为可见卫星的天顶角。

伪距 ρ 经卫星时钟、电离层延迟、对流层延迟修正后变为 ρ_c，如果不计伪距测量误差，n 颗可见卫星便可得出一个线性方程组：

$$\begin{cases}\sqrt{(x^{(1)}-x)^2+(y^{(1)}-y)^2+(z^{(1)}-z)^2}+\delta t_u=\rho_c^{(1)}\\ \sqrt{(x^{(2)}-x)^2+(y^{(2)}-y)^2+(z^{(2)}-z)^2}+\delta t_u=\rho_c^{(2)}\\ \cdots\cdots\\ \sqrt{(x^{(n)}-x)^2+(y^{(n)}-y)^2+(z^{(n)}-z)^2}+\delta t_u=\rho_c^{(n)}\end{cases} \tag{3.46}$$

这样四个观测方程即可求解出四个未知数，完成定位。

3.2.4 北斗系统单点定位结果

1）北斗系统单点定位性能分析

单点定位性能是评价一个定位导航系统的基础指标。2012 年 12 月 27 日国家宣布北斗系统正式提供区域定位服务，并说明基本服务性能为平面定位精度 10 m，垂直方向定位精度 10 m。为验证北斗系统实际定位性能，以及星座在逐步完善过程中定位性能的变化，笔者针对北斗系统定点观测数据进行了为期半年的记录。实验中采用和芯星通 UB240 GPS/北斗四频接收机，可接收北斗系统 B1、B2 信号和 GPS L1、L2 信号。天线为接收机配置 UA240 - CP 天线，固定位于上海海洋大学信息学院楼顶。每天数据采集的时刻为本地时间 0 点，收集时间为 24 h。图 3.8 为 UB240 GPS/北斗四频接收机和 UA240 - CP 天线。

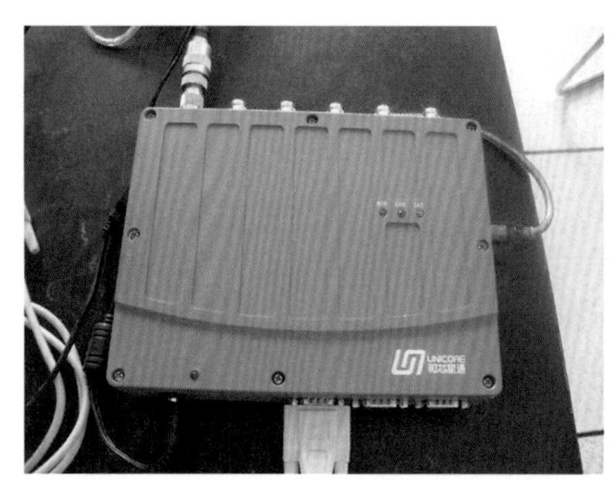

图 3.8　GPS/北斗四频接收机(左)和天线(右)

2）北斗系统定位误差分析

观测数据采集时间分为三个时期：2012 年 7 月、2013 年 1 月和 2012 年 4 月。这三个月中可见卫星数目都不相同，2013 年 1 月观测数据与 2012 年 7 月数据相比，增加了 1 颗 GEO 卫星，2013 年 4 月数据与 2013 年 1 月数据相比，增加了 2 颗 MEO 卫星。2013 年 4 月数据中的可见卫星数目满足系统建设第二步计划中的星座布局“5＋5＋4”模式。本部分数据的处理方式为单点定位模式，数据处理间隔为 10 s。

图 3.9 为经单点定位解算后的位置值与已经准确标定过的天线位置坐标在北向、东向和天向方向上的误差结果。

由图 3.9 可知，东向误差最小，其次是北向误差，天向方向的误差始终保持最大，这与卫星的分布有关，实验地点位于北纬 30°附近。从不同日期内解算的结果还可以看到定位结果的改善，尤其是对北向误差的改善，2012 年 7 月 27 日定位结果北向误差波动较大，误差最高可达 10 m，至少 6 h 以上的北向误差在 5～10 m。增加了 1 颗始终保持可见的 GEO 卫星后，从 2013 年 1 月 23 日数据可以看到北向误差趋于平稳，绝大多数时刻误差

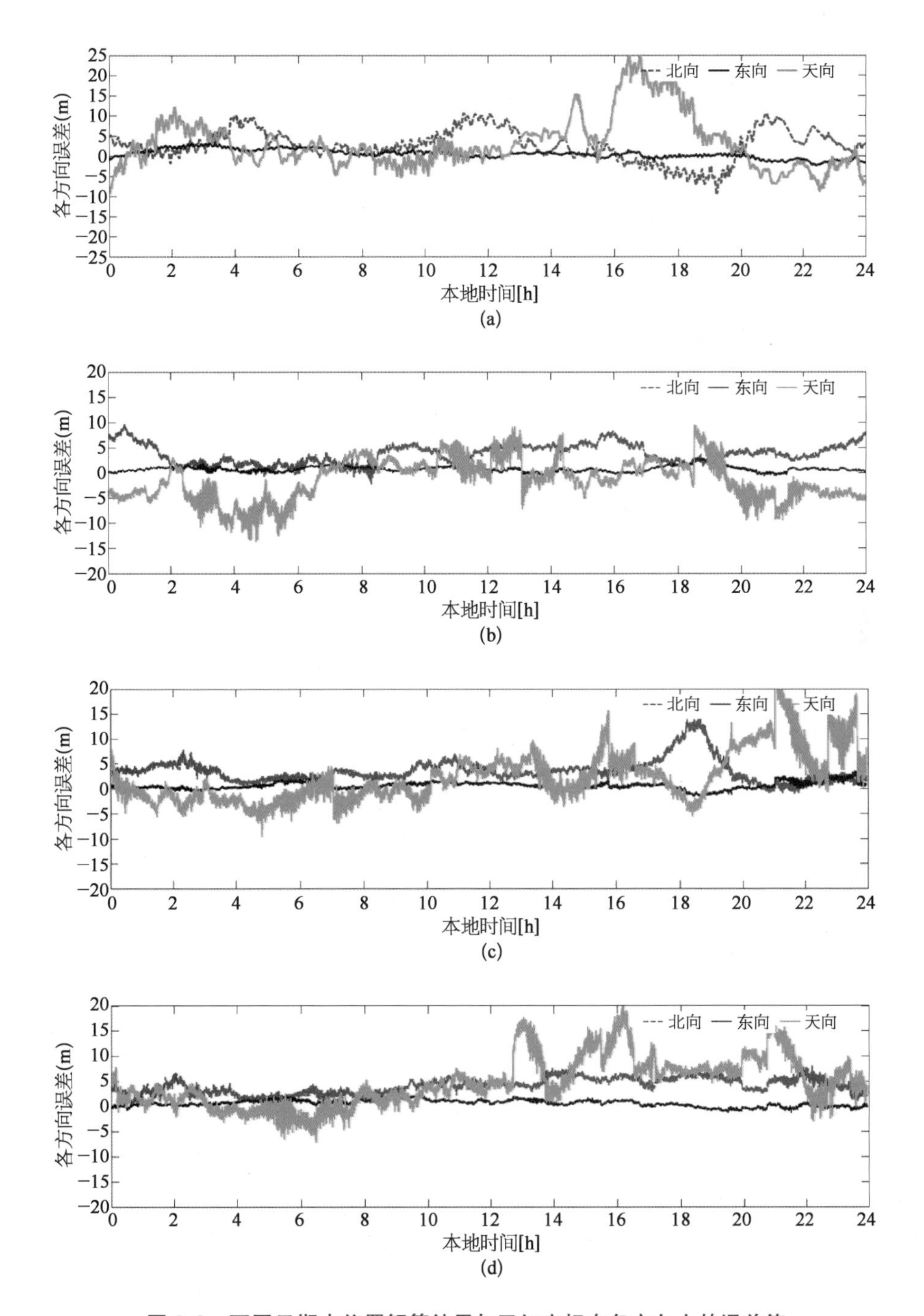

图 3.9　不同日期内位置解算结果与已知坐标在各方向上的误差值

(a) 2012 年 7 月 27 日；(b) 2013 年 1 月 23 日；(c) 2013 年 4 月 15 日；(d) 2013 年 4 月 19 日

保持在 7 m 以下。天向方向的误差也有所改善，从 2012 年 7 月 27 日最大误差 25 m 降至最大值 15 m。C13、C14 两颗 MEO 卫星加入定位后，改善的效果最明显。从 2013 年 4 月 19 日的数据可以看到，北向误差一天内保持在 6 m 以下。但 2013 年 4 月 15 日本地时间

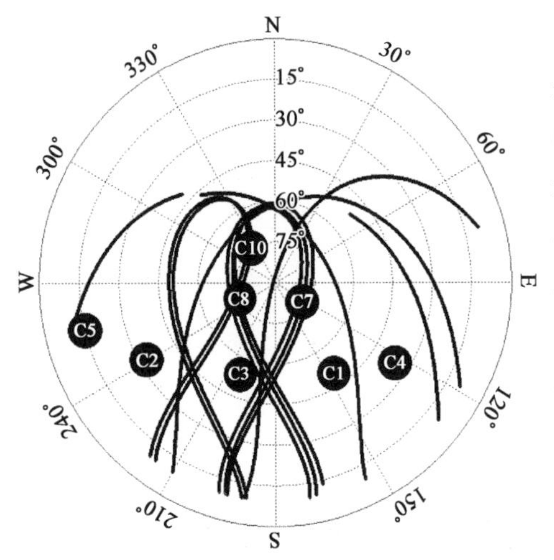

图 3.10　本地时间 2013 年 4 月 15 日 18:30 时北斗卫星天空视图

18—19 时北向误差却一度达到 14 m，由 18:30 处北斗卫星天顶视图(图 3.10)可以看出，此段时间可见卫星数只有 8 颗卫星(5 颗 GEO 和 3 颗 IGSO)。其中，7 颗卫星分布在天顶视图的第三和第四象限，只有 1 颗卫星在第二象限且处在观测点天顶附近。这样造成观测点处南北侧卫星分布极不均匀，说明卫星的布局还需要加强。在系统第三步 MEO 卫星建设中这一情况会得到改善。

图 3.11 为试运行前后 2012 年 7 月、2013 年 1 月和 2013 年 4 月 3 个月中选取 8 天观测数据得出的各方向误差统计图。图 3.11(a)为每天误差的均值，图 3.11(b)为定位结果与已知位置之间误差值的标准差。8 组数据中前三组观测数据处在“4+5+2”星座下，中间三组处在“5+5+2”星座下，最后两组处在“5+5+4”星座下。从标准差的表现可以看出北斗系统的定位趋于稳定，1 月的结果和 4 月的结果北向误差的标准差都在 2.5 m 以下，东向误差的标准差在 1 m 以下。2012 年 7 月数据测量出的误差均值较小，但标准差较大。

3) 北斗系统与 GPS 定位误差比较

在分析北斗系统各向误差的同时，还将误差结果与 GPS 进行了对比。因为 GPS 已经经历了 20 年的运行，是一个成熟的全球卫星定位系统，这样可以充分检验北斗系统的定位性能。将 GPS/北斗接收机收集的 GPS 和北斗系统 RINEX 格式导航文件和观测数据导入前面部分编写的伪距解算程序中，得到位置数据，并与已知位置坐标做差求出各定

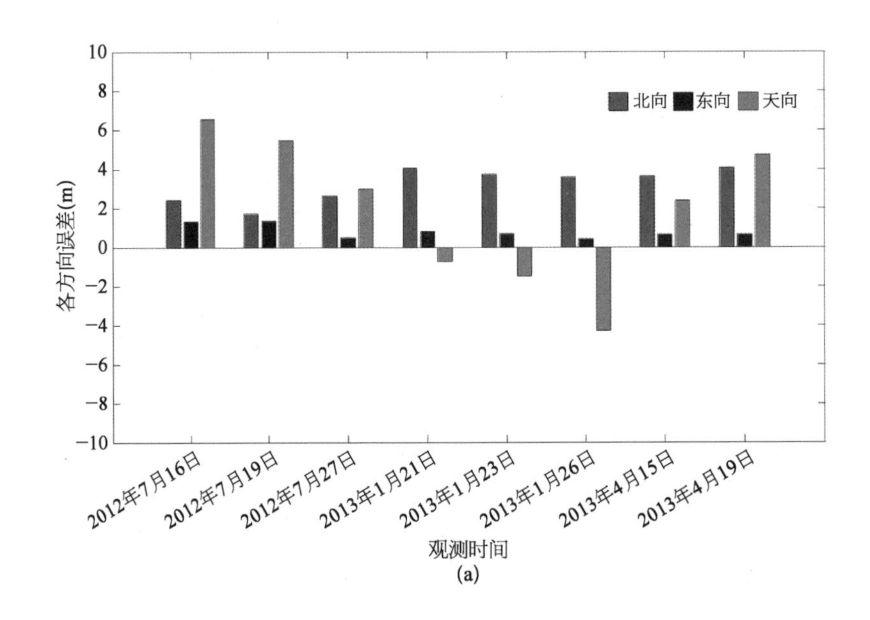

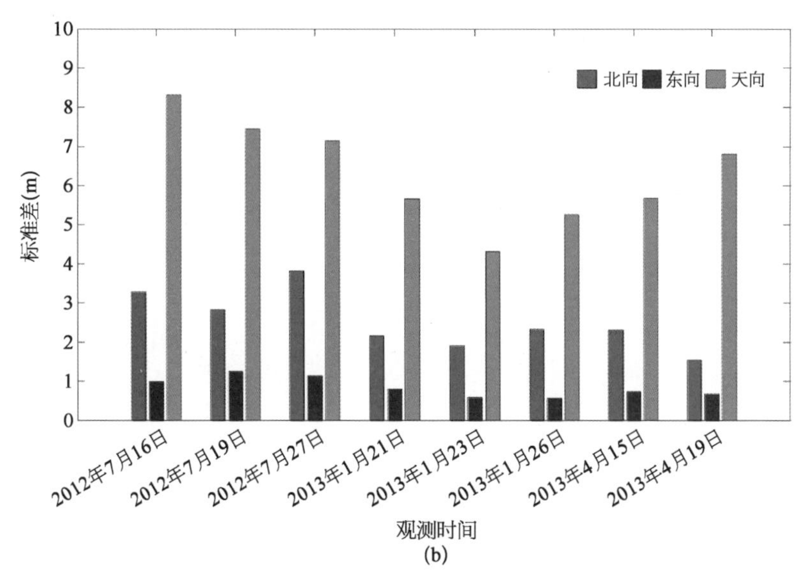

图 3.11　相对于已知坐标的每日观测误差和标准差

(a) 各方向误差；(b) 标准差

位系统下的水平定位误差和垂直定位误差。图 3.12 为北斗系统试运行前后和 GPS 在水平方向和垂直方向上的定位误差比较。

2012 年 7 月 27 日的结果显示北斗系统在水平误差上波动较大，可接近 3 m 水平，又可达到 12 m 水平。在垂直方向上不如 GPS，稳定误差最大时可接近 20 m。图 3.12 所示为试运行之后的数据，水平方向误差除 2013 年 4 月 15 日 18—19 时由于卫星几何分布造成的短暂时间内北向误差过大的结果外，北斗系统水平方向误差始终保持在 6 m 以内，满足试运行时提出的水平方向误差 10 m 以内的性能指标，定位效果优于 GPS。垂直方向定位性能和 GPS 接近。

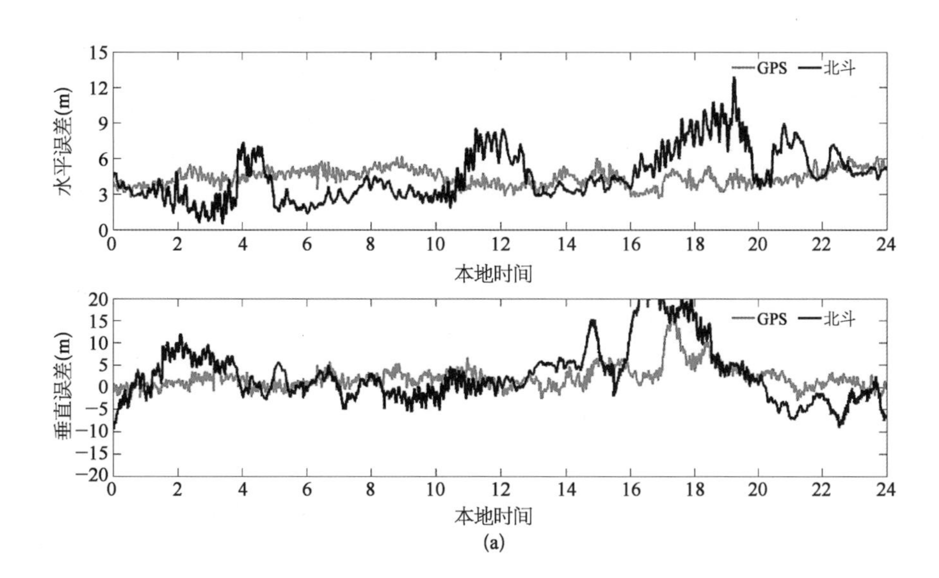

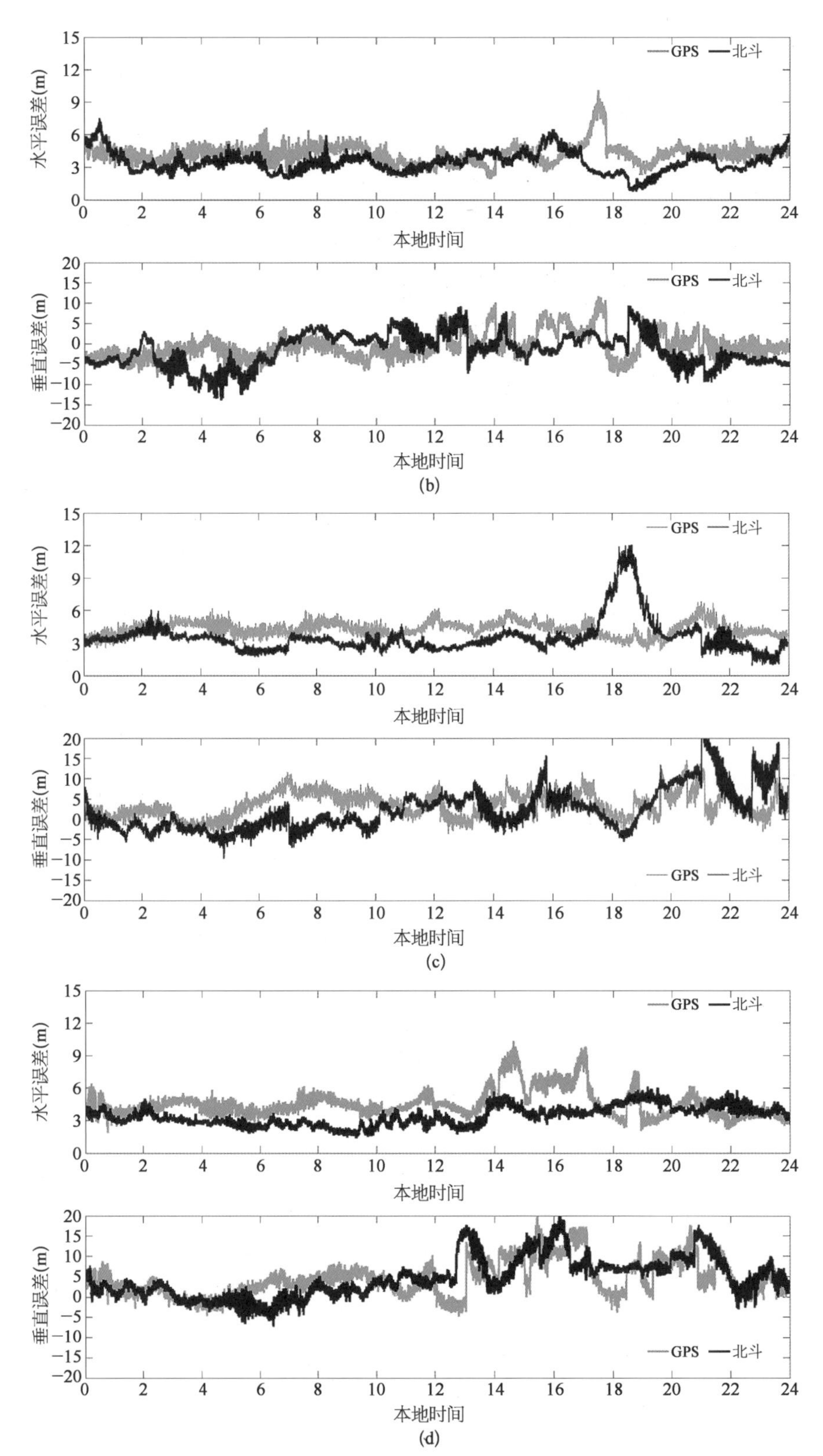

图 3.12　北斗系统和 GPS 的水平和垂直定位误差

(a) 2012 年 7 月 27 日;(b) 2013 年 1 月 23 日;(c) 2013 年 4 月 15 日;(d) 2013 年 4 月 19 日

为了估计北斗系统目前的定位精度，即一天内多次定位结果是否集中于一点，本书采用 RMS 值估计：

$$x_{\mathrm{RMS}}=\sqrt{\frac{1}{N}\sum_{n=0}^{N}(x-x_{\mathrm{ave}})^2} \tag{3.47}$$

式中　x_{ave}——多次定位结果平均位置，在经度、纬度和高度方向计算得到的 $x-x_{\mathrm{ave}}$ 在各方向需要高斯投影转换到平面中。

表 3.3 为北斗系统试运行前后三个方向的 RMS 值。试运行前后经度、纬度方向比 GPS 的定位结果更稳定。与 2012 年 7 月数据相比，目前各方向的定位结果已稳定，在纬度方向上的定位效果改善较大。

表 3.3　各方向的 RMS 值

系　统	试运行前				试运行后			
	日　期	RMS(m)			日　期	RMS(m)		
		经度	纬度	高度		经度	纬度	高度
GPS	2012 年 7 月 17 日	1.218	1.733	3.150	2013 年 1 月 23 日	0.744	1.859	3.221
北斗		1.964	3.365	5.902		0.581	1.917	4.068
GPS	2012 年 7 月 19 日	1.294	1.231	2.710	2013 年 4 月 19 日	0.856	2.912	4.292
北斗		2.373	2.824	5.728		0.666	1.537	4.923

4）北斗系统定位精度分析

在上一部分的伪距定位方程中，忽略了测量误差项 $\boldsymbol{\varepsilon}_{\mathrm{m}}=[-\varepsilon_{\mathrm{m}}^{(1)}\quad -\varepsilon_{\mathrm{m}}^{(2)}\quad \cdots\quad -\varepsilon_{\mathrm{m}}^{(n)}]^{\mathrm{T}}$，由最小二乘法解可推导出测量误差所引起的定位误差。

$$\begin{bmatrix}\varepsilon_x\\ \varepsilon_y\\ \varepsilon_z\\ \varepsilon_{\delta t_{\mathrm{u}}}\end{bmatrix}=(\boldsymbol{G}^{\mathrm{T}}\boldsymbol{G})^{-1}\boldsymbol{G}^{\mathrm{T}}\boldsymbol{\varepsilon}_{\mathrm{m}} \tag{3.48}$$

定位误差的方差可表示为：$\boldsymbol{\sigma}_{\mathrm{A}}^2=(\boldsymbol{G}^{\mathrm{T}}\boldsymbol{G})^{-1}\boldsymbol{\sigma}_{\mathrm{URE}}^2=\boldsymbol{H}\boldsymbol{\sigma}_{\mathrm{URE}}^2$，$\boldsymbol{\sigma}_{\mathrm{URE}}^2$ 包括卫星地面监控站星历误差和卫星钟差的方差，信号传播过程中大气层延迟和对流层延迟误差的方差，以及卫星信号在到达接收机之前产生的多径误差的方差。测量误差被 $\boldsymbol{H}$ 矩阵放大后产生定位误差，可见 $\boldsymbol{H}$ 矩阵对测量误差的放大倍数对于定位误差的大小相当重要。

$$\boldsymbol{H}=(\boldsymbol{G}^{\mathrm{T}}\boldsymbol{G})^{-1}=\begin{bmatrix}h_{\mathrm{x}} & & & \\ & h_{\mathrm{y}} & & \\ & & h_{\mathrm{z}} & \\ & & & h_{\delta t_{\mathrm{u}}}\end{bmatrix} \tag{3.49}$$

H 矩阵对测量误差的放大倍数对定位误差的大小相当重要，**H** 矩阵对角阵上的各分量将测量误差放大后，分别成为各方向上的定位误差，这些放大倍数称为精度因子(dilution of precision，DOP)。DOP 可分为垂直方向精度因子(vertical dilution of precision，VDOP)、水平方向精度因子(horizontal dilution of precision，HDOP)、位置精度因子(positional dilution of precision，PDOP)、时间精度因子(time dilution of precision，TDOP)和三维位置精度因子(geometrical dilution of precision，GDOP)。三维位置精度因子的值为：

$$PDOP=\sqrt{h_x+h_y+h_z} \tag{3.50}$$

在二维平面中，当卫星分布在接收机的四周时，相应的 PDOP 值较小，几何分布情况较好。当卫星集中在一起时，PDOP 值较大，几何分布情况较差，图 3.13 所示为二维平面中卫星的几何分布情况图，以及测量误差相同时不同的卫星几何分布对定位误差的影响。

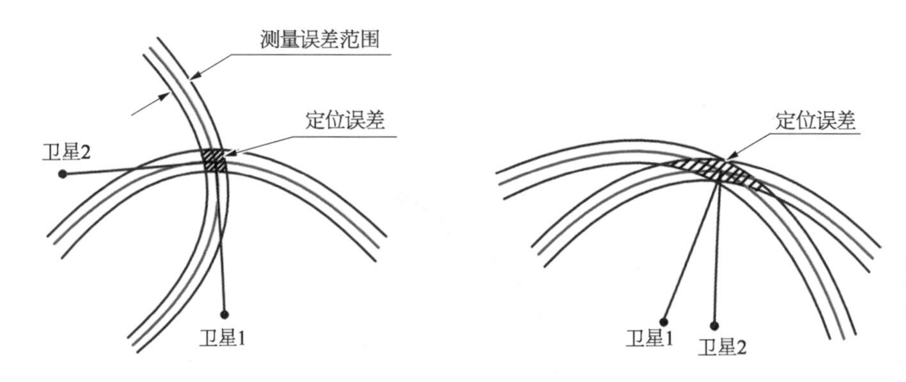

图 3.13　二维平面中卫星几何分布较好(左)和较差(右)时的情况

我国地域辽阔，地处北纬 55°以南，东西经度跨度较大。图 3.14 所示为北斗系统空间布局在逐步完善过程中 PDOP 值的变化。

由图 3.14 可知，从 2012 年 7 月至 2013 年 4 月，由于可见卫星数目的增加，北斗卫星的 PDOP 值逐渐减小。由 2012 年 7 月 27 日数据可以得出“4+5+2”星座下的 PDOP 值始终大于 GPS，且一天内至少 4 小时的 PDOP 值大于 3。C2 卫星加入定位之后，地球静

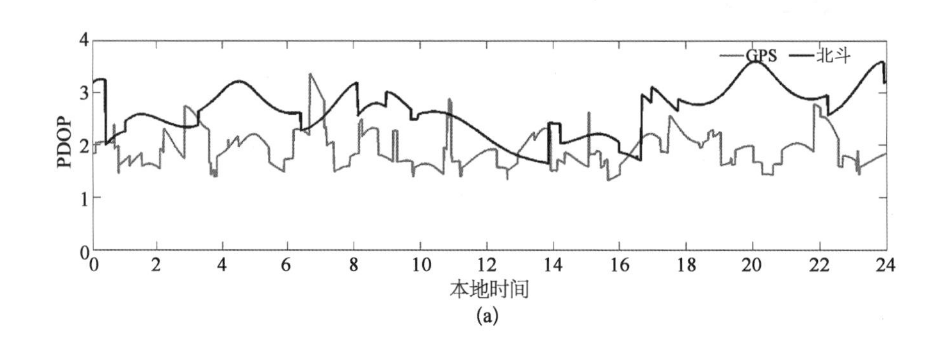

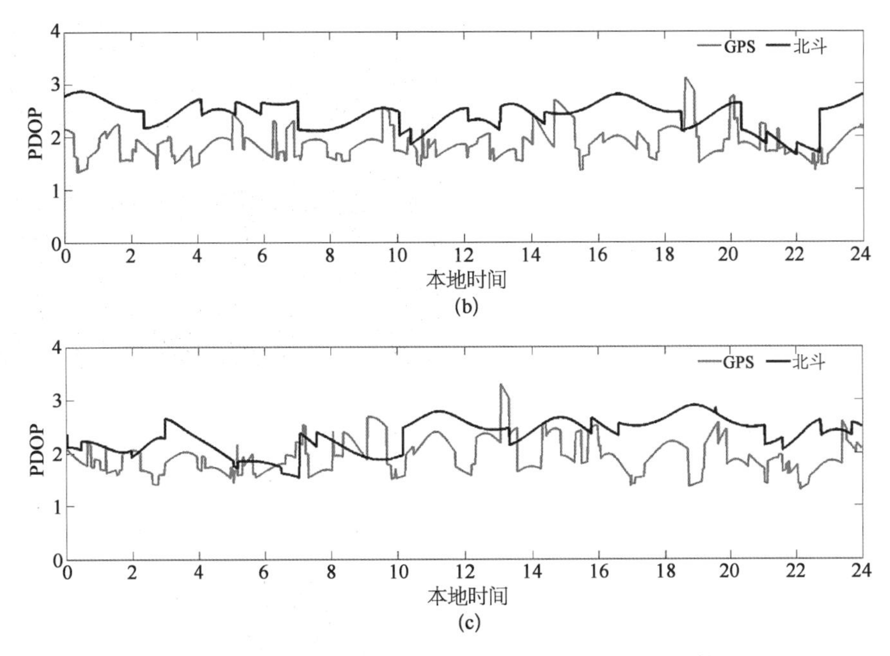

图 3.14　北斗系统和 GPS 在各阶段的 PDOP 值比较

(a) 2012 年 7 月 27 日；(b) 2013 年 1 月 23 日；(c) 2013 年 4 月 15 日

止卫星始终处于可见状态。2013 年 1 月 23 日 PDOP 平均值相对于 2012 年 7 月 27 日 PDOP 值整体下降 0.2。2013 年 4 月北斗系统星座处于"5+5+4"状态，相对于 2013 年 1 月 13 日又增加了 2 颗 MEO 卫星，使得 PDOP 值在某些时段内和 GPS 相当。图 3.14 中 2013 年 4 月 19 日北斗系统可视卫星的数目已经多于 GPS 的卫星数，但在 PDOP 值的表现却与之不符，在整体表现上不如 GPS。但单点定位的结果已经证明北斗系统定位效果要优于 GPS，其原因应是两个系统卫星的测量误差不同，GPS 全部采用 MEO 卫星，覆盖面广。卫星分布于测试点四周，越分散则 PDOP 值越小，但同时仰角可能越低。低仰角卫星信号在传播过程中的大气层延迟可能很大，接收机附近的多路径误差也很大，虽然改善了 PDOP，但同时带来了很大的测量误差。可见北斗系统牺牲了一定的 PDOP 值，换来了较小的卫星测量误差，增强了区域定位的精度。

5）极端环境下定位能力分析

大城市中高楼林立，定位信号可能被阻挡，导致可见卫星的数目不能达到定位的要求，同时在到达接收机的卫星信号中，也有可能夹杂着带有多径误差的反射信号，对定位结果造成影响，这种极端环境被称为城市峡谷。为验证北斗系统在城市峡谷中的定位性能，将 GPS/北斗接收机置于汽车中，停留在两座大楼之间接收观测数据，数据解算方式为单点定位方式。解算结果如图 3.15 所示，图 3.15(a)为北斗系统和 GPS 的定位结果，黑色代表北斗系统位置解算结果，灰色代表 GPS 位置解算结果。图 3.15(b)为定位解算文件转换为 KML 文件输入 Google Earth 中的效果图。

由图 3.16 可以得出，GPS 北向定位比北斗系统稍不稳定，而北斗系统在天向定位比

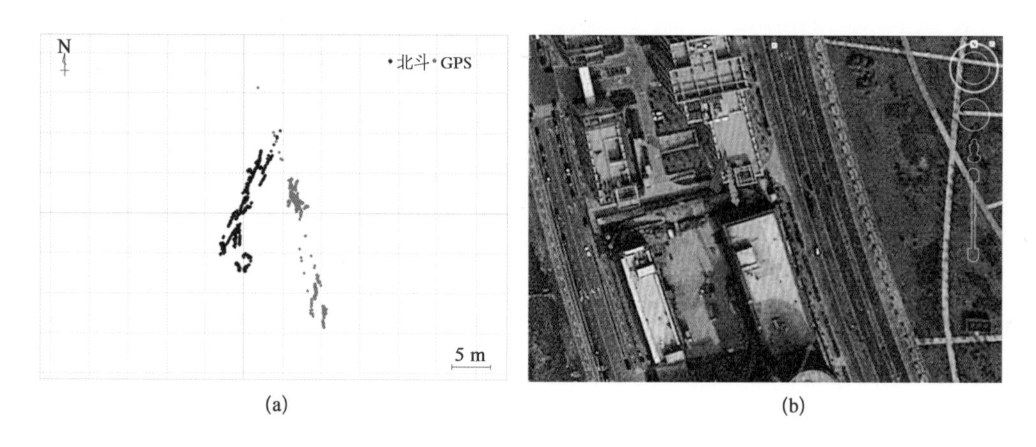

图 3.15 极端环境下的定位能力分析

(a) 北斗系统和 GPS 的定位结果；(b) 定位解算文件在 Google Earth 中的效果图

GPS 要不稳定得多，北斗系统在东向定位的误差比 GPS 略大。由图 3.15(b)可以看到，观测点南北方向有高楼阻挡，东西方向是一条通道，视野较开阔。观测点所观测到的卫星数与开阔地带相比，也有所不同。

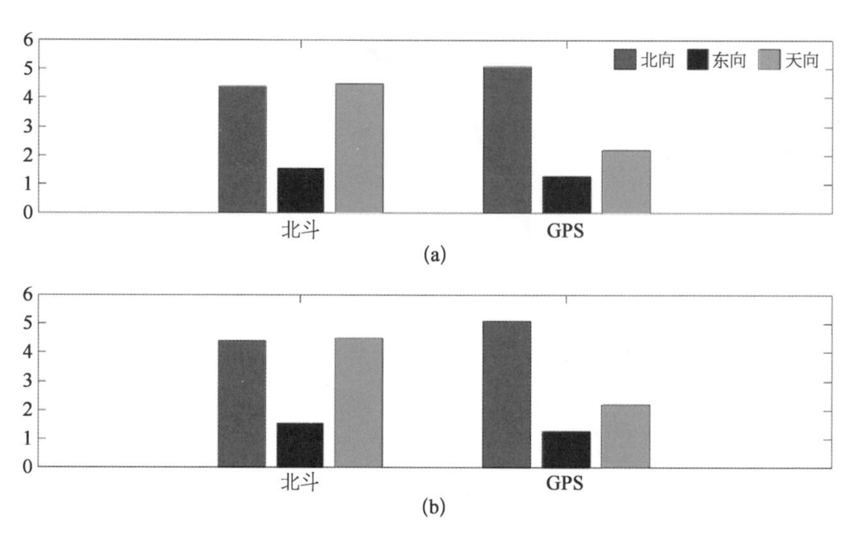

图 3.16 北斗系统和 GPS 在各个方向上的标准差和 RMS 比较

(a) 标准差；(b) RMS

在观测点南北方向有高楼的阻挡，只有高仰角的卫星信号才能被接收机接收，观测点周围北斗系统的 GEO 和 IGSO 比 GPS 的 MEO 仰角高，因此南北方向上的北斗可见卫星的数量多于 GPS 卫星，但东西分布稍不均匀造成东向误差略大于 GPS。在天向方向上 GEO 和 IGSO 的轨道高度比 MEO 高，在此方向上的定位能力弱于 GPS。这次实验展示了北斗系统混合轨道的优势，GEO 和 IGSO 在我国上空高仰角的特性，保证了可视卫星数目，即保证了城市峡谷环境下定位的完整性。图 3.17 所示为观测时间内两系统的可见卫星天顶视图。

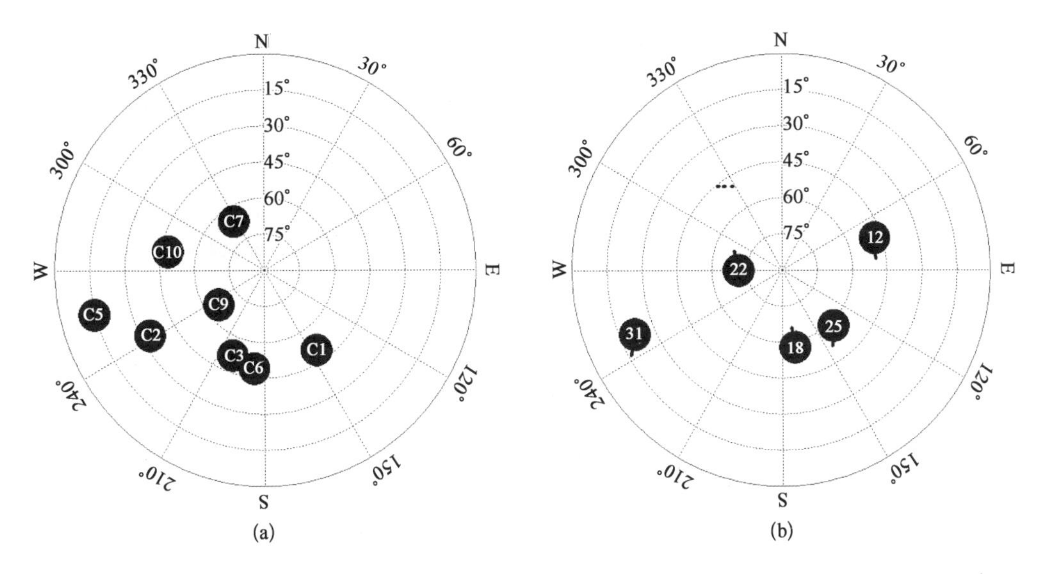

图 3.17 观测时刻内北斗系统和 GPS 可视卫星天顶视图

3.3 北斗系统信号多径误差模型

接收机除了接收到直线传播到达天线的卫星信号外，还有可能接收到经天线周围物体反射后达到的卫星信号。带有多径误差的信号对伪距测量和载波相位测量的精度都有一定的影响。反射信号与直射信号的混叠使码相位的自相关函数波形变形，降低了码相位的测量精度。载波相位测量时，当反射信号的相位与直射信号相位相反时，两者叠加后的波形和相位会不稳定。Georgiadou Yolazai 1988 年发现卫星反射信号的能量约为直射信号的 1%，多径效应不仅与和卫星仰角有关，而且其实际大小与天线周围的环境和可见卫星的仰角有关。由于北斗系统 GEO 的位置相对保持不变，故 GEO 的多路径误差大于 IGSO 和 MEO。

3.3.1 数学模型

多径误差的计算，可以通过观测值的线性组合得到，模型如下：

$$\rho = r + c(\delta_t - \delta^k) + T + I + M_\rho + \varepsilon_\rho \tag{3.51}$$

$$\Phi = r + c(\delta_t - \delta^k) + T - I + M_\Phi + N + \varepsilon_\Phi \tag{3.52}$$

式中 ρ，Φ——伪距和载波相位观测值；

r ——几何距离；

c ——真空中光速；

δ_t，δ^k ——接收机和卫星时钟误差；

T，I ——对流层和电离层延迟；

M_ρ，M_Φ ——分别为伪距和载波相位的多径误差；

N ——整周模糊度；

ε_ρ，ε_Φ ——伪距和载波相位观测值的随机噪声。

由于 $M_\rho \gg M_\Phi$，伪距的多径效应影响大概是载波相位观测值的 200 倍，且 $\varepsilon_\rho \gg \varepsilon_\Phi$，当式(3.51)减去式(3.52)，并且使用双频观测数据时，可以得到：

$$\rho_1 - \Phi_1 = 2I_1 + M_{\rho_1} + N_1 + \varepsilon_{\rho_1} \tag{3.53}$$

$$\rho_2 - \Phi_2 = 2I_2 + M_{\rho_2} + N_2 + \varepsilon_{\rho_2} \tag{3.54}$$

式中　ρ_1，ρ_2——载波 B1、B2 的伪距观测值；

Φ_1，Φ_2 ——载波 B1、B2 的相位观测值。

假设接收机一直连续追踪，并未发生周跳，并且有 $I_1 f_1^2 = I_2 f_2^2$，可以推出：

$$M_{\rho_1} = \rho_1 - \frac{f_1^2 + f_2^2}{f_1^2 - f_2^2}\lambda_1\Phi_1 + \frac{2f_2^2}{f_1^2 - f_2^2}\lambda_2\Phi_2 \tag{3.55}$$

$$M_{\rho_2} = \rho_2 - \frac{2f_1^2}{f_1^2 - f_2^2}\lambda_1\Phi_1 + \frac{f_1^2 + f_2^2}{f_1^2 - f_2^2}\lambda_2\Phi_2 \tag{3.56}$$

式中　λ_1、λ_2——载波 B1、B2 波长。

需要注意的是，计算得到的 M_{ρ_1}，M_{ρ_2} 为伪距的多径误差，其中还包括了整周模糊度、系统的硬件延迟以及随机噪声。

以上数学模型对于双频观测值可以顺利求解，但是面对三频数据时，需要进行两次运算，且每次运算中对三频数据的利用率不高，以下给出计算多径误差的三频模型：

$$\begin{bmatrix} M\rho_{B_1} \\ M\rho_{B_2} \\ M\rho_{B_3} \end{bmatrix} = \begin{bmatrix} \rho_{B_1} \\ \rho_{B_2} \\ \rho_{B_3} \end{bmatrix} + \begin{bmatrix} 2\alpha - 1 & -\alpha & -\alpha \\ -\beta & 2\beta - 1 & -\beta \\ -\gamma & -\gamma & 2\gamma - 1 \end{bmatrix} \cdot \begin{bmatrix} \lambda_{B_1} \\ \lambda_{B_2} \\ \lambda_{B_3} \end{bmatrix} \cdot \begin{bmatrix} \Phi_{B_1} & \Phi_{B_2} & \Phi_{B_3} \end{bmatrix} \tag{3.57}$$

式中　$\alpha = -\dfrac{2f_2^2 f_3^2}{f_1^2 f_2^2 + f_1^2 f_3^2 - 2f_2^2 f_3^2}$；

$\beta = -\dfrac{2f_1^2 f_3^2}{f_1^2 f_2^2 + f_2^2 f_3^2 - 2f_1^2 f_3^2}$；

$\gamma = -\dfrac{2f_1^2 f_2^2}{f_1^2 f_3^2 + f_2^2 f_3^2 - 2f_1^2 f_2^2}$。

下面使用两种方法分别求解卫星 C06 B1、B2、B3 的多径误差，并进行相互比较。

图 3.18 所示是在不同信号组合条件下，用以上两种数学模型得到的卫星 C06 的多径误差。其中图 3.18(a)～(c)都是由第一种方法(即双频模型)得到的，图 3.18(d)是由第二种方法(即三频模型)得到的。结合表 3.4 可以看出，两种方法精度相近，但是通过双频模型要得到整个三频信号的多径误差，无疑要计算两次，增大了计算量，且数据利用率不高。由图 3.18 中可知，信号的多径误差与卫星仰角有关，当仰角较低时，多径误差很大，随着仰角的增大，多径误差趋于稳定。从表 3.4 可以看出，信号 B3 的多径误差要小于 B1、B2，这点从图 3.18 中得到例证。

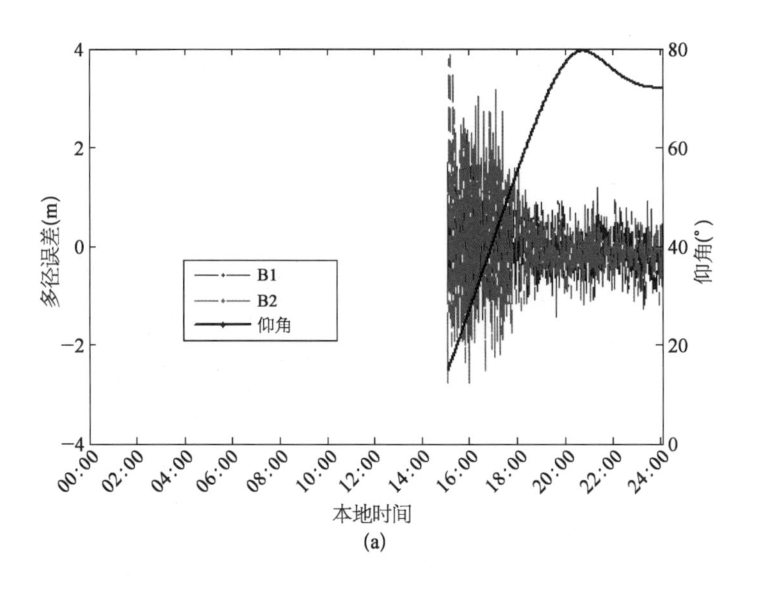

(a)

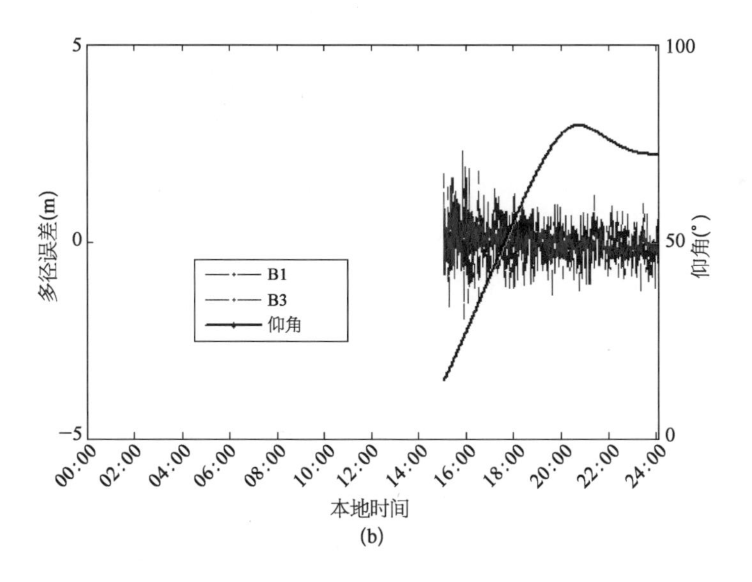

(b)

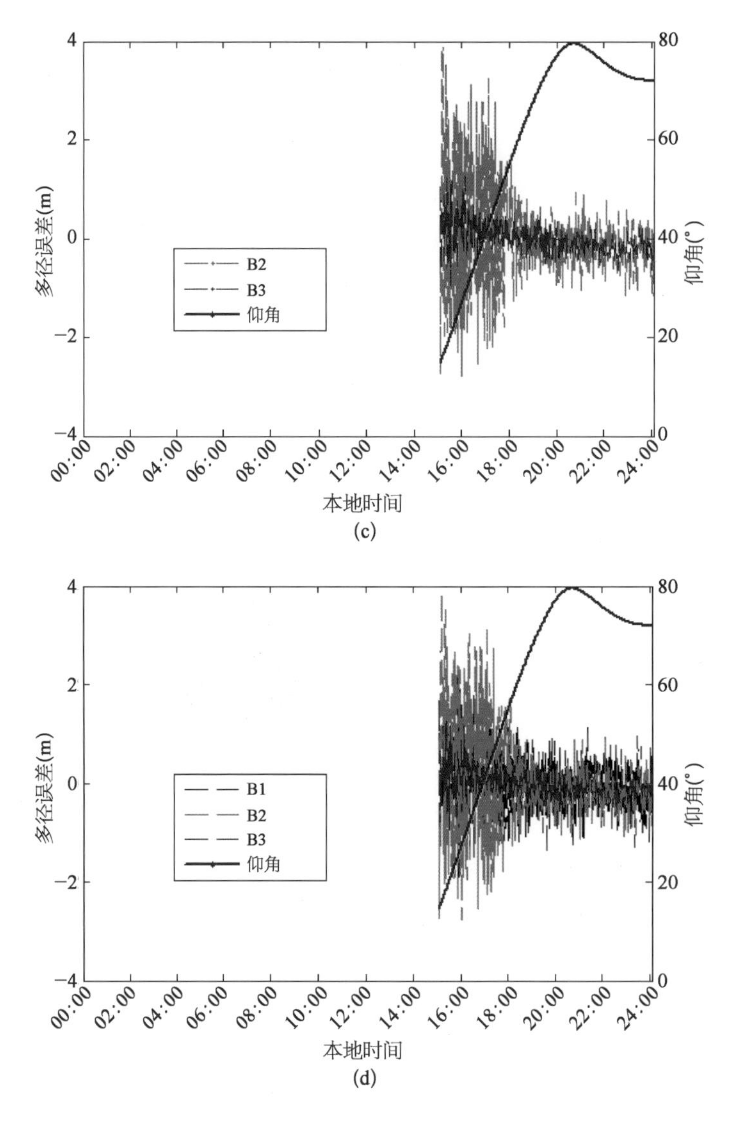

图 3.18　在不同信号组合条件下，卫星 C06 的多径误差

表 3.4　不同组合条件下，C06 多径误差的标准差　(m)

信号组合	M_{B1}	M_{B2}	M_{B3}
B1,B2	0.533 9	0.869 7	—
B2,B3	—	0.877 4	0.280 4
B1,B3	0.533 1	—	0.268 1
B1,B2,B3	0.533 5	0.871 0	0.266 7

基于以上情况，将采用三频模型去计算不同的卫星不同信号的多径误差，因此选取了 C01、C09、C10 三颗卫星，其多径误差如图 3.19～图 3.21 所示。

图 3.19 是属于 GEO 的卫星 C01 三频信号的多径误差，从图中可以看出卫星仰角变

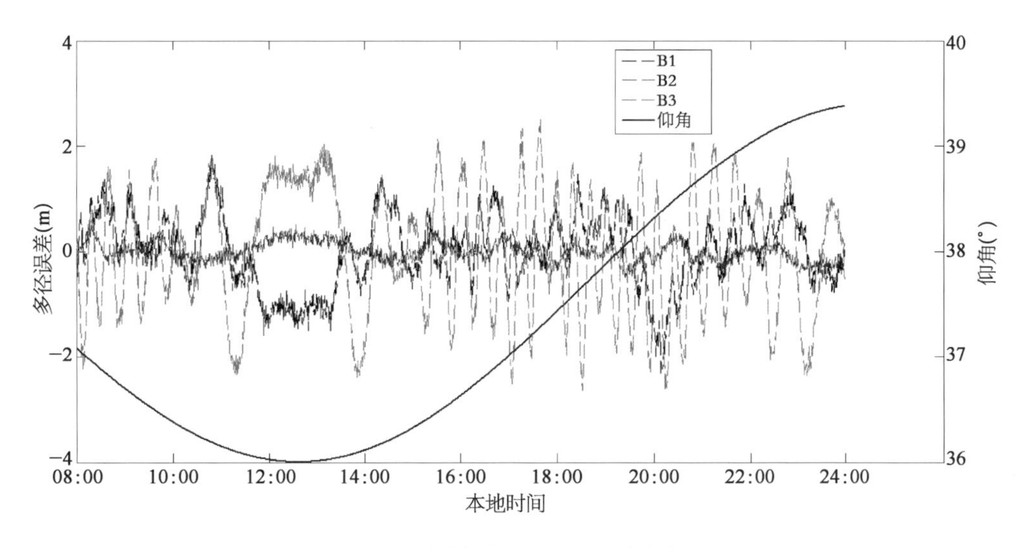

图 3.19　三频模型下卫星 C01 的多径误差

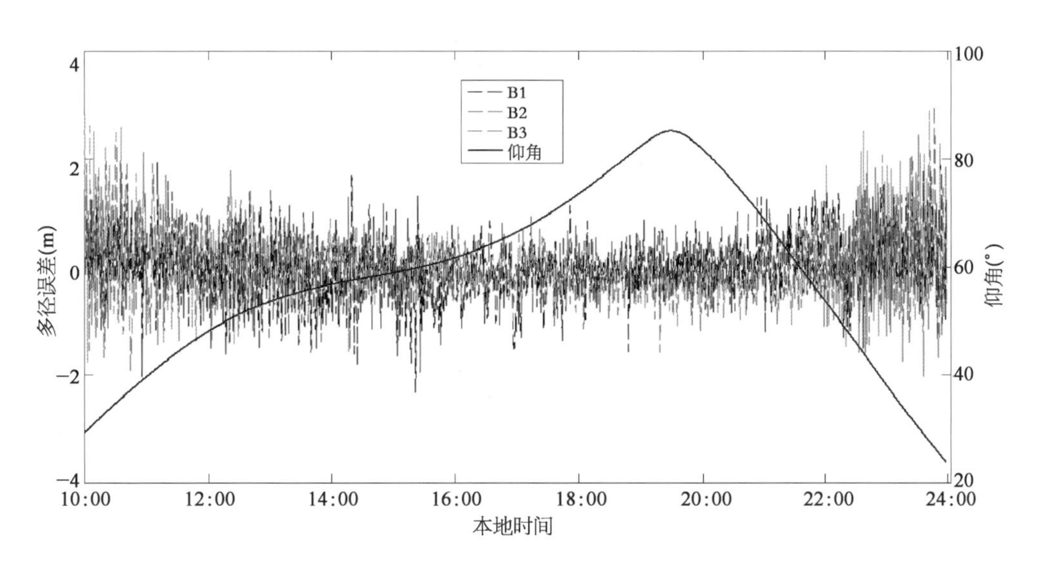

图 3.20　三频模型下卫星 C09 的多径误差

化很小。信号 B3 的多径误差要小于信号 B1、B2，同时也更稳定。信号 B1 的多径误差在 ±2.30 m 内波动，信号 B2 的标准差为 1.20 m，B3 的标准差仅为 0.19 m。从 10:00—16:00 三频信号的多径误差明显变化的速度明显小于其他时间段，这是由于此时卫星仰角较低（相对而言），卫星信号主要受到低频噪声的影响。需要注意的是，信号 B2 的多径误差呈现出某种周期性，这是因为随着时间的变化，卫星的几何图形也会相应改变，多径误差表现出大概 30 min 的周期性。

图 3.20 是属于 IGSO 的卫星 C09 三频信号的多径误差，从图中可以看出其仰角变化跨度较大。在低仰角时，多径误差变化较大。从整体上看，信号 B1 的多径误差的标准差为 0.61 m，信号 B2 为 0.66 m，而信号 B3 最小，仅为 0.31 m，所以信号 B3 受多径效应的

影响相对较小。

图 3.21 是属于 MEO 的卫星 C10 三频信号的多径误差。从图中可以看出 MEO 可以被观测的时间较短，故时间跨度相对较小。其仰角变化比 C09 要小，最大仅为 60.6°。低仰角时，多径误差变化较大，当卫星仰角渐渐增大，多径误差的变化开始变小。得出三路信号的标准差：B1 为 0.69 m，B2 为 0.87 m，B3 为 0.36 m，故可以得到类似的结论，信号 B3 的多径误差稳定性要高于 B1、B2。

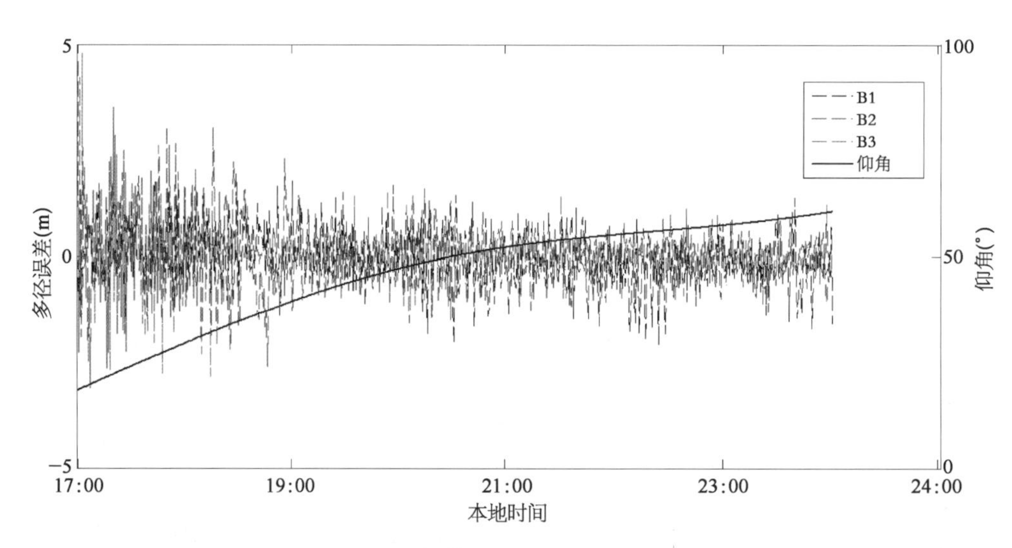

图 3.21　三频模型下卫星 C10 的多径误差

从以上 C01、C09、C10 多径误差的比较可以得知，信号 B3 的多径误差要小于 B1、B2。比较图 3.19、图 3.20 和图 3.21 可以得知，IGSO 和 MEO 的多径误差相当，要优于 GEO。可知，多径误差与卫星仰角有关，低仰角时，多径误差较大。

3.3.2　定位精度

这里使用单点定位模式下处理北斗三频的数据。此次单点定位中，仅仅使用了北斗系统在轨的 14 颗卫星。使用的观测数据版本是 RINEX 3.01，时间间隔 30 s。图 3.22 所示为在单点定位模式下，北斗三频在纬度方向，经度方向以及垂直方向的定位误差，其中绿色线代表信号 B1，红色代表 B2，蓝色代表 B3，横坐标轴是本地时间。表 3.5 列举了北斗系统三频定位误差的一些特征值。

图 3.22(a)是北斗三频在纬度方向的定位误差，从中可以看出 B3 的误差最小，同时与 B1、B2 相比，B3 的误差也更稳定。结合表 3.5 可得，B3 的误差的最大值仅为 5.288 5 m，远小于 B1 的 14.633 3 m，B2 的 11.696 1 m。同时 B3 的误差标准差也是最小，为 1.659 3 m。

图 3.22(b)是经度方向的定位误差，结合表 3.5 可得，B3 与 B1 的误差相当，皆小于 B2。从整个观测时间内看，B1 的误差平均值最小，但是在时间 2:00—3:00，以及 22:00 左

表 3.5　2013 年 8 月 1 日北斗系统三频定位误差对比(单位: m)

载波	纬度方向			经度方向			垂直方向		
	Max	Mean	Std	Max	Mean	Std	Max	Mean	Std
B1	14.633 3	2.370 7	3.208 7	3.804 6	1.028 8	0.866 1	14.709 9	3.607 7	4.077 8
B2	11.696 1	3.375 6	2.719 1	8.533 8	1.305 9	1.210 3	35.668 3	6.037 0	7.065 5
B3	5.288 5	1.628 9	1.659 3	3.033 9	1.045 2	0.762 6	17.123 2	5.276 3	3.716 2

注：Max,Mean 分别代表绝对定位误差的最大值和平均值,而 Std 是定位误差相对于自身的平均值的标准差。

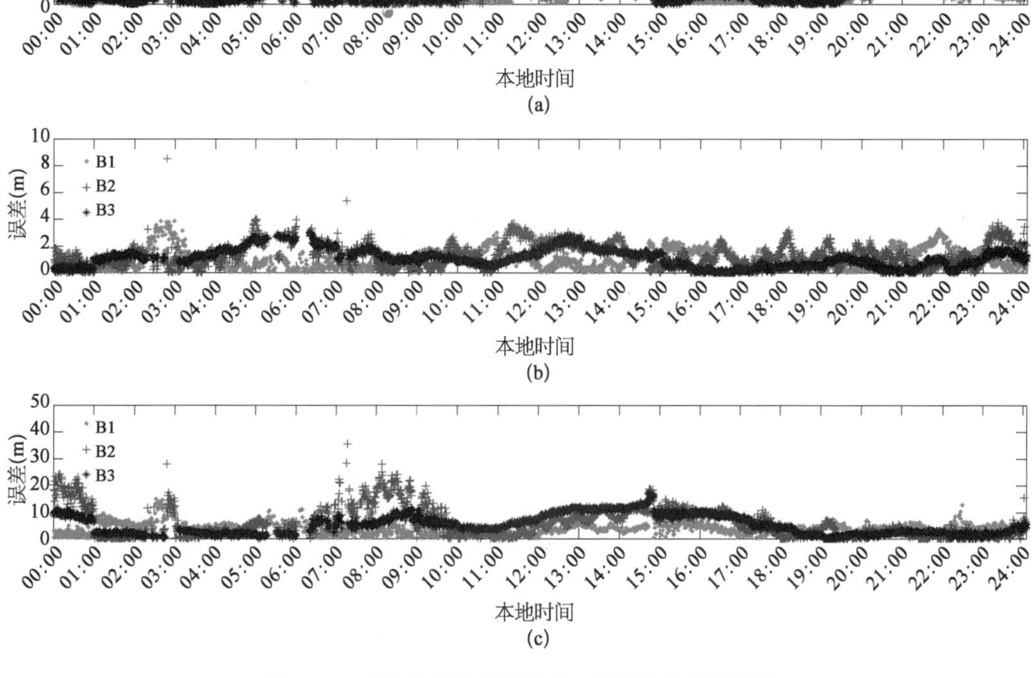

图 3.22　单点定位模式下北斗三频的定位结果误差

(a) 纬度方向;(b) 经度方向;(c) 垂直方向

右,B1 都出现较大的误差。同样 B3 在 5:00—7:00,以及 13:00 也出现较大的误差,但是 B3 的误差最大值(3.033 9 m)和标准差(0.762 6 m)最小,可见 B3 信号定位误差的稳定性。

图 3.22(c)是垂直方向的定位误差。与图 3.22(a)和(b)相比,垂直方向的误差最大,例如 B2 在垂直方向误差最大值达到 35.668 3 m。结合表 3.5,可以看出整个时间范围内 B1 的误差均值为 3.607 7 m,小于 B2、B3,同时标准差也与 B3 相当。可知在垂直方向上 B1 的定位效果最好,B3 次之,B2 最差。

由图 3.22 和表 3.5 可以看出,B3 在经度方向以及垂直方向的定位误差与 B1 相当,皆好于 B2。其中 B3 在纬度方向表现出优越的定位性能，要好于 B1、B2。需要注意的是，图 3.22 中，无论是纬度，经度还是垂直方向上，在时间 2:00—3:00，5:00—7:00，以及 15:00 左右，绘制的曲线总是跳跃和中断。这点可以从图 3.22(c)中找到答案，在图 3.22(c)可以很清晰地看到在前两个时间段，卫星的可见性曲线出现黄色，这是由于这一时刻接收机一路或两路信号，其中接收机接收信号出现丢失。而在 15:00 时刻，定位误差曲线出现下降，是由于此时 MEO(C12)的加入，提高了定位精度。

需要指出的是，北斗卫星星座还未完全建成，这里所得的结果还有待后来陆续的验证。可以预见的是，随着北斗卫星星座逐步完成，以及 GEO/IGSO 卫星的增强作用，北斗系统的定位精度将会越来越高。上述结论是分析一天数据得到的，时间较短，且在分析各个性能指标时，选取的卫星较少。故本书只是在一定程度上给出北斗三频的性能结果，以后的主要工作是选取较长时间的数据和更多的卫星，更全面地对北斗三频做出分析。

3.4 组合单点定位技术

3.4.1 组合定位必要性

随着全球定位系统产品的普及，车载导航仪手持定位设备已经广泛被大众接收，在城市中使用的范围也越来越广。由 3.3 节极端环境下定位能力分析可以看出，在城市峡谷或高山密林环境下，单一定位系统的可见卫星数目可能会小于 4 颗，不能完成定位功能。形成定位盲区，给人们的生活造成不便。一些地区定位系统便围绕这一问题正在建设中，如日本的准天顶系统(QZSS)，印度区域导航卫星系统(IRNSS)。GPS 作为目前最成熟的全球定位系统，在现代化方案中提出在特殊情况下可关闭 GPS 信号。这为各国带来隐患，因此中国和欧洲正在发展独立的全球定位系统。

在各国发展各自定位系统的同时，组合定位技术的优势便显现出来。首先，可见卫星的数目大大增加，即使部分卫星失效或信号被遮挡时，两个或两个以上的独立工作系统也能保证拥有足够的可见卫星数量，这样增强了定位的可靠性。其次，卫星数量的增加也可能使卫星的分布更加合理，定位精度因子的值更小。定位位置解算时，为解算提供了更多的选择性，可排除测量误差较大的卫星，选择信号质量更好的卫星信号，以提高定位的准确性。

组合定位的优势也引起各国越来越高的关注，各国导航系统也在提高与其他导航系统之间的互操作性。为提高 GLONASS 与其他导航系统的兼容性，在卫星现代化时增设了两个码分多址(CDMA)信号，日本的 QZSS 卫星信号与 GPS 卫星信号完全兼容。这些举措都提高了组合定位的易操作性。

3.4.2　组合定位算法

与单独系统下的定位解算原理相似，北斗系统/GPS 组合定位基本流程也包含确定卫星位置、建立伪距方程、修正各种延迟误差、求解用户位置等。但北斗系统和 GPS 采用各自独立的系统时钟，时钟之间相差毫秒级，乘以光速后在伪距上则会偏差 10^5 米级，计算用户位置时可能导致牛顿迭代不收敛。两者坐标系统也不相同，北斗系统采用 CGCS2000 坐标系，GPS 系统采用 WGS84 坐标系。两者参考椭球相近，参数中只有扁率稍有不同，CGCS2000 扁率比 WGS84 大 1.47×10^{-11}。精度要求小于 5 cm 时，可以不进行坐标系转换。

为提高北斗系统与其他系统的互操作性，在目前公布的北斗卫星导航系统空间信号控制接口文件中，计划在导航电文中加入北斗时间与 GPS、GLONASS、GALILEO 系统之间的时间同步参数，因此本书中将时间基准统一为 GPS 时间（GPS time，GPST）。在同步前首先将两系统之间的时间基准统一，两系统都以 UTC 时间为基准，只是起始历元不同。截止到目前，GPST 已经比 UTC 时间提前了 16 闰秒，北斗时也比 UTC 时间提前了 2 闰秒。北斗系统与 GPS 的基准时间之间的关系应是：

$$\mathrm{BDT}=\mathrm{GPST}-14(\mathrm{s}) \tag{3.58}$$

在位置解算中，接收机与各系统之间的钟差都当作是未知数求解。伪距定位方程则变为：

$$\sqrt{(x^{(n)}-x)^2+(y^{(n)}-y)^2+(z^{(n)}-z)^2}+\delta t_{\mathrm{g}}+\delta t_{\mathrm{b}}=\rho_{\mathrm{c}}^{(n)} \tag{3.59}$$

将伪距方程组在初次值 $\boldsymbol{P}_0=[x_0\quad y_0\quad z_0\quad \delta t_{\mathrm{g},0}\quad \delta t_{\mathrm{b},0}]$ 处线性化：

$$\boldsymbol{G}\Delta\boldsymbol{P}=\boldsymbol{d} \tag{3.60}$$

式中 $$\boldsymbol{G}=\begin{bmatrix} \left.\dfrac{\partial e^{(1)}}{\partial x}\right|_{x=x_0} & \left.\dfrac{\partial e^{(1)}}{\partial y}\right|_{y=y_0} & \left.\dfrac{\partial e^{(1)}}{\partial z}\right|_{z=z_0} & 1 & 1 \\ \left.\dfrac{\partial e^{(2)}}{\partial x}\right|_{x=x_0} & \left.\dfrac{\partial e^{(2)}}{\partial y}\right|_{y=y_0} & \left.\dfrac{\partial e^{(2)}}{\partial z}\right|_{z=z_0} & 1 & 1 \\ \left.\dfrac{\partial e^{(3)}}{\partial x}\right|_{x=x_0} & \left.\dfrac{\partial e^{(3)}}{\partial y}\right|_{y=y_0} & \left.\dfrac{\partial e^{(3)}}{\partial z}\right|_{z=z_0} & 1 & 1 \\ \cdots & \cdots & \cdots & \cdots & \cdots \\ \left.\dfrac{\partial e^{(n)}}{\partial x}\right|_{x=x_0} & \left.\dfrac{\partial e^{(n)}}{\partial y}\right|_{y=y_0} & \left.\dfrac{\partial e^{(n)}}{\partial z}\right|_{z=z_0} & 1 & 1 \end{bmatrix};$$

$$\boldsymbol{d}=\begin{bmatrix} \rho_{\mathrm{c}}^{(1)}-r^{(1)}(x_0)-\delta t_{\mathrm{g},0}-\delta t_{\mathrm{b},0} \\ \rho_{\mathrm{c}}^{(2)}-r^{(2)}(x_0)-\delta t_{\mathrm{g},0}-\delta t_{\mathrm{b},0} \\ \rho_{\mathrm{c}}^{(3)}-r^{(3)}(x_0)-\delta t_{\mathrm{g},0}-\delta t_{\mathrm{b},0} \\ \cdots \\ \rho_{\mathrm{c}}^{(n)}-r^{(n)}(x_0)-\delta t_{\mathrm{g},0}-\delta t_{\mathrm{b},0} \end{bmatrix};$$

$$\Delta \boldsymbol{P}=\begin{bmatrix}\Delta x\\ \Delta y\\ \Delta z\\ \Delta \delta t_{\mathrm{g}}\\ \Delta \delta t_{\mathrm{b}}\end{bmatrix}。$$

接收机与 GPS 时间之间的钟差 δt_{g} 和接收机与北斗系统时间之间钟差 δt_{b} 在位置计算中吸收了各个方向上的误差，属于公共偏差，在方程组的线性化过程中系数均设置为 1，更新非线性方程的根，进入下一次牛顿迭代直至校正量 $\Delta \boldsymbol{P}$ 长度满足精度的需求，最后输出位置信息。在上述公式中求解的未知量由单系统时的 4 个增加到了 5 个，这样就需要至少 5 颗可见卫星才能完成定位功能。

GPS、GLONASS 的卫星星座健全，是目前较成熟的全球导航定位系统，GLONASS 卫星轨道同 GPS 导航系统相同，也是 MEO，在开阔地带处任意时刻观测到的卫星总数在 4～9 颗。在北斗系统星座尚未布局完成前，GPS+GLNASS 一直是优先选择的组合定位系统。本书将 GPS+北斗系统与 GPS+GLONASS 组合系统的单点定位效果进行比较和探讨。GPS+GLONASS 组合中的两系统观测数据采用 Leica GMX902GG GPS / GLONASS 双频接收机接收，由 Leica GNSS Spider 软件记录存储。天线使用 Leica AS10 天线，放置在上海海洋大学信息学院楼顶。两种组合下的观测数据采集自同一时间内，为保证卫星信号质量，截止高度角都设置为 10°。GPS+北斗系统组合观测数据的位置解算结果是由软件计算得出。图 3.23 所示为 Leica GMX902GG 接收机和 ARMTE6410 平台信号存储转发系统。

图 3.23　Leica GMX902GG 接收机

3.4.3　组合单点定位性能分析

1）可见卫星数目

因为北斗导航系统的建设才完成第二阶段，运行卫星只有 14 颗，所以系统目前主要的服务区域为中国及周边地区，卫星运行区域也主要在亚太地区，则在国内 GPS+北斗系统组合的可见卫星数目有较大优势。图 3.24 所示为 2013 年 4 月 18 日两种组合下的可见卫星数目。

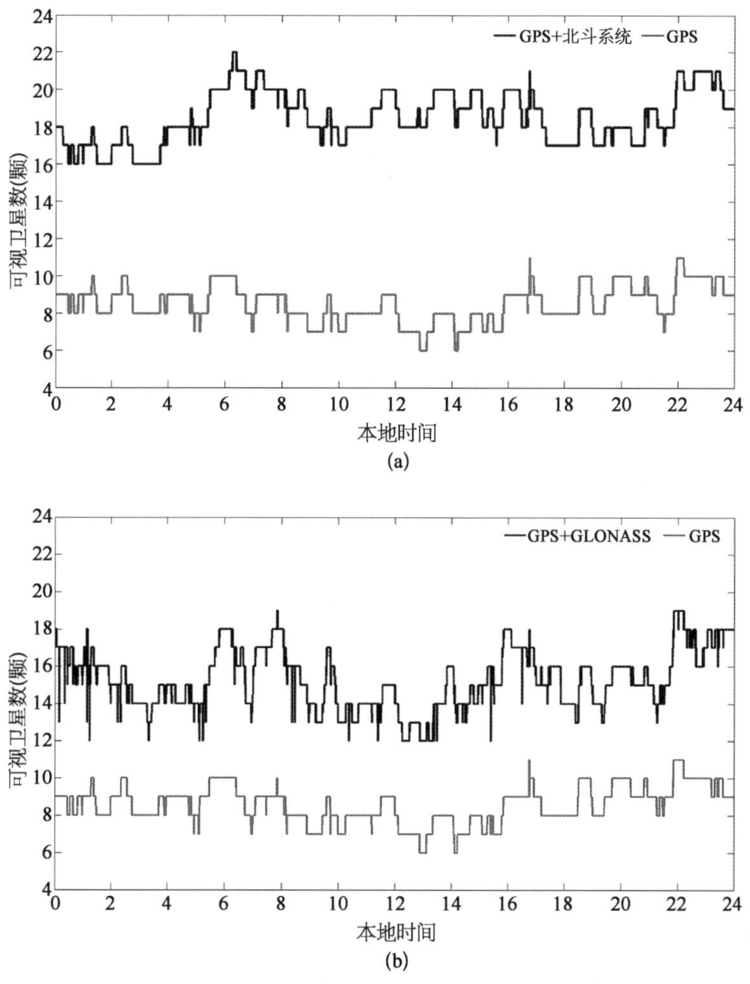

图 3.24　2013 年 4 月 19 日两种组合下的可视卫星数目

(a) GPS+北斗系统;(b) GPS+GLONASS

GPS+北斗系统组合下可见卫星的数目保持在 16～22 颗,在图 3.23 中 GEO 和 IGSO 卫星的可见时间较长,这样组合系统下的可见卫星数目变化也较为稳定,大多数时间内保证在 16～20 颗。GPS+GLONASS 组合下可见卫星数量在 12～19 颗变化,数量上明显少于 GPS+北斗系统组合。两系统卫星轨道都是中轨道,每颗卫星的可见时间较短,卫星出现消失较快,可见卫星数量波动较大。这说明在国内使用 GPS+北斗系统组合的可靠性较高。

2) 组合系统定位精度分析

位置精度因子是衡量导航系统定位的重要指标,可理解为卫星测量误差的放大倍数,位置精度因子越小表明放大倍数越小,可见卫星的几何分布更佳。2013 年 4 月 18 日两种组合的 PDOP 值如图 3.25 所示。为确保信号中的多径误差和大气层延迟较小，处理两组合观测数据时的截止高度角设置为 10°。

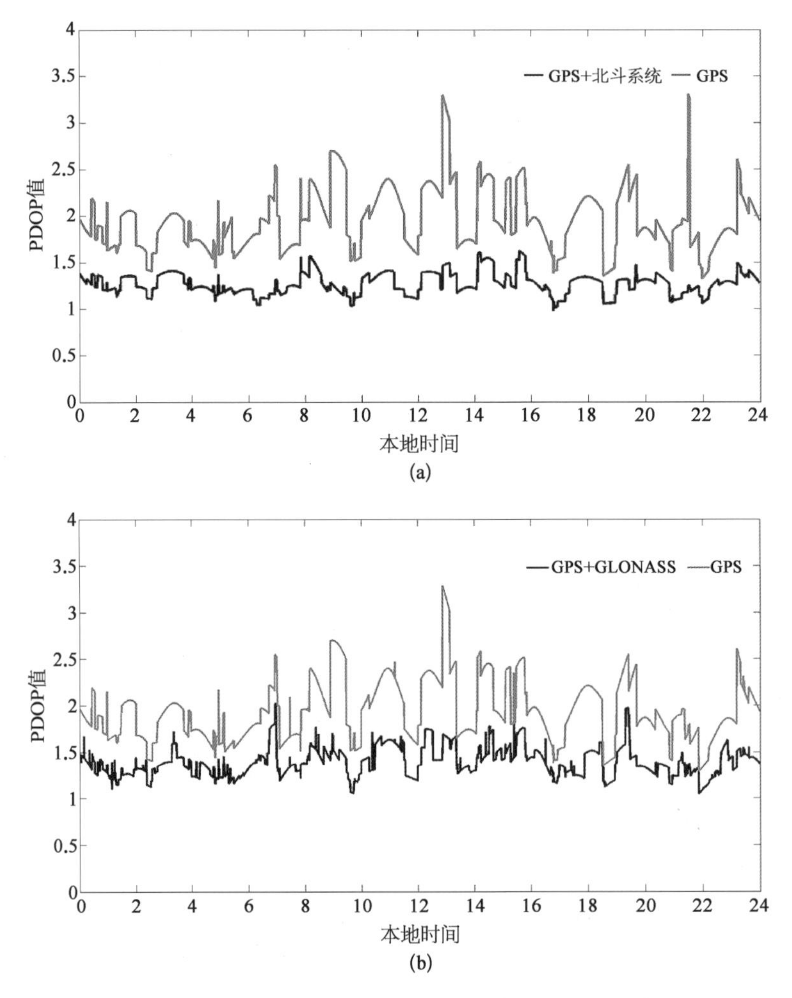

图 3.25 2013 年 4 月 18 日两种组合下的 PDOP 值

(a) GPS+北斗系统；(b) GPS+GLONASS

以 GPS PDOP 的曲线为基准，可以看出 GPS+北斗系统组合对 GPS 的 PDOP 值改善较好。经计算，GPS+北斗系统组合相对于 GPS 单系统，PDOP 均值改善了 0.673 9，GPS+GLONASS 组合 PDOP 均值相对于 GPS 单系统改善了 0.546 3。与可视卫星数量表现相同的是 GPS+北斗系统组合，PDOP 曲线较稳定，而由全部 MEO 卫星组成的 GPS+GLONASS 组合系统 PDOP 曲线变化较为急促。

在分析两种组合下的位置精度因子后，现分析两种组合下的定位改善效果。将同一天内两种组合下的定位结果与已经准确标定的接收机天线位置对比，求在水平和垂直方向的定位误差。北斗系统/GPS 接收机的标定位置是(30.888 281 374，121.894 303 499，40.163 7)，GLONASS/GPS 接收机的标定位置是(30.888 314 382，121.894 218 346，

40.324 0)。图 3.26 所示为 2013 年 4 月 18 日两种组合下的定位误差，由于使用的接收机不同，信号跟踪锁定能力以及定位信号质量也不同。因此，两种组合中 GPS 单系统的定位效果有所差异。

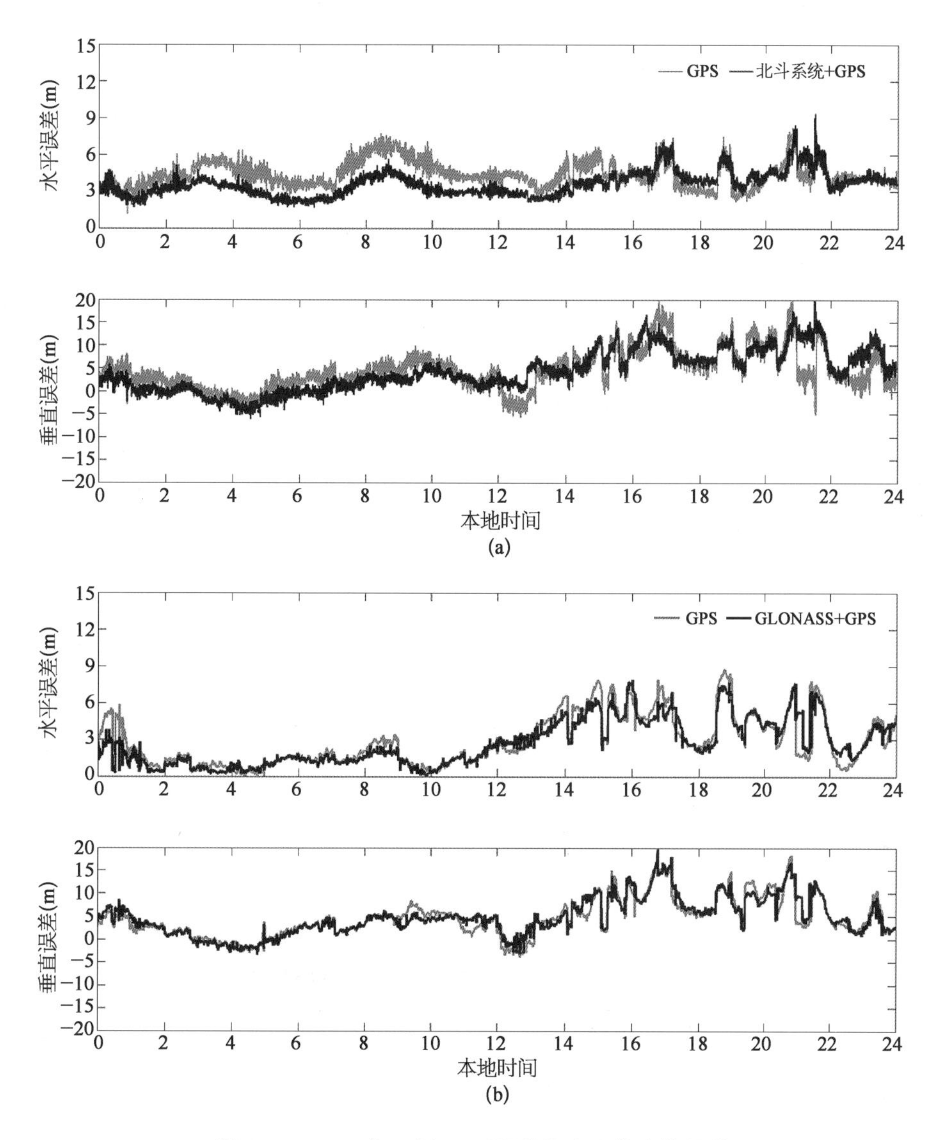

图 3.26　2013 年 4 月 18 日两种组合下的定位误差

(a) 北斗系统+GPS；(b) GLONASS+GPS

由图 3.26 可以得出，在截止高度角 10°时两种组合对 GPS 单系统的定位改善效果是不同的。北斗系统+GPS 组合在水平方向上定位误差的改善效果更好。图 3.26(a)中 6—10 时北斗系统可见卫星数较多，此时组合系统的可见卫星数也达到最高水平，水平方向上的定位改善最佳。17—21 时北斗系统可见卫星数较少，组合系统下的定位误差与 GPS 单系统表现相当，在垂直方向上改善效果不明显，GLONASS+GPS 在此截止高度角下定位改善效果也不明显。

3.4.4 混合星座的选星技术

图 3.27 所示为数据分析流程图,共分 3 部分:

第 1 部分即数据的采集部分,分别包括楼顶开放环境下的数据收集和楼间恶劣环境下的数据采集。楼顶开放环境是指接收机在室内,北斗系统天线放置在实验室 4 楼的楼顶;楼间恶劣环境选取的是南北两侧有高楼阻挡,东西两侧是畅通的马路。

第 2 部分是将收集的不同系统数据做初步的分析,图 3.26 中北斗系统的可视卫星数是指只含有北斗系统的卫星个数,这部分分别将北斗系统、GPS、北斗系统+GPS 组合 3 种情况作分析,以便与第 3 部分的数据作对比。

第 3 部分分两种情况:第 1 种是选取北斗+n 颗 GPS 的组合模式,在本书中此处 n 的大小是根据数据中 GPS 的可视卫星数而设定的,将所有组合的 PDOP 值求出并进行对比,从中选出 PDOP 值最小的组合,然后分析其定位误差,将结果与第 2 部分的情况作对比分析。第 2 种情况是选取 n 颗北斗卫星+m 颗 GPS 卫星的组合模式,本书中 n 和 m 的大小是分别根据北斗系统和 GPS 的可视卫星数而设定,同样将所有组合的 PDOP 值求出并进行对比,从中选出 PDOP 值最小的组合,然后将定位误差与第 2 部分的结果作对比分析。

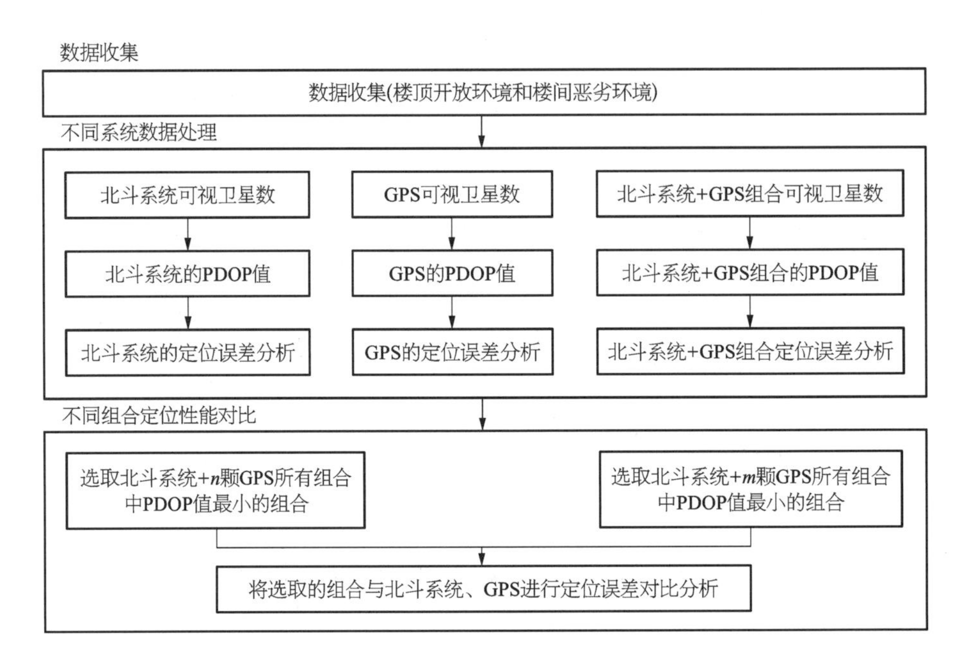

图 3.27 数据分析流程图

3.4.5 开放环境实验

楼顶开放环境是指采用北京和芯星通 UB240 - CORS GPS/北斗四频率接收机接收

数据，配置 UA240－CP 天线，并固定于上海海洋大学信息学院楼顶，分析的是北京时间 2013 年 7 月 28 日 2:00 至 2013 年 7 月 28 日 4:00 两个小时的数据。可视卫星数(number of visible satellites，NVS)是定位性能的一个重要指标，只有当接收机接收到至少 4 颗卫星的数据时，参与解算的方程组数目才多于未知数的数目，定位才有可能进行，因此有效的可视卫星数是定位有效性的一个标志。此外还通常用精度因子来表示误差的放大倍数。一般来说，在相同的测量误差条件下，较小的 PDOP 值意味着可能较小的定位误差。因此，通常用可视卫星数和 PDOP 值来评估卫星的定位性能，再结合定位误差来分析定位的准确性和精度。

图 3.28 所示为楼顶开放环境实验的这段时间内所有北斗系统、GPS、北斗系统＋GPS 组合模式的可视卫星数。随着截止角的增加，卫星的测量误差会降低；同时，在楼顶开放环境下由于没有障碍物的阻挡，截止角为 30°也可以收到足够颗数的卫星。因此为充分利用高仰角卫星，此处选取的卫星截止角是 30°。图 3.28 中灰色直线是北斗系统定位的可视卫星数，一般是 8 颗，只在个别时间点有变化；点线是 GPS 定位的可视卫星数，在 4～6 颗之间变化；黑色的线是北斗系统＋GPS 组合定位的可视卫星数，在 12～14 颗之间变化，在个别时间点随北斗可视卫星数的变化而变化。

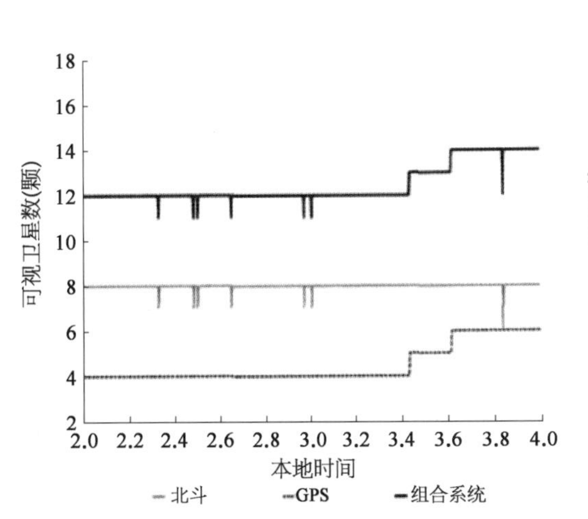

图 3.28　楼顶开放环境北斗、GPS、组合系统的可视卫星数目

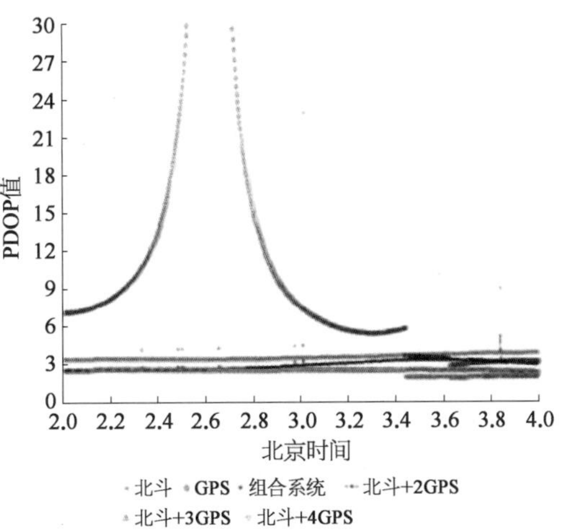

图 3.29　楼顶开放环境下北斗卫星＋n 颗 GPS 卫星的 PDOP 值对比图

基于图 3.28 中的可视卫星数目，可以进行以下模式的实验：所有北斗卫星＋2 颗 GPS 卫星、所有北斗卫星＋3 颗 GPS 卫星、所有北斗卫星＋4 颗 GPS 卫星。在这些组合中，分别选取 PDOP 值最小的一组组合，所以共可得到 3 组组合。将这 3 组组合与图 3.26 中的北斗系统＋GPS 组合系统分别做 PDOP 值和定位误差对比分析，所得结果如图 3.29 和图 3.30 所示。由图 3.29 可见，在北京时间 2.5～2.7 h 内，GPS 的 PDOP 值超过 30，这是由于此时间段内卫星的空间位置分布不理想，使 PDOP 值特别大。一般认为这

种情况下所得的定位误差会比较大,不满足导航定位精度要求,在位置解算时这段时间的数据不会参与计算。分析图 3.29 中北斗卫星+n 颗 GPS 卫星(n=2、3、4)的组合系统的 PDOP 值可见,使用少量的卫星也可使 PDOP 值小,理论上其定位误差也会比较理想。

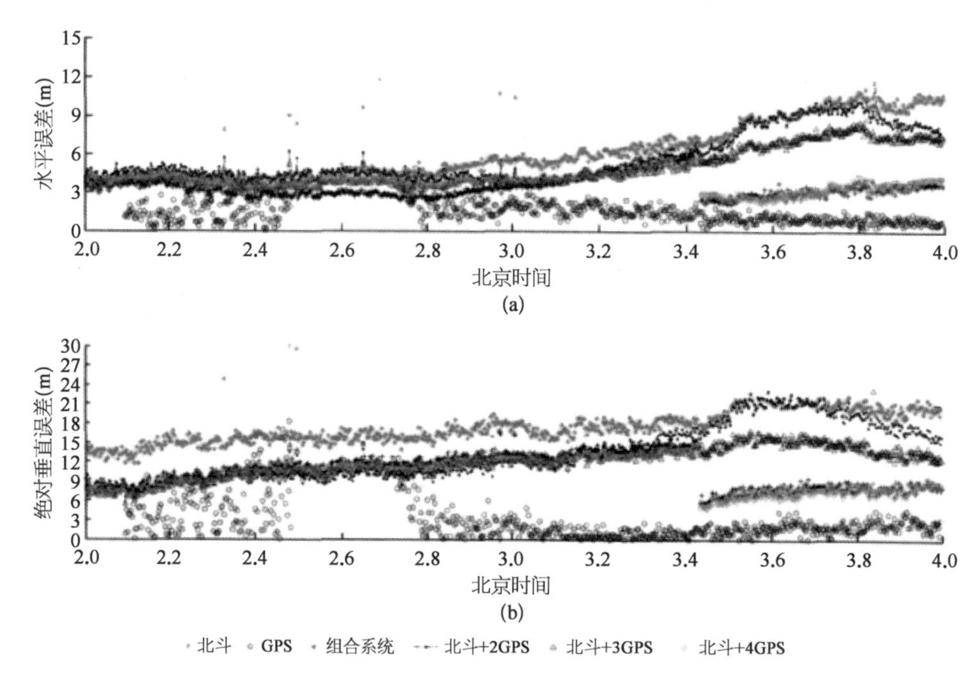

图 3.30　楼顶开放环境北斗卫星+n 颗 GPS 卫星的定位误差对比图

(a) 水平误差;(b) 绝对垂直误差

对比分析北斗卫星+n 颗 GPS 卫星和组合系统的定位误差,组合系统在 3.4 h 左右误差降低,这是因为突然有一颗 GPS 卫星加入,使其定位误差降低,这在图 3.30 中也有所体现。选取 PDOP 值较小的 3 组北斗系统+GPS,其定位误差随着卫星数目的增加越来越接近于组合系统的误差,但是其可视卫星数却比组合系统的数目少。因此,由这种方法选出的卫星组合是可行的,可以使用较少颗数的卫星达到较好的定位效果。对于可视卫星数目较少的环境,这种方法是十分有效的。各系统或组合的 PDOP 值和定位结果值见表 3.6。由于以上组合都是以北斗卫星为基础,再加上 n 颗 GPS 卫星来对比分析的,总卫星数还是比较多的,在某些环境下,充分利用北斗系统+GPS 的卫星组合定位还是很有必要的。因此,又做了如下实验(选取 n 颗北斗卫星+m 颗 GPS 卫星)来分析其定位效果,选取卫星组合的方法同样是 PDOP 值最小的组合,PDOP 值和定位误差分别见表 3.6。

由图 3.31 可见,选取 6、7、8 颗北斗卫星+GPS 卫星所得 PDOP 值与北斗系统的 PDOP 值相比,有明显的改善,其 PDOP 值变小,总的可视卫星数却比北斗的要少,因此进一步分析其定位误差是必要的。图 3.32 是用与图 3.31 相同的计算方法,对比分析了各个系统和北斗/GPS 定位误差的结果。从图 3.32 可以看出,其定位误差比图 3.30 的效果

表 3.6　楼顶开放环境下定位误差和 PDOP 值对比

系统或卫星组合	历元个数(PDOP≤30 且 NVS≥4)	截止角(°)	水平方向偏差(相对于真值)(m)	垂直方向偏差(相对于高度)(m)	平面 RMS(m)	垂直 RMS(m)	$PDOP_{Max}$	$PDOP_{Min}$	$PDOP_{Ave}$
北斗系统	720(100%)	30	6.65	17.80	3.52	3.17	9.06	3.36	3.56
GPS	598(83%)	30	1.59	3.77	1.27	3.76	22.69	1.94	5.45
组合系统	720(100%)	30	3.57	10.84	2.11	2.49	2.87	1.89	2.66
2 颗北斗卫星+GPS 卫星	720(100%)	30	5.98	14.09	4.23	4.45	5.15	2.54	2.91
3 颗北斗卫星+GPS 卫星	720(100%)	30	5.11	12.19	3.04	2.45	3.24	2.33	2.49
4 颗北斗卫星+GPS 卫星	720(100%)	30	3.80	10.19	1.77	2.37	2.92	2.01	2.39
6 颗北斗卫星+GPS 卫星	720(100%)	30	2.03	3.22	0.77	1.23	4.09	2.97	3.59
7 颗北斗卫星+GPS 卫星	720(100%)	30	2.18	4.04	1.45	1.33	10.62	2.79	2.93
8 颗北斗卫星+GPS 卫星	720(100%)	30	2.48	3.82	1.41	1.27	3.77	2.68	2.86

略好，尽管可视卫星数减少，但是无论其水平误差还是绝对垂直误差，这 3 组组合与北斗系统相比，定位误差都明显减小了；与组合系统相比，其定位误差变化幅度都不大。由此可见，少量数目的卫星组合，当其 PDOP 较小时，其定位性能也较好。

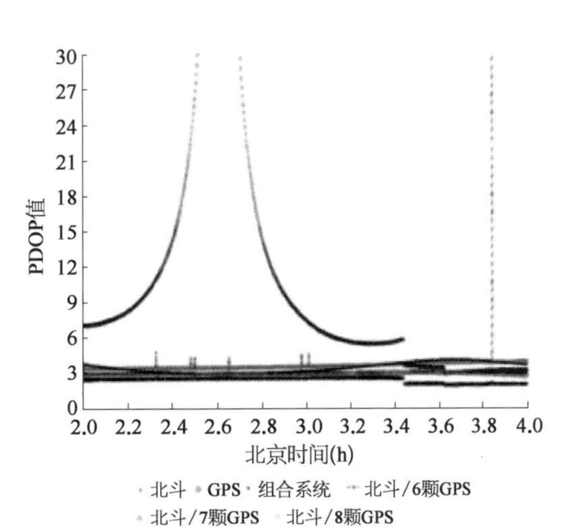

图 3.31　楼顶开放环境下 n 颗北斗卫星+m 颗 GPS 卫星的 PDOP 值对比图

表 3.6 列出了楼顶开放环境下各个系统或组合参与定位解算时刻的 PDOP 的最大值（$PDOP_{Max}$）、最小值（$PDOP_{Min}$）、均值（$PDOP_{Ave}$）。由表 3.6 中各个组合 PDOP 均值结果可看出，随着卫星颗数逐渐增加，PDOP 值逐渐减小，接近于组合系统的 PDOP 值；但 GPS 在 2.5～2.7 h 内，其 PDOP 值远远超过 30，此时不参与定位，且由于参与定位的 PDOP 最大值为 22.69，明显大于北斗系统和组合系统的 PDOP 最大值，影响了 GPS 的 PDOP 均值。

同时，为了更清楚地对比其定位误差的大小，并且分析其定位的精度，求取了定位结果的平面 RMS(root mean square)值和垂直 RMS 值，即用其定位结果减去定位结果的均值，然后求其均方根值，其结果也列在表 3.6 中。

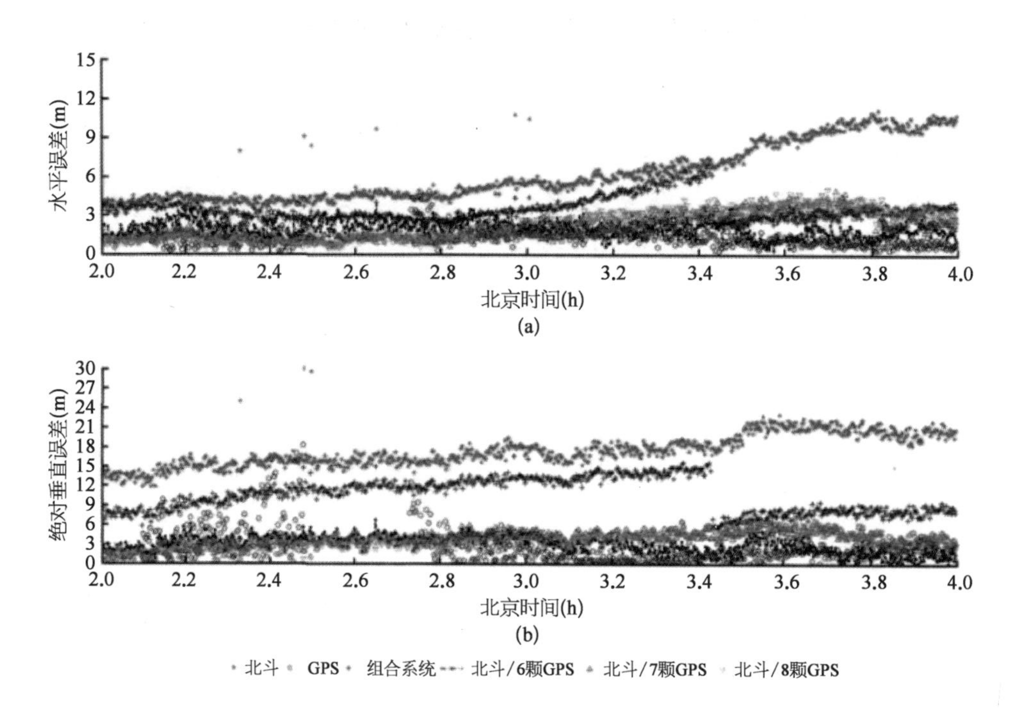

图 3.32 楼顶开放环境 n 颗北斗＋m 颗 GPS 的定位误差对比图

(a) 水平误差；(b) 绝对垂直误差

表 3.6 中，历元个数是指参与实际运算的时间点数，本书中所选的历元要求都是PDOP 值小于等于 30 并且可视卫星数大于等于 4 颗的历元时刻。括号中的百分比是指参与运算的历元个数占总历元的百分比。GPS 的历元个数明显少于其他系统或组合的历元数，有效历元百分比是 83%，原因是在本地时间 2.5～2.7 h 内，由于其 PDOP 值大于30，这段时间内的卫星没有参与位置解算，因此历元个数会明显缺少。所有系统或组合截止角都是取 30°，以便对比。平面方向偏差(Bias)和垂直方向偏差是通过定位的结果减去已知的基准坐标解算的，表明其定位的准确性；水平 RMS 和垂直 RMS 是通过定位的结果减去其结果的均值解算的，表明其定位的精度。

尽管 GPS 的 PDOP 均值比组合系统的小，但由于其参与定位的历元个数少于组合的，使得 GPS 的定位精度相对来说优于组合定位精度。GPS 平面 RMS 比组合系统小，说明其精度高，但是垂直方向 RMS 劣于组合系统的，不如组合系统稳定。由于北斗系统引入的误差稍大，导致组合系统的定位结果比 GPS 的稍差一些。但北斗卫星＋n 颗 GPS 卫星定位的准确性随着 n 的增加在逐渐提高，尤其当 $n=4$ 时，其结果明显改善，其 RMS 变化则更加明显，在 $n=4$ 时，其精度甚至优于组合系统的。北斗系统＋GPS 组合方式的准确性和精度较北斗＋n 颗 GPS 的组合方式变化更大，其结果都优于组合系统。由此可见，通过 PDOP 值最小组合选取少量卫星实现定位的方法是有效可行的，其定位性能较好。

3.4.6　障碍物环境实验

与楼顶开放环境相比，楼间恶劣环境对于可视卫星数以及仰角要求更加严格，卫星信号可能会被高楼等建筑物阻挡，同时到达接收机的卫星信号也可能夹杂着带有多路径误差的反射信号，对定位结果造成影响。为了更好地实现定位的要求，研究少量卫星实现好的定位效果是十分必要的。由于北斗星座的混合性，GEO 和 IGSO 卫星星座的高轨道仰角特性，为验证北斗系统在楼间恶劣环境下的定位性能，同时验证本书提出的选取卫星方法的有效性，在 2013 年 1 月 26 日 17:35 左右开始做了如下实验。在南北两侧有高楼阻挡，东西两侧开阔的马路收集了 15 min 左右的数据，使用北京和芯星通 UB240 - CORS GPS/北斗四频率接收机接收数据，配置 UA240 - CP 天线，并固定于车顶。其实验地点如图 3.33 所示，图中 A 位置就是实验位置，B 指两侧的高楼。

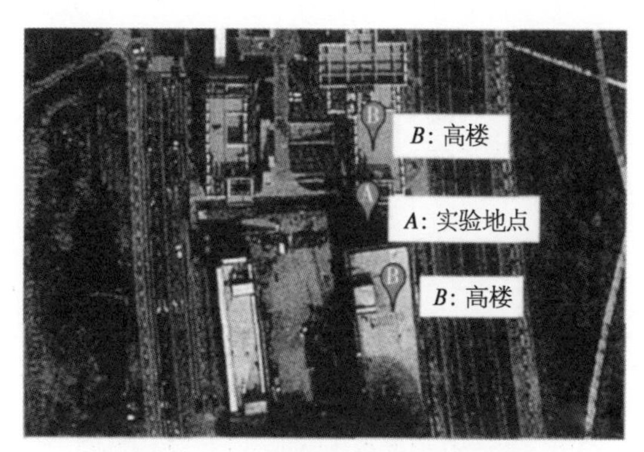

图 3.33　楼间恶劣环境实验地点图

与楼顶开放环境一样，分别将卫星组合，对比分析其定位的效果。由于总的卫星颗数与楼顶开放环境相比较少，选取 30°截止角会使卫星颗数更少，且卫星的几何分布影响定位结果，差的几何分布会使定位精度较差，因此本书选取的卫星截止角是 10°。图 3.34 是北斗系统和 GPS 的天顶视图。由图 3.34 可见，北斗系统比 GPS 有更多的可视卫星数，尤其在观测点南北两侧，由于有高楼的阻挡，只有高仰角卫星信号才能被接收机接收，而北斗系统 GEO 卫星和 IGSO 卫星的仰角要高于 GPS MEO 卫星的仰角。右侧 GPS 天顶视

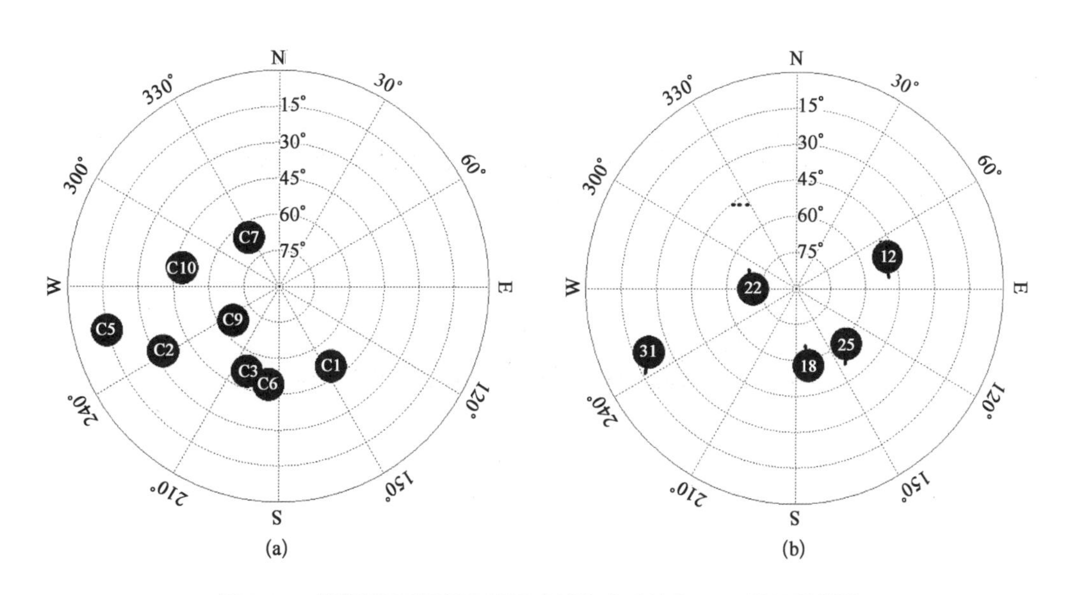

图 3.34　楼间恶劣环境下观测时刻北斗系统和 GPS 的天顶视图

(a) 北斗系统的天顶视图；(b) GPS 的天顶视图

图中观测点北侧的 3 个点是 G14 卫星生成的轨迹，由于其出现的时间特别短，轨迹只是一些点。

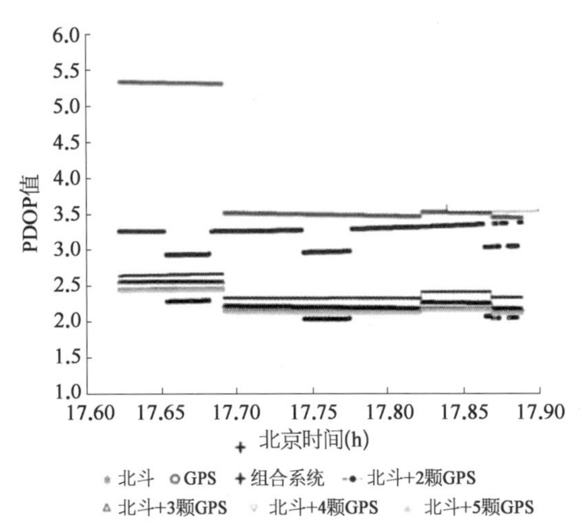

图 3.35 楼间恶劣环境北斗+n 颗 GPS 的 PDOP 值对比图

为了验证少量卫星的定位性能，采取了与楼顶开放环境相同的选星方法，一共得到 4 组数据，将得到数据的 PDOP 值和定位误差结果同北斗系统、GPS 和组合系统分别做了对比。由于测试地点的基准坐标未知，因此定位误差分析其定位结果相对于其定位结果均值的偏差值。由图 3.35 北斗系统+n 颗 GPS($n=2$、3、4、5)与其他系统 PDOP 值对比结果可见，随着 n 的增加其 PDOP 值明显降低，并且都低于北斗系统和 GPS 的 PDOP 值，$n=4$ 时，北斗+4 颗 GPS 的 PDOP 值已接近组合系统的 PDOP 值，但其卫星个数是少于组合系统的可视卫星数的。北斗在 17.7 h 左右，其 PDOP 值明显下降的原因是一颗 GEO 卫星 C05 被搜索到，改善其卫星分布，使 PDOP 值明显变小。为验证其定位结果的精度，本书分析了其水平误差和垂直误差，如图 3.36 所示。北斗系统比 GPS 的定位误差变化要小得多，比 GPS 稳定，并且随着 n 的增加北斗系统+n 颗 GPS 组合的定位误差在逐渐减小，甚至优于组合系统的定位性能。GPS 定位误差有间断的原因是 G14 号卫星的瞬时出现消失，引起的定位结果不稳定。由此可见，在

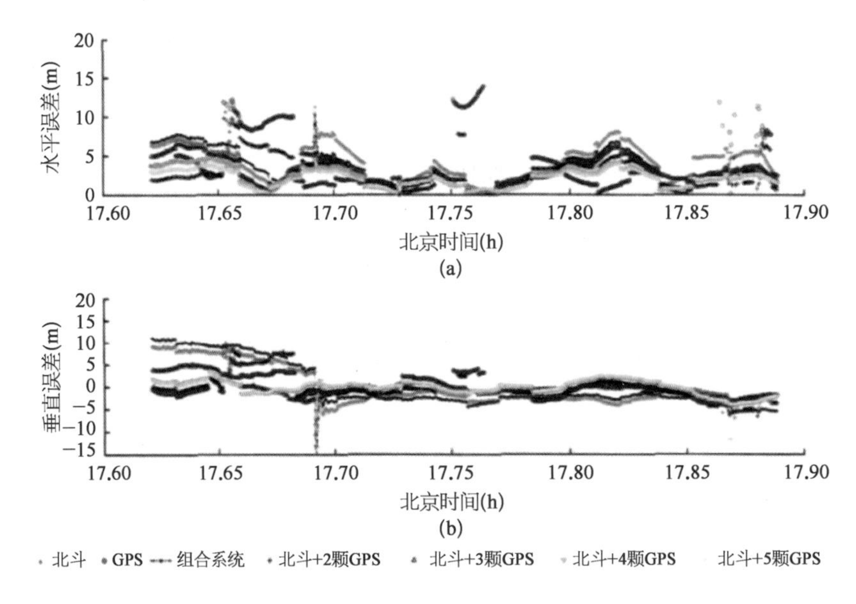

图 3.36 楼间恶劣环境北斗+n 颗 GPS 卫星的定位误差对比图

(a) 水平误差；(b) 垂直误差

楼间恶劣环境下北斗系统比 GPS 表现出优越性，不仅在可视卫星数上占有优势，而且由于 GEO 和 IGSO 卫星轨道的特殊性，使北斗系统的定位更加稳定，定位性能更加优越。使用以上新选星方法，使用北斗系统和少量 GPS 的组合，同样可以到达较好的定位效果。各个系统或组合的 PDOP 值和定位结果已列于表 3.7。表 3.7 中 PDOP 值不超过 30，所有系统或组合的截止角都设置为 10°。

表 3.7　楼间恶劣环境定位误差和 PDOP 值对比表

系　　统	历元个数(PDOP≤30 且 NVS≥4)	截止角(°)	水平 RMS(m)	垂直 RMS(m)	$PDOP_{Max}$	$PDOP_{Min}$	$PDOP_{Ave}$
北斗系统	964(100%)	10	4.67	4.47	5.35	3.47	3.99
GPS 系统	867(90%)	10	5.25	2.19	3.41	2.94	3.22
组合系统	964(100%)	10	2.36	1.59	2.45	2.14	2.23
北斗系统+2 颗 GPS	964(100%)	10	3.98	5.27	2.68	2.33	2.44
北斗系统+3 颗 GPS	964(100%)	10	3.54	2.04	2.56	2.19	2.31
北斗系统+4 颗 GPS	964(100%)	10	2.69	1.61	2.47	2.15	2.25
北斗系统+5 颗 GPS	964(100%)	10	2.36	1.58	2.45	2.14	2.23
北斗系统/6 颗 GPS	964(100%)	10	1.98	1.52	3.62	3.35	3.46
北斗系统/7 颗 GPS	964(100%)	10	2.09	0.74	2.92	2.89	2.89
北斗系统/8 颗 GPS	964(100%)	10	1.33	1.33	2.81	2.73	2.77

使用同样的选星方法，选取了 n 颗北斗系统+m 颗 GPS 卫星的组合方式进行了类似的对比分析，分别选取了 3 组数据，总卫星数为 6 颗、7 颗、8 颗，其 PDOP 值对比结果和定位误差对比结果分别如图 3.37 和图 3.38 所示。PDOP 值对比结果显示，3 组组合所得的 PDOP 值都比北斗系统的 PDOP 值要小，7 颗和 8 颗的时候其 PDOP 值也优于 GPS 的 PDOP 值，但是都比 GPS 的要稳定。由图 3.38 定位误差结果可见，n 颗北斗系统+m 颗 GPS 卫星组合的垂直定位误差变化不大，比较稳定，水平误差变化略大，但是都优于北斗系统和 GPS 的定位误差，并且在大部分时间段内也是优于组合系统的定位误差。因此，这种组合选星方法在楼间恶劣环境下是十分有效的，可以使用少量卫星实现较小误差的定位。

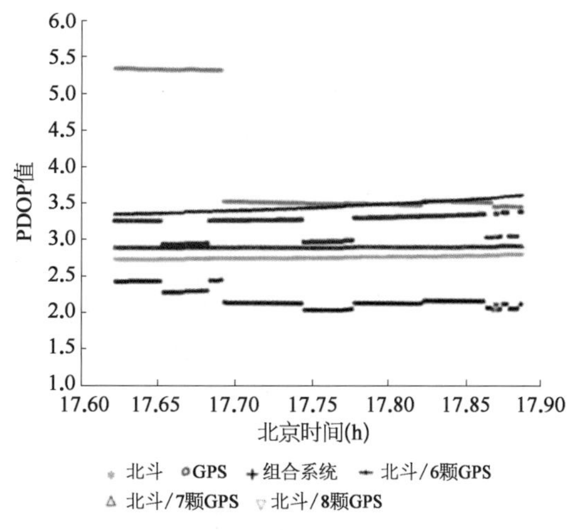

图 3.37　楼间恶劣环境 n 颗北斗+m 颗 GPS 的 PDOP 值对比图

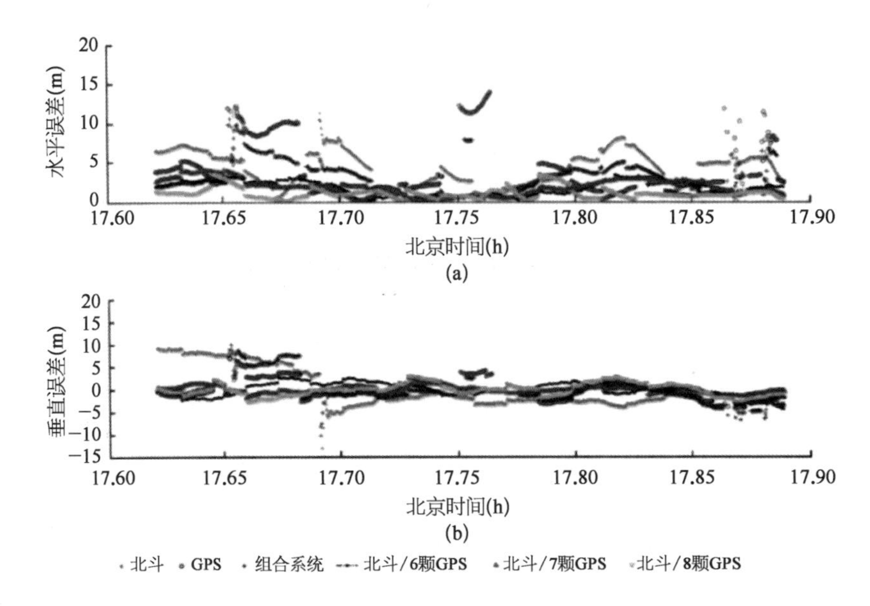

图 3.38 楼间恶劣环境 n 颗北斗+m 颗 GPS 的定位误差对比图

(a) 水平误差；(b) 垂直误差

参考文献

[1] 北斗卫星导航系统. 北斗卫星导航系统空间信号接口控制文件 B3I(1.0 版)[DB/OL]. [2018] http://www.beidou.gov.cn.

第 4 章　北斗系统载波差分定位技术

卫星定位各种类型的测量误差，如卫星时钟差、电离层和对流层的延时误差、星历误差等不仅在空间上存在相关性，在时间上也存在一定的相关性。在基线较短范围内，两个测站接收机的测量值误差具有很大相关性。差分技术可以有效地减小由此相关性带来的各种测量误差。一般通过站间差分(单差)可消除卫星时钟误差，减弱大气误差等，进一步对站间单差进行卫星间差分(双差)，可消除接收机时钟误差，因此差分定位技术被广泛应用于高精度定位中。

本章主要介绍了伪距和载波相位差分定位原理，各种观测值线性组合方法及最小二乘模糊度降相关平差法(least-squares ambiguity decorrelation adjustment，LAMBDA)算法，并基于不同长度基线及频段进行实验，综合分析了北斗卫星系统双频及三频中长基线差分定位性能及相关指标。

4.1 差分技术简介

卫星定位各种测量的误差(如卫星时钟差、电离层和对流层的延时误差，星历误差等)不仅在空间上存在相关性，而且在时间上也存在一定的相关性。在基线较短范围内，两测站接收机的测量值误差具有很大相关性，而差分技术基于这种相关性可以有效地减小各种测量误差。一般通过站间差分(单差)可消除卫星钟误差，减弱大气误差等，进一步对站间单差进行卫星间差分(双差)可消除接收机时钟差(见图 4.1)，所以差分定位是广泛应用的高精度定位方法之一。

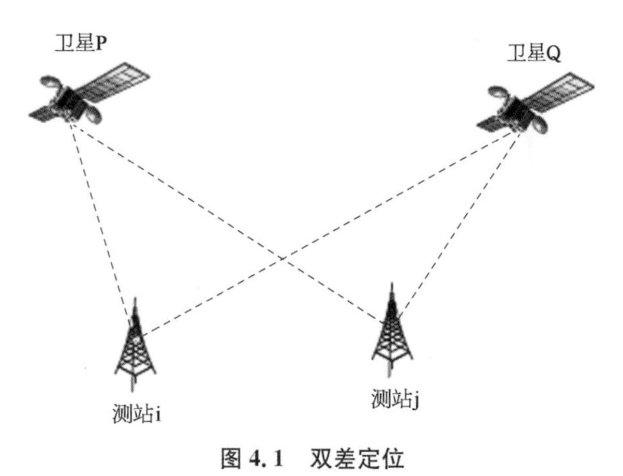

图 4.1　双差定位

载波相位差分定位的模型通常由两台接收机构成，将其中一个接收机作为参考，可称该接收机所处的位置为基准站，此时这个接收机就称为基准站接收机。为了精确地解算出接收机设备到卫星的几何距离，首先要预先知道基准站接收机的位置坐标，而且这个坐标需要相当精确，然后由这个坐标得出卫星到接收机的真实距离。而这个真实距离与接收机取得的测量值之间的差值就是接收机对这一卫星的测量误差。由于在同一时刻，同一区域的其他接收机对这一卫星的距离测量值的误差具有相关性，如果基准站把测量误差通过电波发射台播送给流动站接收机(用户)，那么流动站接收机接收到误差量后，就可以校正流动站接收机对同一颗卫星的距离测量值，从而提高了流动站接收机的定位精度，此种方式称为修正法。还有一种方法是基准站发送给流动站的不是误差值修正量，而是观测值数据，然后流动站接收机可构建载波相位双差观测方程进行坐标解算，这种方法称为求差法。修正法的原理如图 4.2 所示。

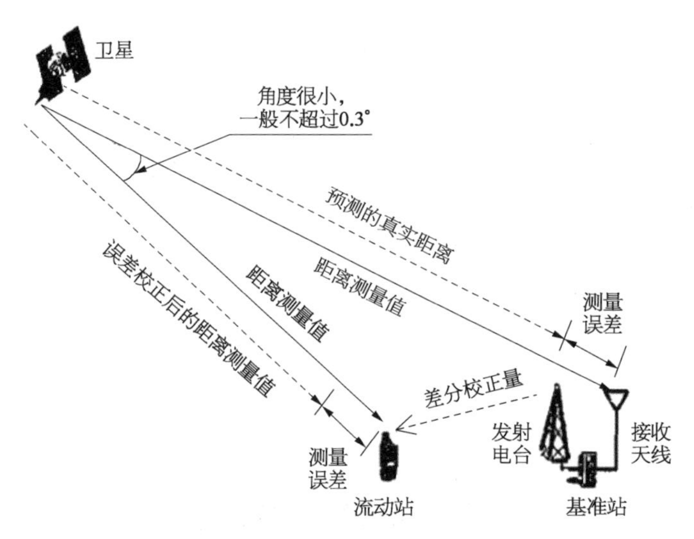

图 4.2　修正法的差分原理示意图

如图 4.3 所示，在一个差分系统中，两个相距不远的用户接收机 u 和基准站接收机 r 同时跟踪编号为 i 和 j 的两颗卫星，并且相应地生成在同一时刻的伪距和相位测量值，将这些测量值组合成单差伪距、双差伪距、单差载波相位、双差载波相位测量值，单差(SD)通常指站间(接收机之间)对同一颗卫星测量值的一次差分，而双差(DD)是对两颗不同的卫星的单差之间进行差分，即在星间和站间各求一次差分。

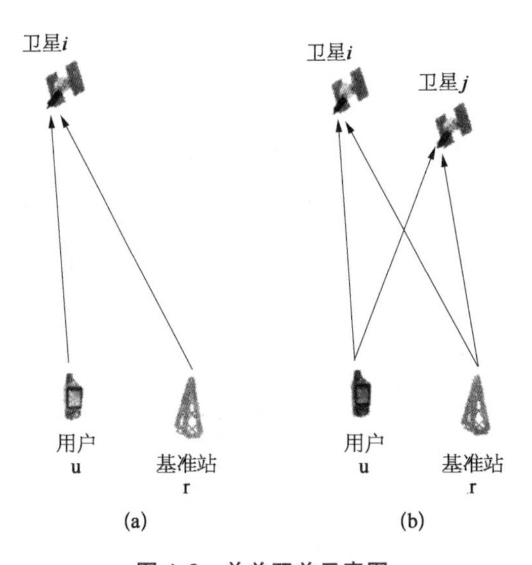

图 4.3　单差双差示意图

(a) 单差；(b) 双差

4.2　单差与双差伪距和载波相位

4.2.1　单差伪距和载波相位

1）单差伪距

根据伪距观测方程式 $\rho^{(s)}=r^{(s)}+\delta t_{u}-\delta t^{(s)}+I^{(s)}+T^{(s)}+\varepsilon_{p}^{(s)}$，将接收机 u 和 r 在同一时刻对同一颗卫星 i 的伪距观测方程式分别写成如下形式：

$$\rho_{u}^{(i)}=r_{u}^{(i)}+\delta t_{u}-\delta t^{(i)}+I_{u}^{(i)}+T_{u}^{(i)}+\varepsilon_{p,u}^{(i)} \tag{4.1}$$

$$\rho_{r}^{(i)}=r_{r}^{(i)}+\delta t_{r}-\delta t^{(i)}+I_{r}^{(i)}+T_{r}^{(i)}+\varepsilon_{p,r}^{(i)} \tag{4.2}$$

式中，下标 u 和 r 用来标记区分各个相应参量是针对哪一个接收机而言的；在用户接收机 u 的伪距观测方程式(4.1)中，等式右边的几何距离 $r_{u}^{(i)}$ 一项包含需要求解的接收机的位置相对于基准站接收机位置的坐标值信息；而其余各项是一些误差参量，如果这些误差参量能通过某种手段被消除掉，那么它们的值就不必要求解出来，差分组合技术就是这一思路。

卫星 i 的单差伪距测量值 ρ_{ur}^{i} 定义为两接收机 u 和 r 对同一颗卫星 i 在同一时刻的伪距测量值 ρ_{u}^{i} 和 ρ_{r}^{i} 之间的差值，即：

$$\rho_{ur}^{i}=\rho_{u}^{i}-\rho_{r}^{i} \tag{4.3}$$

将式(4.1)和式(4.2)代入(4.3)，可得如下的单差伪距观测方程式：

$$\rho_{ur}^{(i)}=r_{ur}^{(i)}+\delta t_{ur}+I_{ur}^{(i)}+T_{ur}^{(i)}+\varepsilon_{p,ur}^{(i)} \tag{4.4}$$

式中　$r_{ur}^{(i)}=r_{u}^{(i)}-r_{r}^{(i)}$；

$\delta t_{ur}=\delta t_{u}-\delta t_{r}=t_{u}-t_{r}$。

经过单差后，卫星钟差参量 δ_{t}^{i} 及其所附带的卫星时钟误差被彻底消除。

对于基线长度小于 20 km 的短基线差分系统而言，单差电离层延时值 I_{ur}^{i} 约等于零，而当接收机 u 和 r 基本位于同一高度时，单差对流层延时 T_{ur}^{i} 也会接近于零。在此基础上，单差伪距观测方程可以简化为：

$$\rho_{ur}^{(i)}=r_{ur}^{(i)}+\delta t_{ur}+\varepsilon_{p,ur}^{(i)} \tag{4.5}$$

虽然卫星星历误差没有出现在以上单差伪距观测方程式中，但是从理论上证明这一误差经单差后实际上也被消除了。

2）单差相位

对载波相位的单差处理与对伪距测量值的处理在原理上很相似。

参照载波相位观测方程式 $\varphi^{(s)}=\lambda^{-1}(r^{(s)}-I^{(s)}+T^{(s)})+f(\delta t_{u}-\delta t^{(s)})+N^{s}+\varepsilon_{\varphi}^{(s)}$，接收机 u 和 r 在同一时刻对同一颗卫星 i 的载波相位测量值分别写成如下形式：

$$
\begin{aligned}
\varphi_{u}^{i}&=\lambda^{-1}(r_{u}^{i}-I_{u}^{i}+T_{u}^{i})+f(\delta t_{u}-\delta t^{(i)})+N_{u}^{i}+\varepsilon_{\varphi,u}^{(i)}\\
\varphi_{r}^{i}&=\lambda^{-1}(r_{r}^{i}-I_{r}^{i}+T_{u}^{i})+f(\delta t_{r}-\delta t^{(i)})+N_{r}^{i}+\varepsilon_{\varphi,r}^{(i)}
\end{aligned}
\tag{4.6}
$$

类似于单差伪距的定义，两接收机 u 和 r 的单差载波相位观测值 φ_{ur}^{i} 定义为 $\varphi_{ur}^{i}=\varphi_{u}^{i}-\varphi_{r}^{i}$。其观测方程式为：

$$
\varphi_{ur}^{i}=\lambda^{-1}(r_{ur}^{i}-I_{ur}^{i}+T_{ur}^{i})+f\delta t_{ur}+N_{ur}^{i}+\varepsilon_{\varphi,ur}^{(i)} \tag{4.7}
$$

式中，单差模糊度为 $N_{ur}^{(i)}=N_{u}^{(i)}-N_{r}^{(i)}$。

经过单差后，卫星钟差参量 δ_{t}^{i} 及其所附带的卫星时钟误差被彻底消除，而且卫星星历误差也被基本消除。对于短基线差分而言，单差电离层延时值 I_{ur}^{i} 和单差对流层延时 T_{ur}^{i} 均接近于零，于是单差伪距观测方程可以简化为：

$$
\varphi_{ur}^{(i)}=\lambda^{-1}r_{ur}^{(i)}+f\delta t_{ur}+N_{ur}^{i}+\varepsilon_{\varphi,ur}^{(i)} \tag{4.8}
$$

然而单差所付出的代价是使得单差载波相位噪声 $\varepsilon_{\varphi,ur}^{i}$ 的均方差增大到原先载波相位测量噪声 $\varepsilon_{\varphi,u}^{i}$ 均方差的$\sqrt{2}$倍，等式两边同时乘以卫星载波波长 λ，可以得到如下以长度为单位的单差载波相位测量值 $\Phi_{ur}^{(i)}$ 为：

$$
\Phi_{ur}^{(i)}=r_{ur}^{(i)}+c\delta t_{ur}+\lambda N_{ur}^{i}+\varepsilon_{\varphi,ur}^{(i)} \tag{4.9}
$$

4.2.2 双差伪距和载波相位

1）双差伪距

如图 4.3 所示，每个双差测量值涉及 u 和 r 两个接收机在同一时刻对两颗卫星 i 和 j 的测量值，它是对两颗不同的卫星的单差测量值再进行一次差分，并且双差能进一步消除卫星测量值中的接收机钟差参量。

参照短基线情形下的接收机 u 和 r 对卫星 i 单差伪距 $\rho_{ur}^{(i)}$ 的观测方程式，可以类似地写出两个接收机对卫星 j 的单差伪距观测方程如下：

$$
\rho_{ur}^{(j)}=r_{ur}^{(j)}+\delta t_{ur}+\varepsilon_{p,ur}^{(j)} \tag{4.10}
$$

两个接收机 u 和 r 对两卫星的双差伪距观测值 ρ_{ur}^{ij} 定义为：

$$
\rho_{ur}^{ij}=\rho_{ur}^{i}-\rho_{ur}^{j} \tag{4.11}
$$

将式(4.5)和式(4.6)代入式(4.11)，得双差伪距的观测方程式如下：

$$
\rho_{ur}^{(ij)}=r_{ur}^{(ij)}+\varepsilon_{p,ur}^{(ij)} \tag{4.12}
$$

式(4.10)中,包含着单差接收机器件群波延迟的单差接收机钟差 δt_{ur} 被彻底消除,而双差几何距离的定义为:

$$r_{ur}^{(ij)} = r_{ur}^{(i)} - r_{ur}^{(j)} \tag{4.13}$$

假设接收机 u 和 r 一起共同跟踪 M 颗卫星,并且在同一时刻所产生的 M 个单差伪距测量值记为 ρ_{ur}^{1}, ρ_{ur}^{2}, …, ρ_{ur}^{M},那么这 M 个单差测量值的两两之间总能组成 $M(M-1)$ 个双差伪距测量值,其中只有 $M-1$ 个双差测量值相互独立,则选取 1 号卫星 ρ_{ur}^{1} 作为参考卫星,那么接收机 u 和 r 对 M 颗卫星所产生的 $M-1$ 个相互独立的双差伪距测量值为 ρ_{ur}^{21}, ρ_{ur}^{31}, …, ρ_{ur}^{M1},所以双差组合是以牺牲一个观测方程为代价的。

2) 双差载波相位

与对伪距测量值进行双差一样,对载波相位测量值的双差,可以进一步消除载波相位测量值中的接收机钟差。

两个接收机 u 和 r 对两卫星的双差相位观测值 φ_{ur}^{ij} 定义为

$$\varphi_{ur}^{ij} = \varphi_{ur}^{i} - \varphi_{ur}^{j} \tag{4.14}$$

根据对卫星 i 的单差载波相位观测方程式,可以推导出双差相位的观测方程式如下:

$$\varphi_{ur}^{(ij)} = \lambda^{-1} r_{ur}^{(ij)} + N_{ur}^{(ij)} + \varepsilon_{\varphi,\,ur}^{(ij)} \tag{4.15}$$

双差整周模糊度的定义为:

$$N_{ur}^{(ij)} = N_{ur}^{(i)} - N_{ur}^{(j)} \tag{4.16}$$

双差所付出的代价是使得双差载波相位噪声 $\varepsilon_{\varphi,\,ur}^{ij}$ 的均方差增大到原先单差载波相位测量噪声 $\varepsilon_{\varphi,\,ur}^{i}$ 均方差的$\sqrt{2}$倍,即增大到原先载波相位测量噪声均方差的 2 倍,等式的两边同时乘以卫星载波波长 λ,可以得到如下以长度为单位的双差载波相位测量值 Φ_{ur}^{i} 的观测方程式:

$$\Phi_{ur}^{(ij)} = r_{ur}^{(ij)} + \lambda N_{ur}^{ij} + \varepsilon_{\varphi,\,ur}^{(ij)} \tag{4.17}$$

4.3 各类线性组合技术

4.3.1 线性组合模型

多频载波相位测量值为整周模糊度的求解提供了一种契机,对不同载波相位测量值进行组合,实际上是通过拍频而组合出新的虚拟测量值,将双差载波相位测量方程式改写为：

$$\varphi_{ur}^{(ij)}=\lambda^{-1}(r_{ur}^{(ij)}+g_{ur}^{(ij)}+T_{ur}^{(ij)}-I_{ur}^{(ij)})+N_{ur}^{(ij)}+\varepsilon_{\varphi, ur}^{(ij)} \tag{4.18}$$

式中　g_{ur}^{ij}——双差卫星星历误差(轨道误差)；

T_{ur}^{ij}——双差对流层延迟；

I_{ur}^{ij}——双差电离层延迟。

同样地，双差伪距测量值 ρ_{ur}^{ij} 的观测方程式可以改写为：

$$\rho_{ur}^{(ij)}=r_{ur}^{(ij)}+g_{ur}^{(ij)}+T_{ur}^{(ij)}+I_{ur}^{(ij)}+\varepsilon_{\rho, ur}^{(ij)} \tag{4.19}$$

式(4.18)中的双差载波相位值 φ_{ur}^{ij} 是以周为单位的。为了方便讨论，定义一个以 m 为单位的双差载波测量值 Φ，$\Phi=\lambda\varphi$，这样可改写成：

$$\varphi_{ur}^{(ij)}=r_{ur}^{(ij)}+g_{ur}^{(ij)}+T_{ur}^{(ij)}-I_{ur}^{(ij)}+\lambda N_{ur}^{(ij)}+\varepsilon_{\varphi, ur}^{(ij)} \tag{4.20}$$

因为本书所讨论的问题都是基于双差测量值，为了简化将省略双差测量值符号中的"ur""ij"，并且为了区分不同的载波频率，这里用"1""2""3"来标注不同的频率，对于三频接收机，其三频双差载波相位测量值分别为：

$$\begin{aligned}\varphi_1&=\lambda_1^{-1}(r+g+T-I_1)+N_1+\varepsilon_{\varphi,1}\\\varphi_2&=\lambda_2^{-1}(r+g+T-I_2)+N_2+\varepsilon_{\varphi,2}\\\varphi_3&=\lambda_3^{-1}(r+g+T-I_3)+N_3+\varepsilon_{\varphi,3}\end{aligned} \tag{4.21}$$

相应的双差伪距测量值：

$$\begin{aligned}\rho_1&=r+g+T+I_1+\varepsilon_{\rho,1}\\\rho_2&=r+g+T+I_2+\varepsilon_{\rho,2}\\\rho_3&=r+g+T+I_3+\varepsilon_{\rho,3}\end{aligned} \tag{4.22}$$

根据电离层延时与载波频率的关系方程式，可以得到不同载波频率信号上双差电离层延时之间的关系如下：

$$\begin{aligned}I_2&=(\lambda_2^2/\lambda_1^2)I_1\\I_3&=(\lambda_3^2/\lambda_1^2)I_1\end{aligned} \tag{4.23}$$

对三频双差载波相位测量值 φ_1，φ_2 和 φ_3 进行线性组合的通用公式可表达成：

$$\varphi_{k_1,k_2,k_3}=k_1\varphi_{k_1}+k_2\varphi_{k_2}+k_3\varphi_{k_3} \tag{4.24}$$

其中系数 k_1，k_2，k_3 既可以是整数，也可以是非整数，将以上的组合标记成(k_1，k_2，k_3)，将式中各个双差测量值方程式代入式(4.24)，得到的组合测量值的观测方程为：

$$\varphi_{k_1,k_2,k_3}=\left(\frac{k_1}{\lambda_1}+\frac{k_2}{\lambda_2}+\frac{k_3}{\lambda_3}\right)(r+g+T)-\left(\frac{k_1}{\lambda_1}+\frac{k_2\lambda_2}{\lambda_1^2}+\frac{k_3\lambda_3}{\lambda_1^2}\right)I_1+N_{k_1,k_2,k_3}+\varepsilon_{\varphi,k_1,k_2,k_3} \tag{4.25}$$

其中,组合测量值 φ_{k_1,k_2,k_3} 中的整周模糊度 $N_{k_1,k_2,k_3}=k_1N_1+k_2N_2+k_3N_3$。

当系数 k_1, k_2, k_3 为整数时,未知的整周模糊度 N_{k_1,k_2,k_3} 也必定是整数,定义组合测量值的波长为:

$$\lambda_{k_1,k_2,k_3}=\frac{1}{\left(\frac{k_1}{\lambda_1}+\frac{k_2}{\lambda_2}+\frac{k_3}{\lambda_3}\right)} \tag{4.26}$$

可见,系数 k_1, k_2 和 k_3 值的不同设置可以构成不同长短的组合测量值波长 λ_{k_1,k_2,k_3},因为波长为正数,所以对系数的限定条件为 $\frac{k_1}{\lambda_1}+\frac{k_2}{\lambda_2}+\frac{k_3}{\lambda_3}>0$。

波长 λ_{k_1,k_2,k_3} 越长,则相应的组合测量值 φ_{k_1,k_2,k_3} 中的整周模糊度值 N_{k_1,k_2,k_3} 一般越容易求解出来。

假设不同频率上的载波相位测量误差相互独立,并且以 m 为单位的测量误差均方差都等于他们相应波长的 α 倍,那么经双差后的测量误差均方差增大到波长的 2α 倍,即双差载波相位测量值 Φ_1, Φ_2 和 Φ_3 的误差均方差可统一写成 $\sigma_{\Phi_i}=2\alpha\lambda_i(i=1, 2, 3)$,进行线性组合后,组合测量值 φ_{k_1,k_2,k_3} 的误差均方差为:

$$\sigma_{\Phi k_1,k_2,k_3}=\sqrt{k_1^2+k_2^2+k_3^2}\,2\alpha\lambda_{k_1,k_2,k_3} \tag{4.27}$$

由组合测量值 φ_{k_1,k_2,k_3} 的观测方程式表明, φ_{k_1,k_2,k_3} 中以周为单位的电离层延时 I_{k_1,k_2,k_3} 为:

$$I_{k_1,k_2,k_3}=\left(\frac{k_1}{\lambda_1}+\frac{k_2\lambda_2}{\lambda_1^2}+\frac{k_3\lambda_3}{\lambda_1^2}\right)I_1 \tag{4.28}$$

式(4.28)是一个关于系数 k_1, k_2, k_3 的函数。为了提高定位精度和有利于整周模糊度的求解,应该适当地选择这些系数的值,从而使组合电离层延时 I_{k_1,k_2,k_3} 尽可能地小,当系数满足条件 $\frac{k_1}{\lambda_1}+\frac{k_2\lambda_2}{\lambda_1^2}+\frac{k_3\lambda_3}{\lambda_1^2}=0$ 时,组合电离层 I_{k_1,k_2,k_3} 理论上等于零,组合测量值就不再受电离层的影响,将这种组合称为电离层无关(ionosphere free,IF)组合。

双差几何距离 r,双差卫星星历误差 g 和双差对流层延迟 T 的总和,通常被称为双差几何误差 G,式(4.24)表明了组合测量值 φ_{k_1,k_2,k_3} 中以周为单位的组合几何误差 G_{k_1,k_2,k_3} 为:

$$G_{k_1,k_2,k_3}=\left(\frac{k_1}{\lambda_1}+\frac{k_2}{\lambda_2}+\frac{k_3}{\lambda_3}\right)(r+g+T) \tag{4.29}$$

当系数满足条件 $\frac{k_1}{\lambda_1}+\frac{k_2}{\lambda_2}+\frac{k_3}{\lambda_3}=0$ 时,组合几何误差 G_{k_1,k_2,k_3} 等于零,此时组合测量值波长 λ_{k_1,k_2,k_3} 无穷大,将这种组合称之为几何无关(geometry free,GF)组合。

不同系数的组合(k_1, k_2, k_3)能产生具有不同特性的组合测量值 φ_{k_1,k_2,k_3}，而对多频测量值进行线性组合的一个重要任务是在所有有效组合中进行筛选,使相应的组合测量值具有或者接近具有低噪声、电离层无关、几何无关、长波长等众多有利于求解整周模糊度和提高相对定位精度的良好特性。

4.3.2 宽巷、超宽巷组合模型

在相测量噪声的条件下,如果组合测量值的载波波长越长,则其对载波相位整周模糊度的求解越有利。GPS 载波 L1,L2 和 L5 的波长分别为 19 cm,24.4 cm 和 25.5 cm。通过对这些多频信号测量值的线性组合,可以人为地得到出具有长波长的组合测量值,从而促进整周模糊度准确又快速的求解,这就是宽巷化(widelane)技术。

由传统的 L1 和 L2 双频双差载波相位测量值 φ_1 和 φ_2 所组成的双差宽巷载波相位测量值 φ_w 定义为 $\varphi_w=\varphi_1-\varphi_2$，即宽巷组合为(1，−1，0)组合,利用上一小节的相关结果,可得到双差宽巷测量值 φ_w 的观测方程为:

$$\varphi_w=\lambda_w^{-1}(r+g+T)-I_w+N_w+\varepsilon_{\varphi,w} \tag{4.30}$$

式中 λ_w——载波波长，$\lambda_w=(\lambda_1^{-1}-\lambda_2^{-1})^{-1}=\dfrac{c}{f_1-f_2}$；

f_w——频率，$f_w=\dfrac{c}{\lambda_w}=f_1-f_2$；

$N_w=N_1-N_2$。

如果双差载波相位测量值以米为单位,则宽巷组合的定义式变为:

$$\Phi_w=\frac{f_1}{f_w}\Phi_1-\frac{f_2}{f_w}\Phi_2=\frac{78}{17}\Phi_1-\frac{60}{17}\Phi_2 \tag{4.31}$$

可见,如果双频 f_1 与 f_2 的值很接近,那么 f_1 与 f_2 之差的频率 f_w 会远小于 f_1 和 f_2，从而会使波长 λ_w 很长。根据载波 L1 和 L2 的频率和波长值,可以计算出由 L1 和 L2 组合而成的宽巷信号的频率 f_w 为 347.82 MHz,相应的波长 λ_w 长达 86.2 cm。

在宽巷组合中,当两个来自不同频率信号的双差载波相位测量值经相减后,就构造出一个波长较长的组合载波相位测量值。基于宽巷的思路,如果给定更多个不同频率的测量值,并且频率值分布恰当,则有着更长波长的超宽巷测量值就有可能组合出。考虑到 GPS 的 L1、L2 和 L5 这三个载波的频率值 f_1、f_2 和 f_3 分别为 1 575.42 MHZ,1 227.6 MHZ 和 1 176.45 MHZ,其三者之间可以形成下列三种频率差:

$$f_{w13}=f_1-f_3=398.97\text{ MHz} \tag{4.32}$$

$$f_{w12}=f_1-f_2=347.82\text{ MHz} \tag{4.33}$$

$$f_{w23}=f_2-f_3=51.15\text{ MHz} \tag{4.34}$$

而相应的波长 λ_{w13}，λ_{w12} 和 λ_{w23} 分别为 75.1 cm,86.2 cm 和 586.1 cm,均大于组合前

任意一个单频测量值的波长。如果将 L1 与 L2 的(1，−1，0)组合成为宽巷，根据波长的长短，称 L1 与 L5 的(1，0，−1)组合为中巷组合，而称 L2 与 L5 的(0，1，−1)组合为超宽巷组合。双差超宽巷载波相位测量值具有很小的以周为单位的测量噪声，这对整周模糊度的求解极为有利，但是超宽巷测量值以米计的噪声均方差较高，一般不直接用于精密定位。

4.3.3　LAMBDA 模型

利用载波相位测量值进行精密定位的根本问题是求解测量值，尤其是双差测量值的整周模糊度的求解。按照精密定位的应用不同，整周模糊度的求解算法可大致分为两类：一类是用于接收机几小时或几天的静态定位，本书的定位类型就是这种；另一种则是包括实时动态(RTK)的非静态定位。不同的应用系统要求在不同的状态、条件下完成整周模糊度的求解，例如是动态定位还是静态定位，是长基线还是短基线，是后处理的还是实时处理，以及基线的长度是已知的还是未知的等。载波相位的整周模糊度的求解是精密 RTK 技术和导航应用中的一个关键性技术难题，它不仅要求用户接收机在非静态初始化条件下解出整周模糊度，而且还要求接收机能容忍时不时发生的对卫星信号的跟踪失锁。

不同的整周模糊度的解算有着不同的思路，但大多数算法则集中在求解一个整数型最小二乘的问题。基于求解整数型最小二乘问题的最小二乘法一般是将目标函数最小化，例如目前应用最多的就是使模糊度的残余平方和最小。但是由于最小二乘问题不存在解析解，这种算法是根据特定准则利用搜索的方法来得出模糊度的。在那些基于模糊度残余平方和最小的整数型最小二乘法估算中，比较有名的有最小二乘模糊度搜索算法(least-square ambiguity search technique，LSAST)、优化 Cholesky 分解法、最小二乘模糊度降相关平差法(least-square ambiguity decorrection adjustment，LAMBDA)、快速模糊度解算法(fast ambiguity resolution approach，FARA)、快速模糊度搜索滤波法(fast ambiguity search filter，FASF)、OMEGA 算法等。在上述算法中，被广泛接受的 LAMBDA 算法不仅有着较好的性能，而且理论体系也比较完善。

下面将介绍 LAMBDA 算法是解算模糊度值的过程。

非线性问题往往可在迭代求解中线性化，因此可将式(4.17)双差观测方程线性化，统一写成如下线性矩阵形式：

$$\boldsymbol{y}=\boldsymbol{A}[\Delta b_{\mathrm{ur}}]+\boldsymbol{B}\boldsymbol{N} \tag{4.35}$$

式中　$\boldsymbol{y}$——接收机给出的双差载波相位测量值向量；

Δb_{ur}——未知的基线向量或者是基线向量校正量；

$\boldsymbol{A}$，$\boldsymbol{B}$——常系数矩阵；

$\boldsymbol{N}$——需要被求解的双差整周模糊度向量，其他未知的噪声和测量误差均被忽略。

这类整周模糊度算法是基于最小二乘原理的，它的最优解(Δb_{ur}，N)能使残余平方和最小，即：

$$\min_{\Delta b_{ur},N}\|\boldsymbol{y}-\boldsymbol{A}[\Delta b_{ur}]-\boldsymbol{BN}\|^2=\min_{\Delta b_{ur},N}(\boldsymbol{y}-\boldsymbol{A}[\Delta b_{ur}]-\boldsymbol{BN})^{\mathrm{T}}(\boldsymbol{y}-\boldsymbol{A}[\Delta b_{ur}]-\boldsymbol{BN}) \tag{4.36}$$

或者使测量残余的加权平方和最小：

$$\min_{\Delta b_{ur},N}\|\boldsymbol{y}-\boldsymbol{A}[\Delta b_{ur}]-\boldsymbol{BN}\|_{\boldsymbol{C}}^2=\min_{\Delta b_{ur},N}(\boldsymbol{y}-\boldsymbol{A}[\Delta b_{ur}]-\boldsymbol{BN})^{\mathrm{T}}(\boldsymbol{y}-\boldsymbol{A}[\Delta b_{ur}]-\boldsymbol{BN}) \tag{4.37}$$

式中　$\boldsymbol{C}$——权系数矩阵，通常为测量值 y 的误差协方差矩阵 $\boldsymbol{Q}_y$ 的逆矩阵，其中 $\boldsymbol{Q}_y$ 为对称、正定矩阵。

对式(4.37)先不考虑整周模糊度 $\boldsymbol{N}$ 的整数要求，而直接求出满足方程的浮点解 $\Delta\hat{\boldsymbol{b}}_{ur}$ 和 $\hat{\boldsymbol{N}}$，此时协方差矩阵为：

$$\boldsymbol{Q}_{[\Delta\hat{\boldsymbol{b}}_{ur}:\hat{\boldsymbol{N}}]}=\mathrm{Cov}\begin{bmatrix}\Delta\hat{\boldsymbol{b}}_{ur}\\ \hat{\boldsymbol{N}}\end{bmatrix}=\begin{bmatrix}\boldsymbol{Q}_{\Delta\hat{\boldsymbol{b}}_{ur}} & \boldsymbol{Q}_{\Delta\hat{\boldsymbol{b}}_{ur},\hat{\boldsymbol{N}}}\\ \boldsymbol{Q}^{\mathrm{T}}_{\Delta\hat{\boldsymbol{b}}_{ur},\hat{\boldsymbol{N}}} & \boldsymbol{Q}_{\hat{\boldsymbol{N}}}\end{bmatrix} \tag{4.38}$$

式中　$[\Delta\hat{\boldsymbol{b}}_{ur}:\hat{\boldsymbol{N}}]$——竖向量 $\Delta\hat{\boldsymbol{b}}_{ur}$ 和 $\hat{\boldsymbol{N}}$ 先后排在一起组成的向量；

$\boldsymbol{Q}_{\Delta\hat{\boldsymbol{b}}_{ur}}$——$\Delta\hat{\boldsymbol{b}}_{ur}$ 的协方差矩阵；

$\boldsymbol{Q}_{\hat{\boldsymbol{N}}}$——$\hat{\boldsymbol{N}}$ 的协方差矩阵。

而 $\boldsymbol{Q}_{\Delta\hat{\boldsymbol{b}}_{ur},\hat{\boldsymbol{N}}}$ 是 $\boldsymbol{Q}_{[\Delta\hat{\boldsymbol{b}}_{ur}:\hat{\boldsymbol{N}}]}$ 的右上角部分，代表着 $\Delta\hat{\boldsymbol{b}}_{ur}$ 和 $\hat{\boldsymbol{N}}$ 之间的相关性。

之后再利用浮点解 $\hat{\boldsymbol{N}}$ 和整数向量 $\boldsymbol{N}$ 之间的距离平方为目标函数，搜索到这样的整数向量 $\boldsymbol{N}$ 使得这个目标函数得到最小值，即：

$$\min_{\boldsymbol{N}}\|\boldsymbol{N}-\hat{\boldsymbol{N}}\|^2_{\boldsymbol{Q}^{-1}_{\hat{\boldsymbol{N}}}} \tag{4.39}$$

如果式(4.39) $\boldsymbol{Q}^{-1}_{\hat{\boldsymbol{N}}}$ 为对角阵，则最优整数解 $\boldsymbol{N}$ 就相当明显了，为 $\hat{\boldsymbol{N}}$ 取四舍五入的结果。但是通常情况下 $\boldsymbol{Q}^{-1}_{\hat{\boldsymbol{N}}}$ 不是一个对角阵，这样不同整周模糊度值的相关性不能使浮点解 $\hat{\boldsymbol{N}}$ 取整为最优解。

LAMBDA 算法规定了如下一个整周模糊度值 $\boldsymbol{N}$ 的搜索空间：

$$\|\boldsymbol{N}-\hat{\boldsymbol{N}}\|^2_{\boldsymbol{Q}^{-1}_{\hat{\boldsymbol{N}}}}<T \tag{4.40}$$

式中　T——一个取值适当的门限值。

式(4.40)所限定的空间为一个椭球体，它所包含的值为理论上要逐一搜索的对象，而其中的一个值可以满足式(4.39)。

LAMBDA 算法经过 $\boldsymbol{Z}$ 变换之后，将原先对 $\boldsymbol{N}$ 的搜索换成了对 $\boldsymbol{M}$ 的搜索，搜索空间由原先的椭球体换成了近似圆形。

$$\boldsymbol{M}-\hat{\boldsymbol{M}}=\boldsymbol{Z}(\boldsymbol{N}-\hat{\boldsymbol{N}}) \tag{4.41}$$

所以相应的转换成：

$$\min_{\boldsymbol{N}}\|\boldsymbol{N}-\hat{\boldsymbol{N}}\|^2_{\boldsymbol{Q}^{-1}_{\hat{\boldsymbol{N}}}}=\min_{\boldsymbol{N}}\|\boldsymbol{M}-\hat{\boldsymbol{M}}\|^2_{\boldsymbol{Z}^{-\mathrm{T}}\boldsymbol{Q}^{-1}_{\hat{\boldsymbol{N}}}\boldsymbol{Z}^{-1}} \tag{4.42}$$

这时把原先的权系数矩阵 $\boldsymbol{Q}_{\hat{N}}^{-1}$ 变成对角阵 $\boldsymbol{Z}^{-\mathrm{T}}\boldsymbol{Q}_{\hat{N}}^{-1}\boldsymbol{Z}^{-1}$，整周模糊度值的相关性就降低了，LAMBDA 算法才可以进行实质性的搜索。得到的最优整数解 $\hat{\boldsymbol{M}}$ 直接等于向量 $\hat{\boldsymbol{M}}$ 的四舍五入的值，接着将最优 $\hat{\boldsymbol{M}}$ 转变成最优整数解 $\hat{\boldsymbol{N}}$。

$$\hat{\boldsymbol{N}} = \boldsymbol{Z}^{-1}\hat{\boldsymbol{M}} \tag{4.43}$$

从以上过程中可以看出，变换矩阵 $\boldsymbol{Z}$ 以及其逆阵 $\boldsymbol{Z}^{-1}$ 的元素都是整数，这保证了 $\boldsymbol{Z}$ 变换是一一映射的关系。它们的行列式的值均为 1，也保证了前后搜索空间的体积是不变的。

最后将式(4.43)得到的整周模糊度的最优解 $\hat{\boldsymbol{N}}$ 代入式(4.36)中，就可以得到基线向量 $\Delta\boldsymbol{b}_{\mathrm{ur}}$ 的最优整数解 $\Delta\hat{\boldsymbol{b}}_{\mathrm{ur}}$。

综上所述，LAMBDA 算法的特点是运用了整数的高斯变换，其目的是使模糊度值相互之间的相关性变小，从而改善了搜索空间的特性，加快了搜索的速率，提高了正确性。总结 LAMBDA 算法的步骤，如图 4.4 所示，可分为以下几步：

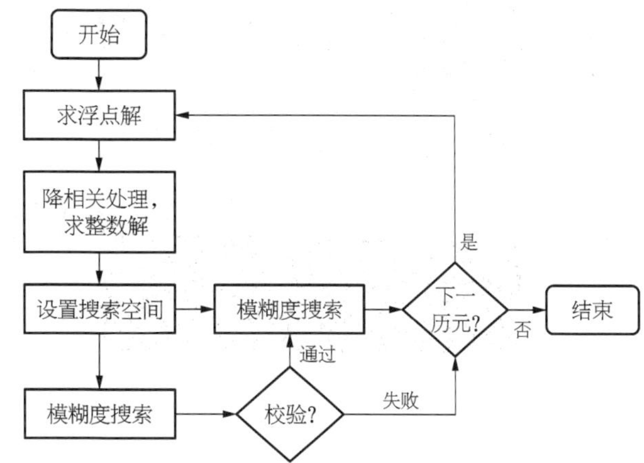

图 4.4　LAMBDA 算法用于整周模糊度解算的流程图

(1) 解算出模糊度和基线向量浮点的解，这部分运用的是最小二乘法。

(2) 运用整数间的高斯变换法则不仅减小了模糊度值间的相关性，而且使在搜索空间内更容易得到所需的值，提高了搜索的效率。

(3) 在搜索的空间内得到最优解后，利用逆变换把解算出来的值换成原先所需要的那个模糊度值。

(4) 得到所需要的那个固定的解后，再代入原始的观测方程式中去，最后利用最小二乘法得出基线向量的最终值。

4.4　北斗系统载波差分定位技术

4.4.1　双频短基线载波差分定位

1) 实验数据采集

此次实验基准站设置在上海海洋大学信息学院楼顶，移动站设置在上海海事大学信息工程学院楼顶，视野也相对较为开阔，周围无高楼阻隔。移动站接收机为和芯星通公司生产的 UR240 - CORS GPS/北斗双系统接收机，可以接收北斗系统 B1、B2 频率和 GPS L1、L2 频率的数据。UR240 - CORS 接收机和天线如图 4.5 所示。此次实验基线距离约为 2 km，实验时间为 2015 年 9 月 15 日。由于天气的原因，实验中途中断，只能截取了其中一段时间的数据来分析。

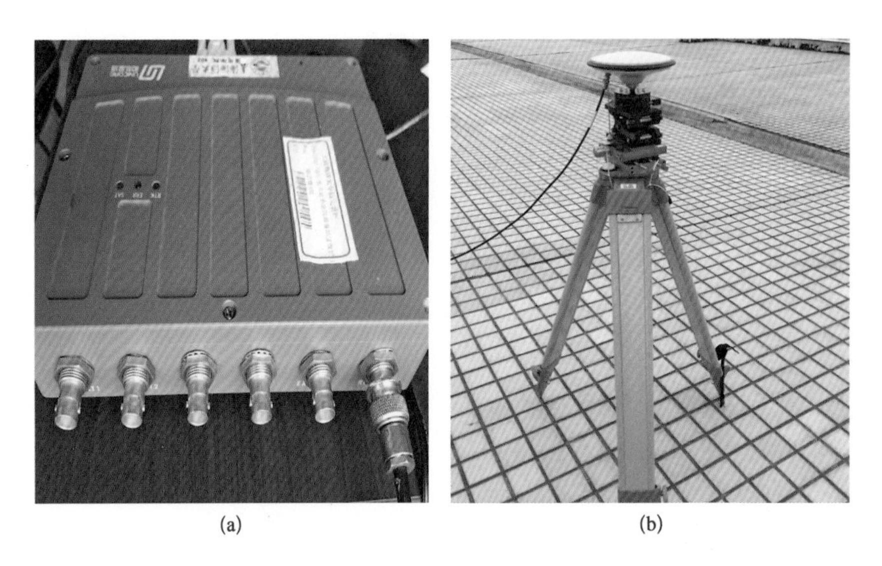

(a) (b)

图 4.5　UR240 - CORS 接收机和天线

(a) UR240 - CORS 接收机；(b) UR240 - CORS 接收机天线

2）定位性能分析

本次实验选取 20—24 时连续时间的数据来进行分析，各个卫星系统某时刻的天顶图如图 4.6 所示。

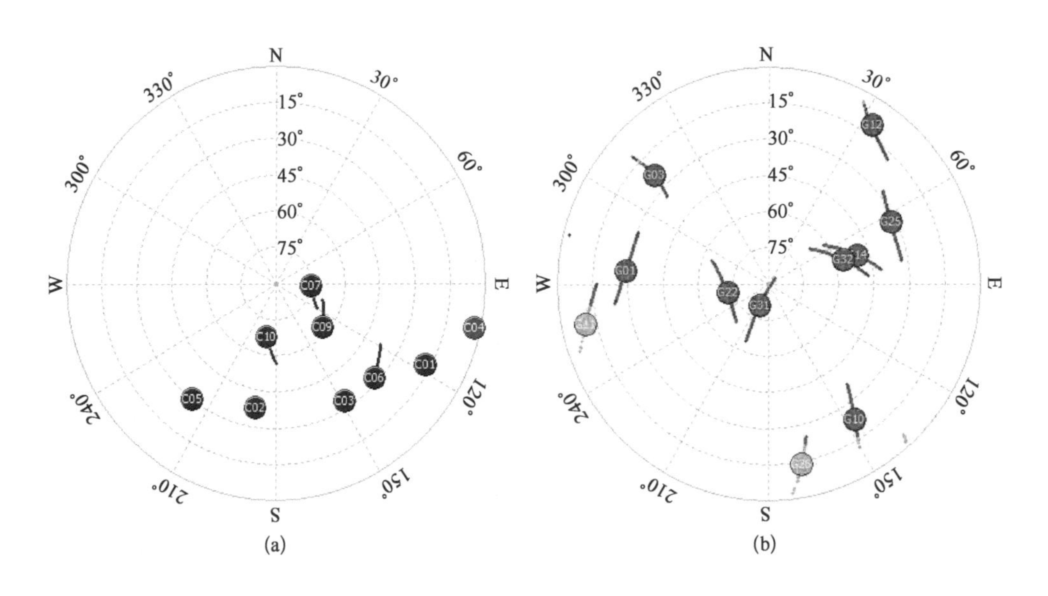

(a) (b)

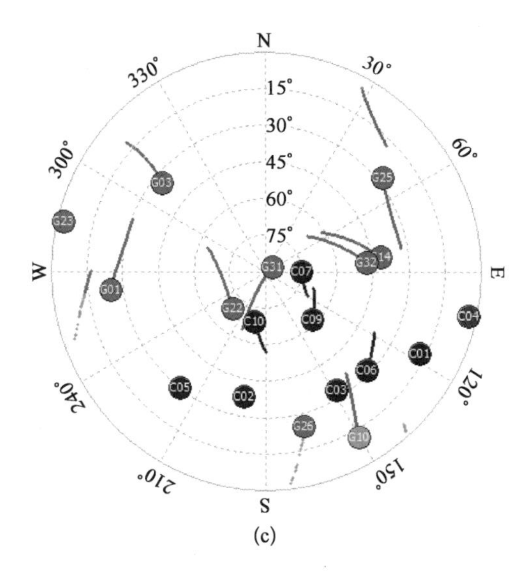

图 4.6　短基线实验中各个系统某时刻的天顶图

(a) 北斗系统;(b) GPS;(c) 组合系统

由于观测时间较短,如图 4.6 所示天顶图中卫星轨迹较短,不同颜色代表不同仰角高度的卫星,虽然观测数据较少,但是不难发现北斗系统的卫星大多集中在高仰角,甚至有的卫星仰角高达 75°。而 GPS 卫星仰角大多分布在 15°～45°,北斗系统的高仰角特点是其自身的优势。各个系统可视卫星数随时间的变化关系如图 4.7 所示。

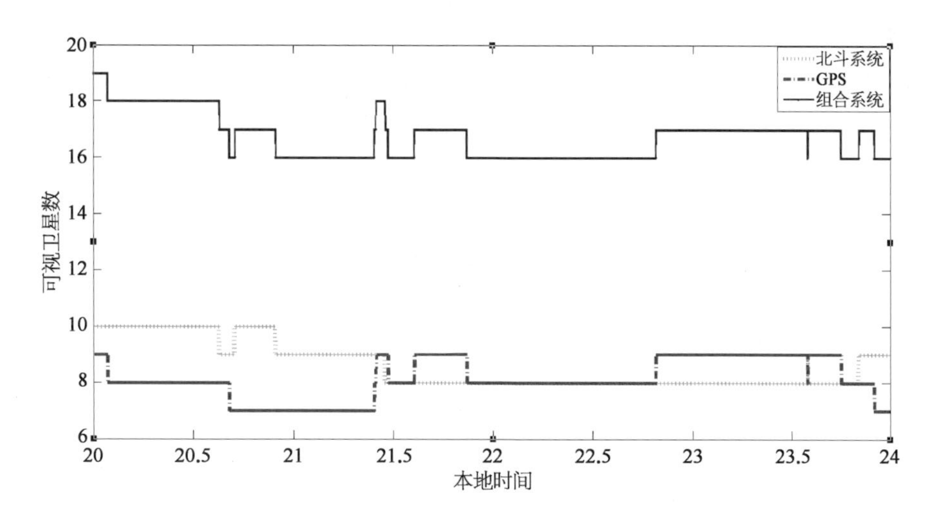

图 4.7　各个系统的可视卫星数随时间的变化关系

从图 4.7 中可以看出,在 20:00—21:30 北斗系统的可视卫星数目是多于 GPS 的。因此在 20:00—21:30 时,北斗系统有着比 GPS 更好的空间卫星几何分布,定位性能可能优于 GPS。在长基线情况下，在 20:00—24:00 时，组合系统的可视卫星数约为 18；而在短基线情况下，组合系统的可视卫星数比长基线情况下约少 2 颗。这可能与实验中途下雨有关，导致了接收到的可视卫星数减少，这也对定位性能产生很大的影响。短基线实验三个系统的 PDOP 值的对比如图 4.8 所示。

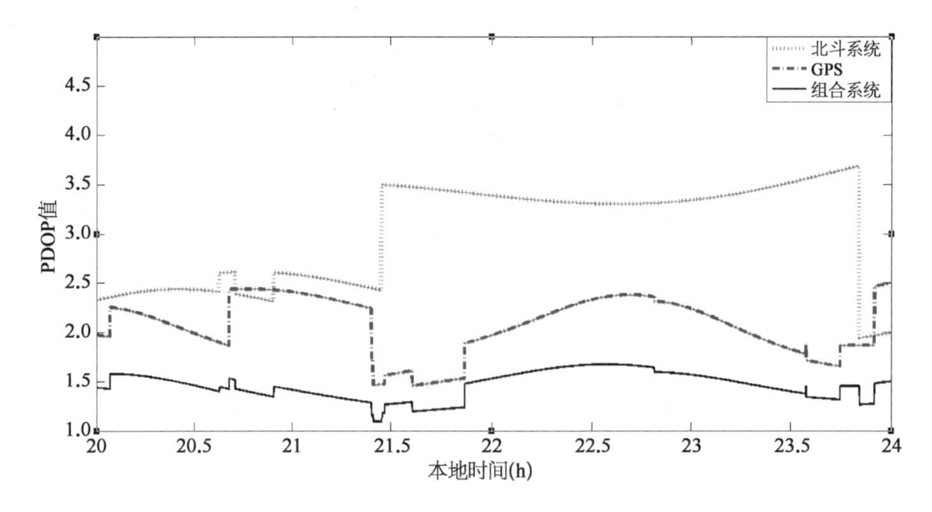

图 4.8　各个系统的 PDOP 值的对比

从图 4.8 中可以看出，GPS 的 PDOP 值基本上小于北斗系统，说明在此时间段 GPS 的定位误差小于北斗系统。GPS 的定位性能是否优于北斗系统，还需要进一步的验证。同样地，组合系统的 PDOP 值最低，与长基线同时段的 PDOP 值类似，约为 1.5 时定位性能最好。整周模糊度的确定将直接决定接收机与卫星之间距离的解算。而接收设备与卫星两者之间的几何距离越准确，接收机位置的解算就越准确。把每一个历元时刻得到整周模糊度的解称为固定解，即 FIX 解。得到 FIX 解的历元个数占总的历元个数的百分比，称为整周模糊度固定解的 FIX 率。FIX 率越高，其定位精度就越好。

在短基线实验中，各个系统的定位误差如图 4.9 所示。

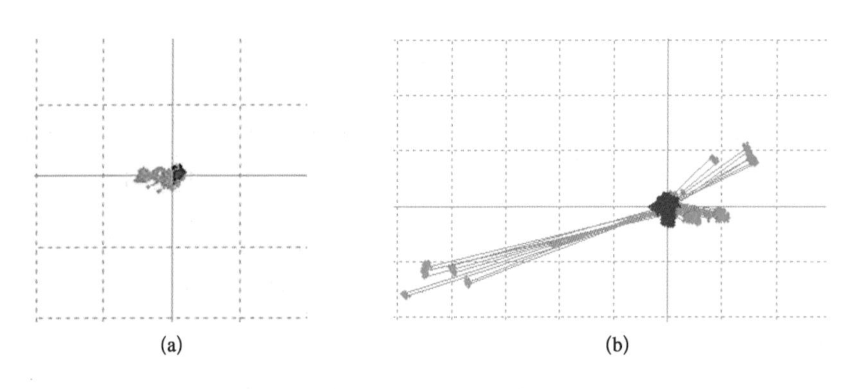

图 4.9　短基线实验中各个系统的定位误差

(a) 北斗系统；(b) GPS

在图4.9中，网格宽度均为1 m。从整体来看，各个系统得到的模糊度的固定解较为集中。北斗系统模糊度的固定率为44%，GPS为95.6%，说明在短基线情况下，由于误差和空间上的相关性，使得GPS模糊度固定较为容易，从而大大提高了定位的性能。表4.1为短基线情况下北斗系统、GPS的FIX率，以及在FIX解条件下在E(东)、N(北)、U(天)三个方向的RMS值和总RMS值。

表4.1　短基线实验中北斗系统、GPS的FIX率/RMS值

系　统	FIX率	FIX解下的RMS值(m)			总RMS值(m)		
		E	N	U	E	N	U
北斗	44%	0.010	0.034	0.067	0.169	0.102	0.028
GPS	95.6%	0.008	0.007	0.018	0.008	0.007	0.018

由此可以看出，在短基线情况下，由于误差相关性较大，电离层、对流层的影响可忽略，接收机和卫星的相关误差(时钟误差、硬件延迟等)可以通过差分定位模式近似消除。在GPS中几乎都得到了固定解，东向、北向两个方向上的RMS值明显小于北斗系统，说明GPS在短基线的情况下定位性能更加稳定。此次试验中，虽然北斗系统的FIX率比GPS低，但是在FIX解的条件下的RMS值与GPS差别较小，特别是在东向方向上。因此，在短基线情况下北斗系统和GPS都可以得到较好的定位结果。

由于此次实验过程中，遇到下雨等突发状况，得到实验数据较少。这必定对实验的结果产生一定的影响，也不能全面地衡量各系统之间定位性能的优劣。但由于实验的基线变短，误差之间的空间相关性和时间相关性变强，定位精度比长基线实验时大大提高了。

4.4.2　双频中长基线载波差分定位

1) 北斗长基线实验

此次实验数据采集采用的设备是和芯星通UR370接收机及其天线，观测数据采样频率为1 Hz。接收机及天线分别如图4.10所示。

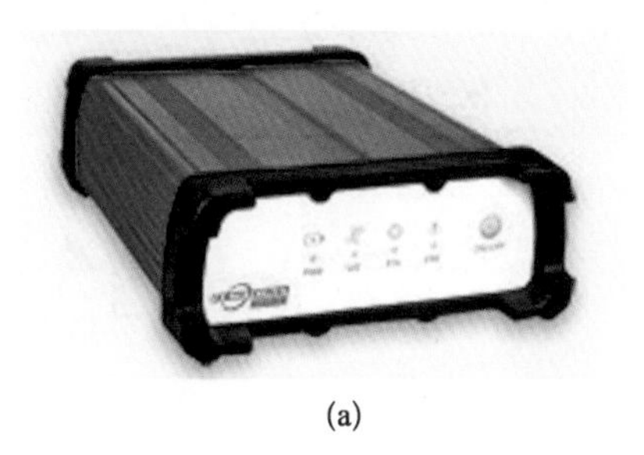

(a)

(b)

图4.10　UR370北斗/GPS卫星接收机和天线

(a) UR370接收机；(b) UR370接收机天线

在一些特殊观测条件下，如长基线、露天矿山或城市峡谷中，载波相位差分的可用性和有效性都会有所下降。本次实验是基于中长基线研究北斗系统载波相位差分的性能，并结合 GPS 定位结果来探讨各个系统的定位性能。

基准站选取在上海海洋大学信息学院的楼顶，并已知其精确坐标，移动站则选取在浙江洋山实验基地楼顶，实验的基线长度约为 38 km，采集时间是 2014 年 9 月 20 日全天。

2) 定位性能分析

可视卫星数是评价定位解算有效性的指标之一。在开阔环境下，卫星信号由于没有受到遮蔽，使得终端用户接收机可以跟踪到较多的卫星信号，从而使定位解算结果比较精确。在恶劣环境下，如高山、低谷等环境下，卫星信号由于受到阻挡，使得终端用户接收机跟踪到的可视卫星数变少，对应的定位解算结果也较差。图 4.11 所示是此次实验北斗系统、GPS 的天顶图。

从图 4.11 可以看出，大多数卫星仰角较高，这就为北斗卫星系统在高楼林立或者狭小山谷等恶劣环境下，接收更多的卫星信号提供了可能，这也是北斗卫星系统的一大优势。

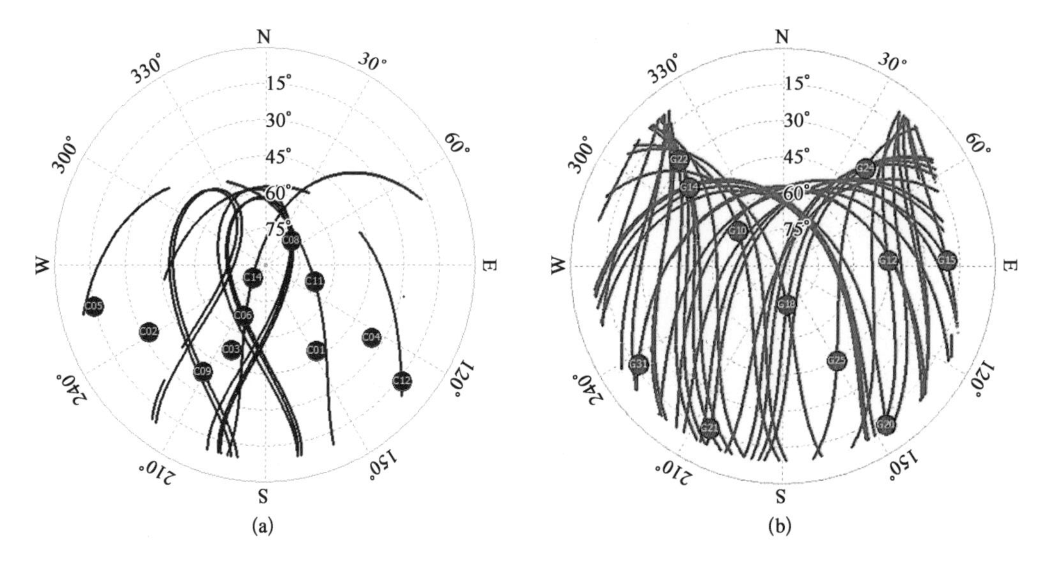

图 4.11 长基线实验中北斗系统、GPS 某时刻的天顶图

(a) 北斗系统；(b) GPS

由图 4.12 可知，约在 0:00—4:00 及 18:00—24:00 时，北斗系统的可视卫星数多于 GPS 卫星数目，且在全天任意时刻，两种卫星系统的可视卫星数均在 4 颗以上，满足了定位的基本条件，保证其定位的可行性。

图 4.13 所示为北斗系统、GPS 和组合系统 PDOP 值的对比情况。从图 4.13 中可以看出大约在 0:00—4:00 和 18:00—24:00，GPS 的 PDOP 值是高于北斗系统的，PDOP 值越小，可以保证更优的定位的性能。其他时刻的 GPS PDOP 值都低于北斗系统，是因为

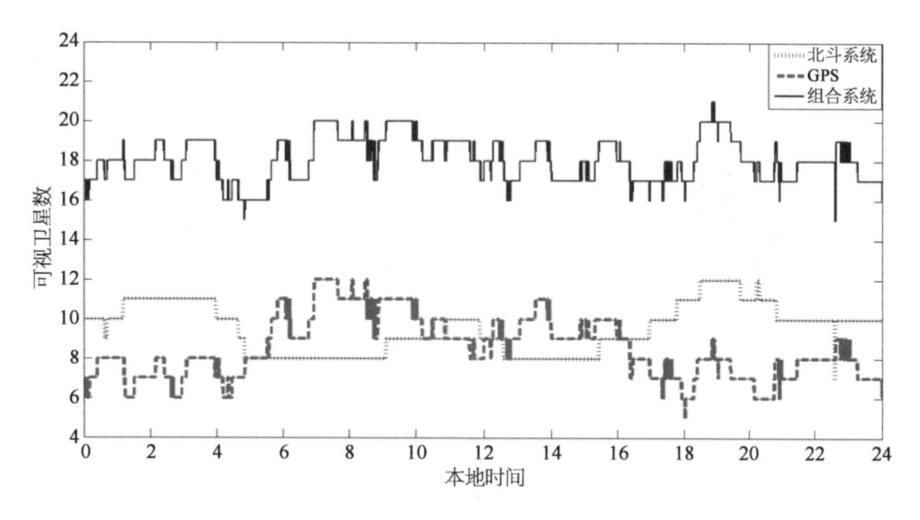

图 4.12　北斗系统、GPS 和组合系统全天的可视卫星数

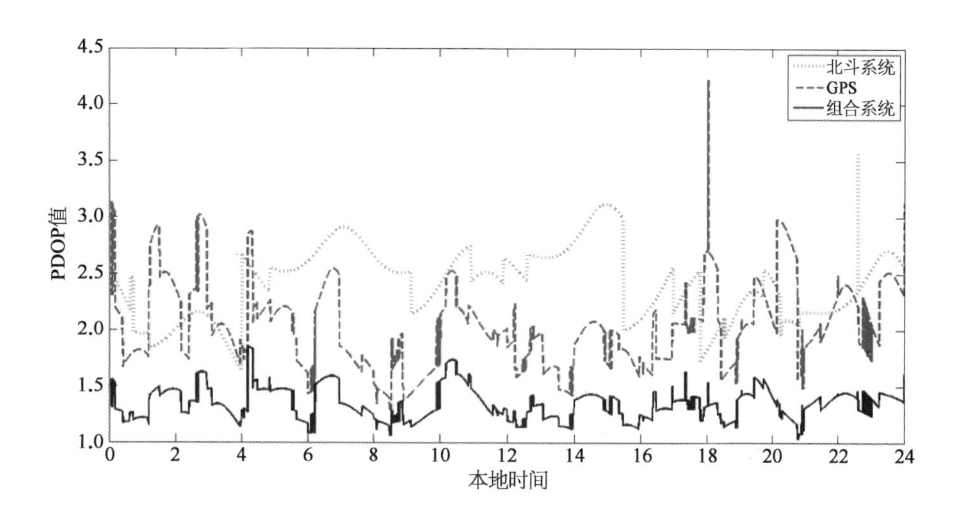

图 4.13　北斗、GPS 和组合系统 PDOP 值的对比

GPS 的可视卫星数多于北斗系统，并且从图 4.13 中明显看出，组合系统的 PDOP 值远低于 GPS 和北斗系统，基本在 1.5 以下，是因为组合系统的可视卫星数增加，使卫星的几何分布状况较好，所以使定位的性能大大改善。

此次实验中，北斗系统、GPS 的定位结果如图 4.14 所示，其中绿色代表的是得到固定解的历元时刻，橙色代表的是得到浮点解的历元时刻。

图 4.14 中网格宽度为 1 cm，表明定位的精度在 cm 级，且北斗系统的 FIX 率为 39.6%，GPS 的 FIX 率为 34.5%，两系统相差不大。而从图 4.14 中可以看出，北斗系统的浮点解分布较为密集，大部分与固定解重合，会影响固定解的选取；而 GPS 中，大部分的浮点解较为分散，固定解只分布在很小的一片区域，那么固定解的范围就很容易确定，这种情况下，GPS 的定位性能可能要优于北斗系统。

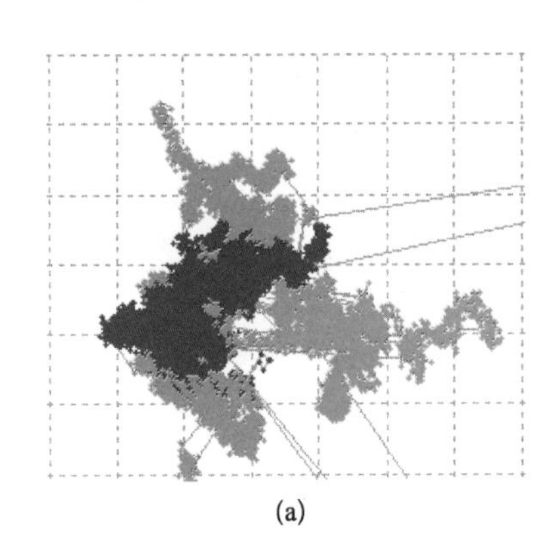
(a)

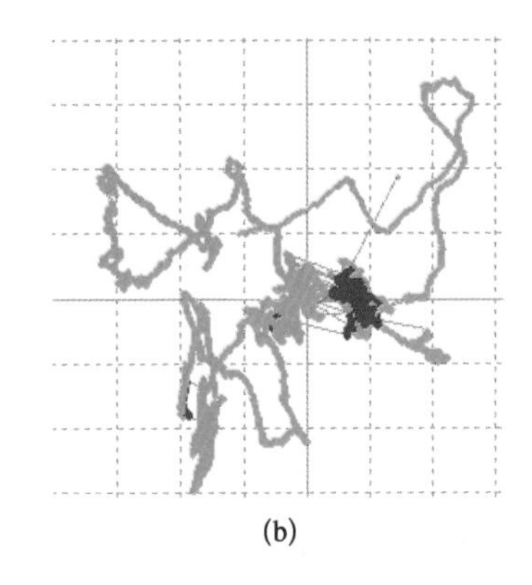
(b)

图 4.14 中长基线实验中北斗系统、GPS 定位结果

(a) 北斗系统;(b) GPS

表 4.2 为北斗系统、GPS 的 FIX 率,以及在 FIX 解条件下在 E(东)、N(北)、U(天)三个方向的 RMS 值和总 RMS 值。

表 4.2 中长基线情况下北斗系统、GPS 的 FIX 率/RMS 值

系　统	FIX 率	FIX 解下的 RMS 值(m)			总 RMS 值(m)		
		E	N	U	E	N	U
北斗	39.6%	0.044	0.042	0.137	0.138	0.141	0.468
GPS	34.5%	0.030	0.052	0.087	0.258	0.170	0.387

由表 4.2 可以得出,北斗系统的 FIX 率略高于 GPS 系统。尽管如此,在有固定解的情况下 GPS 的东向、天向的均方根值(RMS)略低于北斗系统,说明 GPS 的定位结果比北斗系统的要稳定,定位性能更优。在此次长基线实验中,北斗系统的定位性能基本能与 GPS 维持在一个等级上,甚至有些方面还略微优于 GPS。这充分说明了利用北斗系统进行载波相位差分进行定位的可行性。

4.4.3 三频中长基线载波差分定位

1) 实验设置

此次试验使用北斗三频实测数据进行中长基线差分定位性能分析,移动站安置在上海市张江高科技园区楼顶,基准站安置在上海海洋大学信息学院楼顶,基线总长度为 45.5 km,使用两台北京和芯星通公司生产的 UR370 北斗三频接收机进行实地测量,采样频率为 1 Hz。实验设备如图 4.15 所示。实验设置基本信息见表 4.3。

图 4.16 所示为移动站和基准站观测的卫星天顶图信息,由图 4.16 可看出,观测时间内两测站的共同观测卫星数至少保证 6 颗,且大部分时间维持在 7 颗卫星以上,可满足正常定位的基本条件(观测卫星数至少需要 4 颗),观测时间为 UTC 时间 2017 年 4 月 24 日 03:00:01—09:30:00,并在该试验中将卫星仰角截止角设置为 15°。

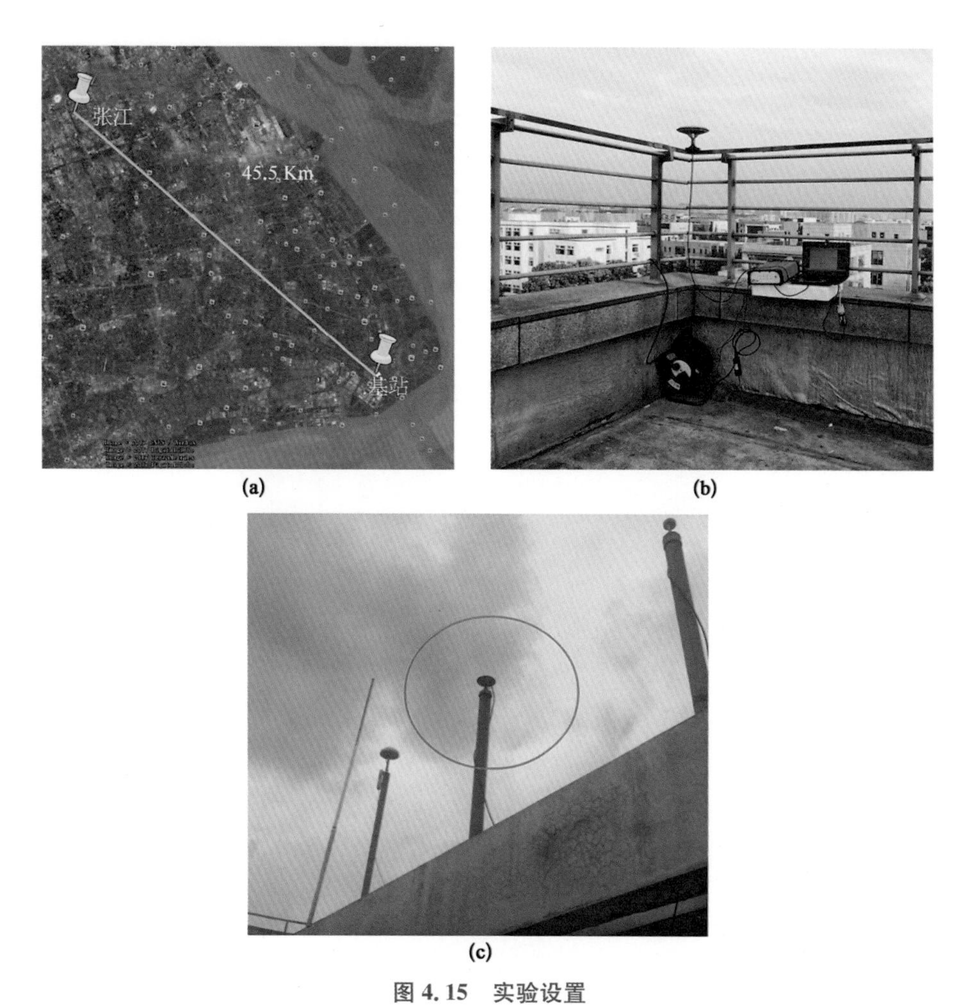

图 4.15　实验设置

(a) Google 地图基线显示；(b) 移动站接收机设置；(c) 基站天线

表 4.3　实验设置基本信息

基　准　站	上海海洋大学
移动站	上海张江高科技园
实验时间	2017 年 4 月 24 日 03:00:01—09:30:00(UTC)
仰角截止角	15°
星历文件	北斗广播星历
基线长度	45.5 km
历元间隔	1 s
实验时间间隔	6.5 h

2) 数据预处理

观测数据预处理是进行精密定位的准备工作，并为其提供相对干净的“原材料”，其中

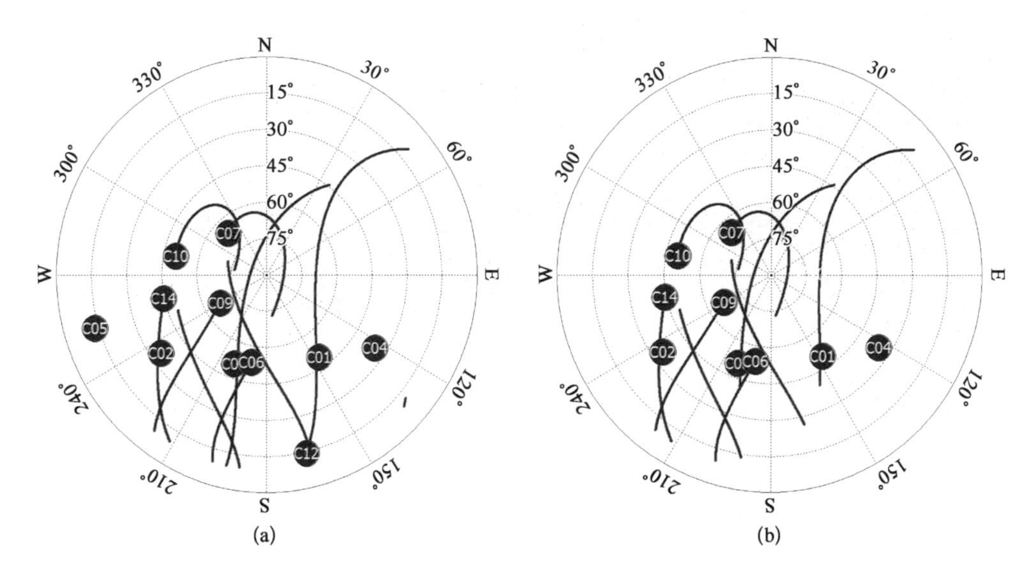

图 4.16　移动站和基准站的北斗卫星天顶图

(a) 移动站;(b) 基准站

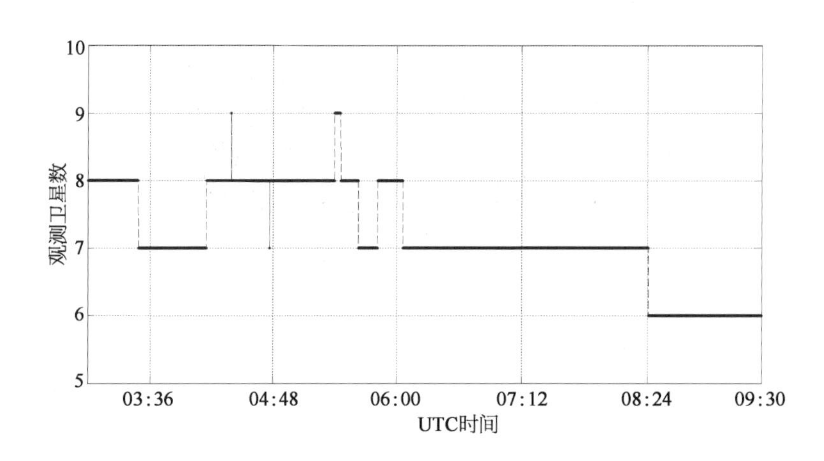

图 4.17　移动站和基准站共同观测卫星数

载波相位周跳探测和无效数据的剔除在精密定位中起着至关重要的作用。首先对不完整的三频数据进行剔除,并使用观测值双频几何无关算法探测周跳,并且对残差值较大的使用多历元平均法对载波相位观测量进行修正。从图 4.18 中可以看出,移动站和基准站的载波相位历元间差分残差值都在高斯分布三倍中误差(0.07 m)范围内,因此定位的精度和稳定性可以得到基本保证。

3) *多径效应以及电离层残余分析*

表 4.4 所示为移动站和基准站 B1、B2 及 B3 各个频段上的多径误差 RMS 值。在实验中 IGSO 卫星和 MEO 卫星的多径误差大小相近,并且 C06 号卫星和 C14 号卫星的多径较大,其误差 RMS 值大于 0.6 m,可能对后续的定位精度产生影响;表 4.4 中所示 B3

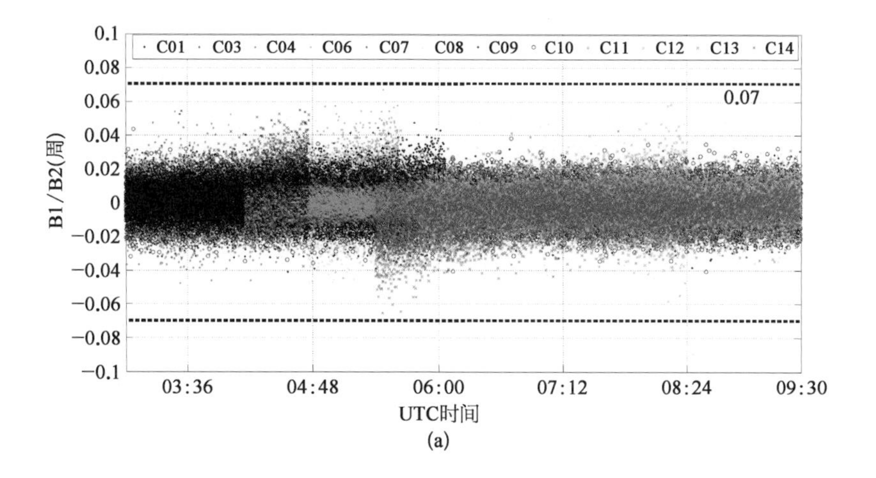
C01
C03
C04
C06
C07
C08
C09
C10
C11
C12
C13
C14
0.07
B1/B2(周)
03:36
04:48
06:00
07:12
08:24
09:30
UTC时间
(a)

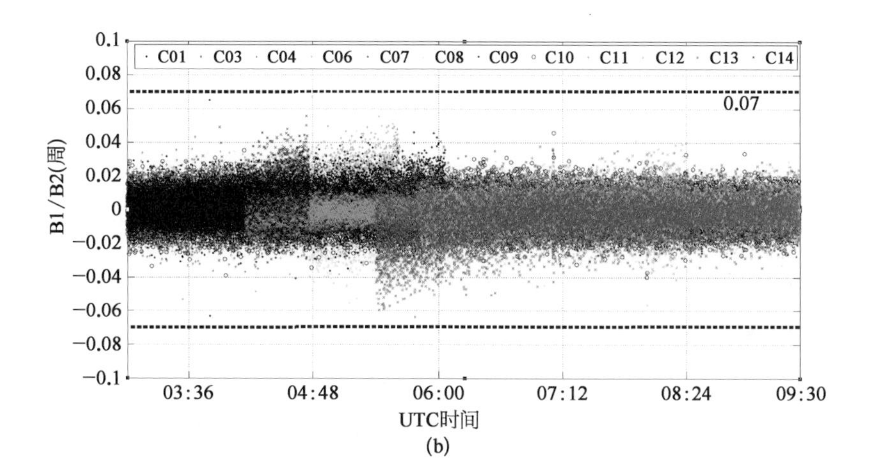
C01
C03
C04
C06
C07
C08
C09
C10
C11
C12
C13
C14
0.07
B1/B2(周)
03:36
04:48
06:00
07:12
08:24
09:30
UTC时间
(b)

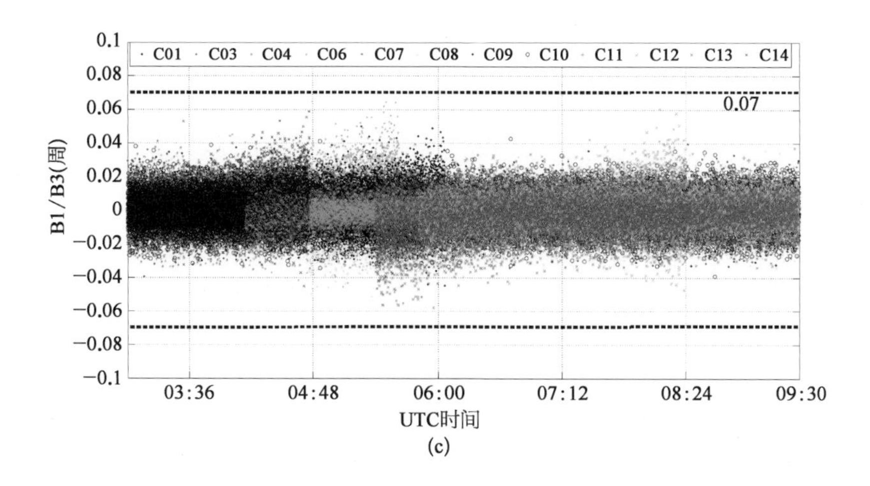
C01
C03
C04
C06
C07
C08
C09
C10
C11
C12
C13
C14
0.07
B1/B3(周)
03:36
04:48
06:00
07:12
08:24
09:30
UTC时间
(c)

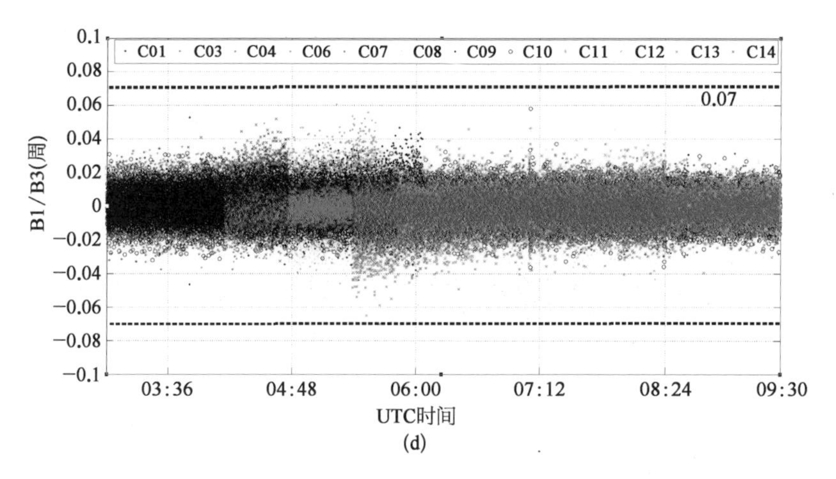

(d)

图 4.18　双频载波历元间差分残差值

（注：虚线代表高斯分布三倍中误差）

(a) 基准站 B1/B2 双频组合探测；(b) 移动站 B1/B2 双频组合探测；

(c) 基准站 B1/B3 双频组合探测；(d) 移动站 B1/B3 双频组合探测

频段的多径误差 RMS 值小于 B1、B2 频段的多径误差 RMS 值。因此，本书选择 B3 频段来进行模糊度解算。

表 4.4　基准站和移动站每个频段伪距多径误差 RMS 值　(m)

PRN	B1		B2		B3	
	基准站	移动站	基准站	移动站	基准站	移动站
C01	0.342	0.307	0.232	0.267	0.120	0.129
C03	0.307	0.446	0.229	0.462	0.062	0.113
C04	0.435	0.713	0.281	0.399	0.073	0.164
C06	0.705	0.659	0.694	0.665	0.565	0.479
C07	0.262	0.322	0.223	0.282	0.183	0.211
C08	0.482	0.628	0.419	0.540	0.219	0.431
C09	0.533	0.632	0.532	0.604	0.400	0.413
C10	0.431	0.473	0.306	0.379	0.197	0.235
C11	0.418	0.551	0.372	0.465	0.234	0.386
C12	0.546	0.584	0.495	0.575	0.366	0.502
C13	0.593	0.668	0.599	0.600	0.405	0.393
C14	0.611	0.679	0.616	0.729	0.434	0.363

双差大气延迟残余误差是模糊度解算以及定位精度的制约条件，尤其是在中长、长基线的差分定位中，因为其大气延迟误差的相关性随着基线增长而减弱，本实验采用 Saastamoinen 模型进行对流层改正，并且忽略残余的对流层延迟，并且通过两组模糊度固定的超宽巷观测值组合(0，1，−1)和(1，4，−5)来求解双差电离层误差。由图 4.19(a)可知，由于组合观测值带来的较大的观测噪声使得电离层误差淹没在其中，对其使用多

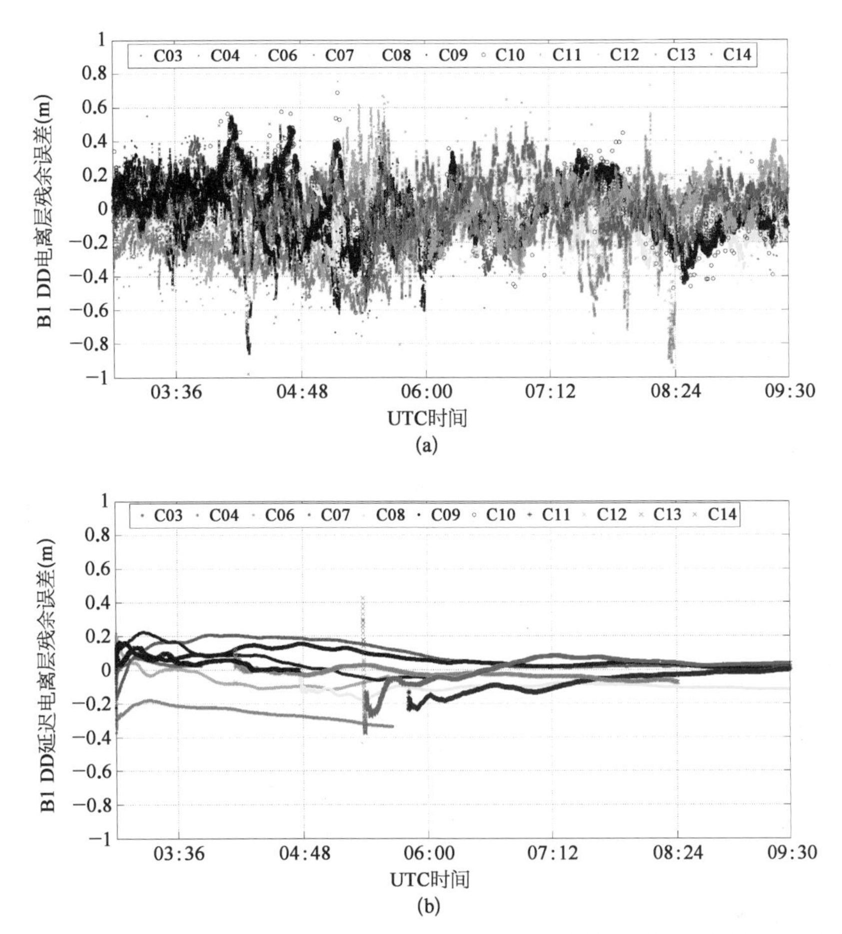

图 4.19　通过模糊度固定后的超宽巷 EWL 观测值组合解算 B1 频段双差电离层残余

(a) 未做平滑处理;(b) 多历元平滑处理

历元平滑方法,将电离层误差从混合的观测噪声中提取出来;可得双差电离层误差集中分布在 0.2 m,针对较大的双差电离层残余误差,使用电离层无关组合法并结合宽巷组合(1, 0, −1)来解算 B3 频段原始双差模糊度。

4) 卡尔曼滤波新息向量及定位结果分析

图 4.20～图 4.22 所示为每个卫星对(C01 号卫星作为基准卫星)窄巷模糊度值所构成的卡尔曼滤波新息值,图 4.20 所示 GEO 卫星的新息值在短时间内收敛,因此对于 GEO 卫星未作处理。图 4.21(a)所示 C06 和 C09 号卫星的新息值逐渐发散可能会导致卡尔曼滤波发散,因此,将 C06 号卫星 9550～10280 号历元进行剔除,将 C09 号卫星 11000～14621 号历元进行剔除,C07、C08、C10 号卫星不做处理,并且对 MEO 卫星使用相同的处理方法。图 4.22(a)所示 C12、C13 号卫星的新息值跳变比较明显且不易收敛,因此剔除 C12 号卫星 3851～4129 号历元,C13 号卫星 8524～8614 号历元,C11 和 C14 号卫星不做处理,图 4.22(b)所示经过部分历元剔除后 C12 和 C13 号卫星新息值逐渐收敛。

为了评估卡尔曼滤波性能,进一步分析了卡尔曼滤波新息向量内积 RMS 值,如图

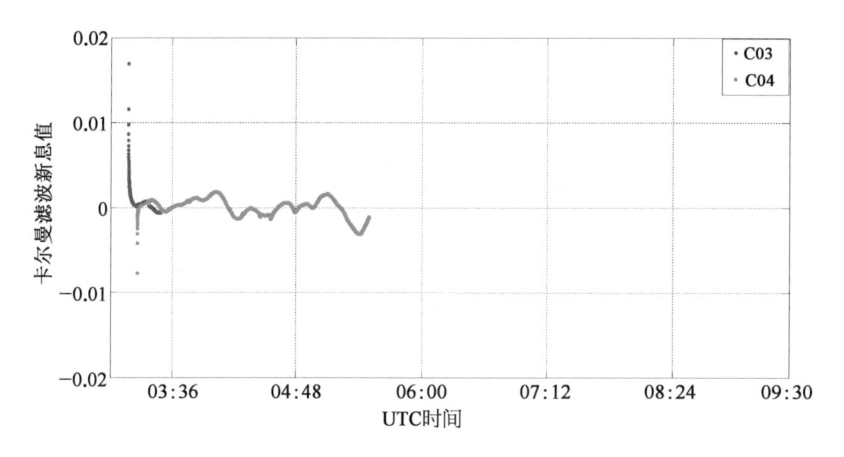

图 4.20　GEO 卫星 B3 频段窄巷模糊度的卡尔曼滤波新息值(C01 号卫星作为基准卫星)

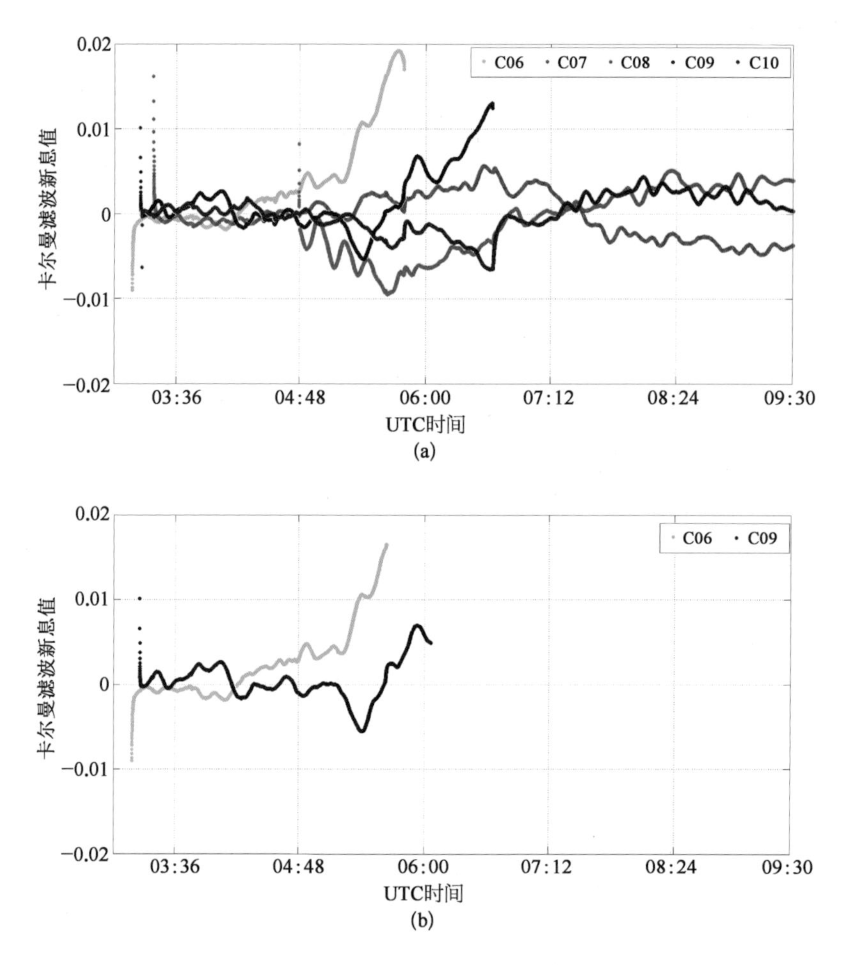

图 4.21　IGSO 卫星 B3 频段窄巷模糊度的卡尔曼滤波新息值

(a) 未处理；(b) C06，C09 号卫星部分历元剔除，C07，C08，C10 号卫星未处理且未画出

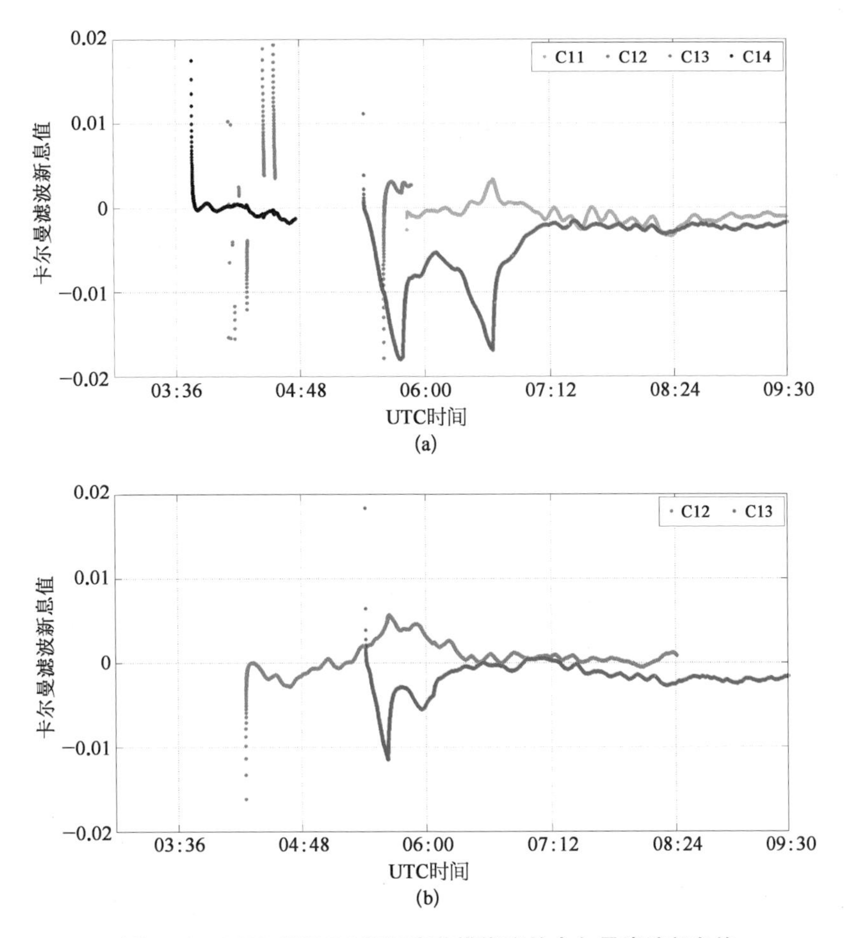

图 4.22　MEO 卫星 B3 频段窄巷模糊度的卡尔曼滤波新息值

(a) 未处理；(b) C12,C13 号卫星部分历元剔除，C11,C14 号卫星未处理且图中未画出

4.23 所示。由图 4.23 可知，由于 C06 号卫星新息值的发散导致卡尔曼滤波发散，经计算发散率为 1.2%，因为 C13 号卫星新息值跳变比较明显，卡尔曼滤波新息内积出现相同的峰值，尚未发散，当进行部分 IGSO 和 MEO 卫星历元的剔除，如图 4.23(b)所示，滤波变

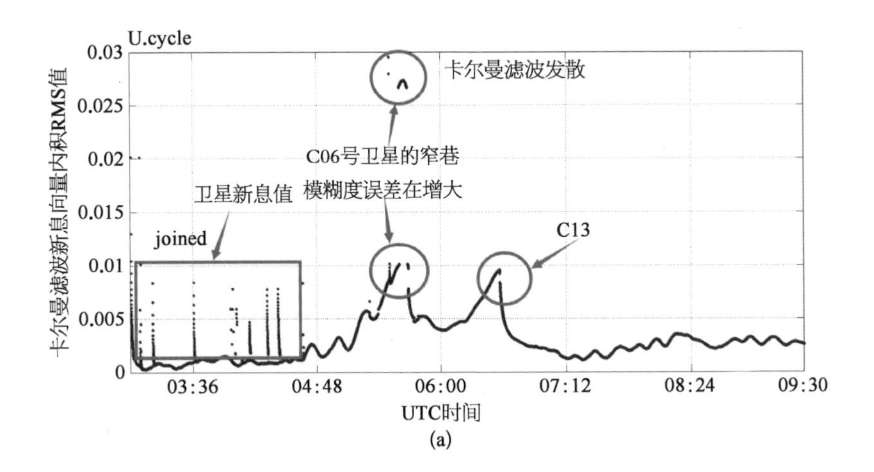

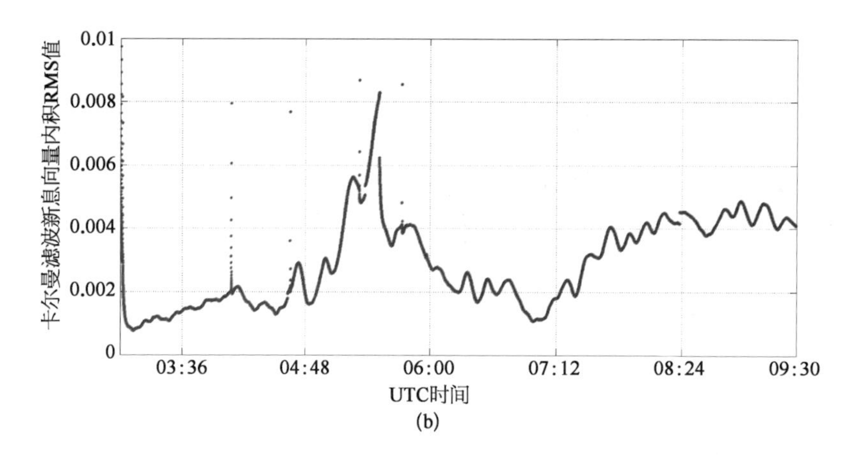

图 4.23 卡尔曼滤波新息向量内积 RMS 值

(a) 未处理;(b) 部分 IGSO 和 MEO 卫星历元剔除

得平稳且发散现象消失,所以通过卡尔曼滤波新息向量内积的 RMS 值可以很方便地分析每个卫星对的窄巷模糊度的收敛情况,并进行该卫星相关观测历元的筛选。经过处理后模糊度固定成功的卫星对数有所增加,由之前的四五颗卫星增加到六七颗卫星,并且稳定性提高,没有明显的抖动现象,有利于提高定位精度和稳定性(见图 4.24)。

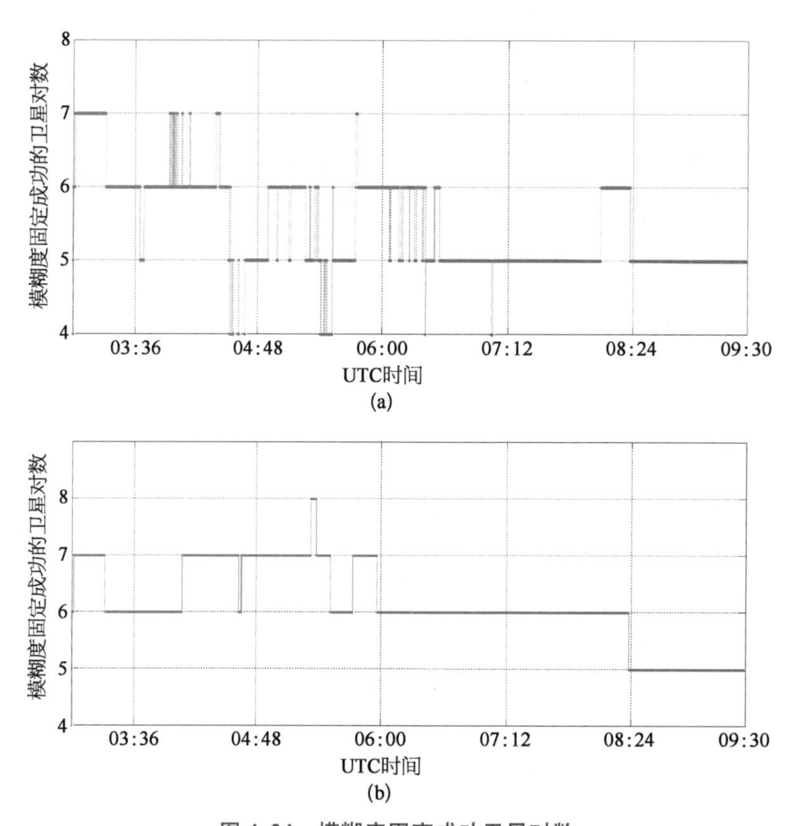

图 4.24 模糊度固定成功卫星对数

(a) 未处理;(b) 部分 IGSO 和 MEO 历元剔除

如图 4.25 所示，根据卡尔曼滤波新息值的异常变化将部分异常观测数据剔除后，窄巷模糊度浮点解和固定解之差主要集中在 0.1 周内，并且由表 4.5 可得大部分卫星的窄巷模糊度的固定率大于 92%。然而 C01－C03，C01－C14 卫星对固定率较低分别为

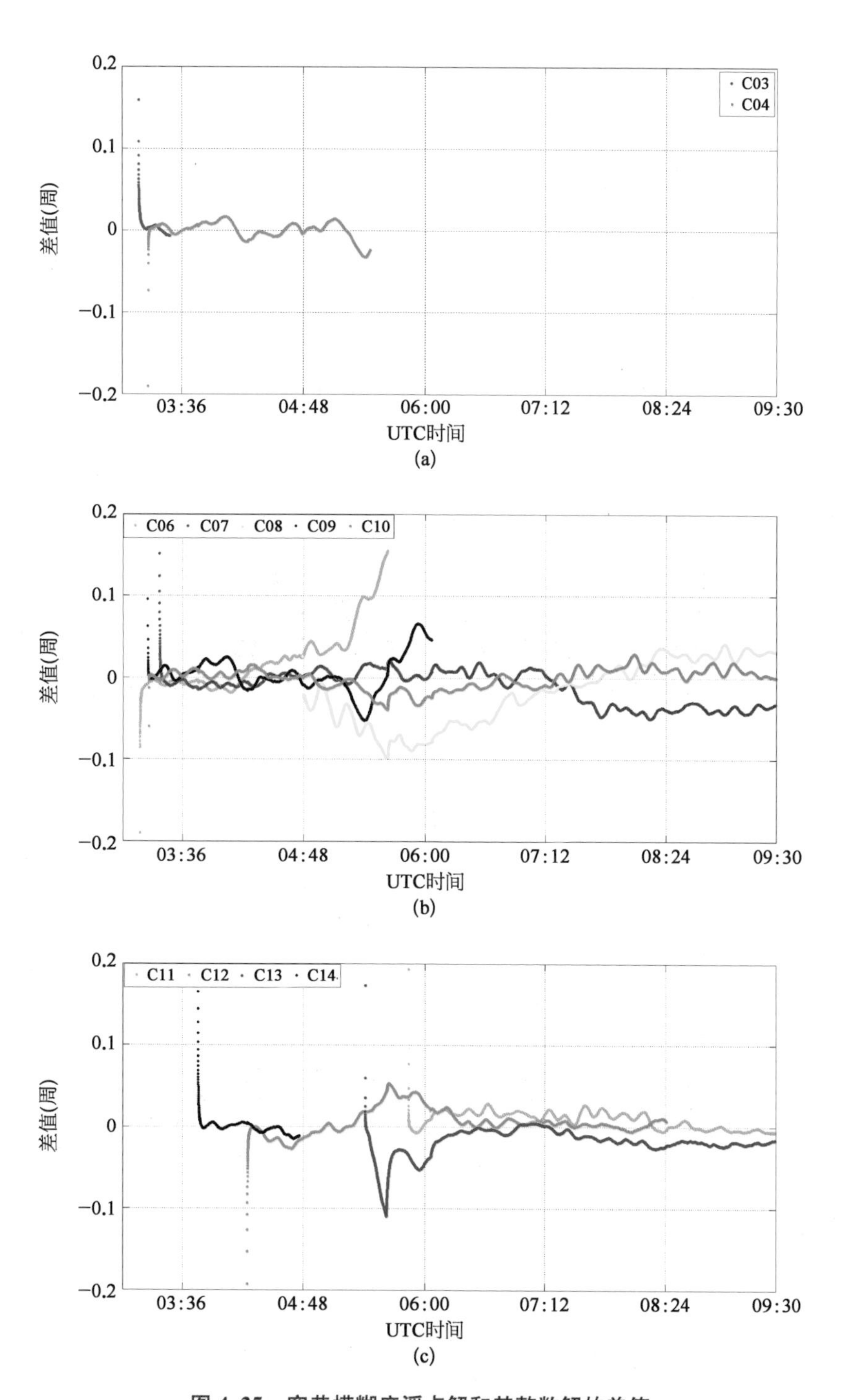

图 4.25　窄巷模糊度浮点解和其整数解的差值

(a) GEO 卫星；(b) IGSO 卫星；(c) MEO 卫星

表 4.5　各个卫星对窄巷模糊度固定率

卫星对	FIX 率(%)	卫星对	FIX 率(%)
C01 - C03	64.81	C01 - C10	97.27
C01 - C04	92.79	C01 - C11	99.29
C01 - C06	92.53	C01 - C12	98.24
C01 - C07	97.29	C01 - C13	98.97
C01 - C08	99.48	C01 - C14	89.72
C01 - C09	94.37		

64.81%和 89.72%，由图 4.26(a)可以看出卡尔曼滤波发散导致定位精度严重下降，其东向定位误差 RMS 值最大达到 0.3 m，严重影响定位精度。当异常观测数据被剔除之后，其定位明显误差减小，误差值缩小到 0.1 m 以内，如图 4.26(b)所示，这是因为 C06 号卫星的升降仍然呈现出定位结果跳变现象。表 4.6 所示为数据处理前后的定位精度相关指标，经过异常数据处理之后，东向定位误差 RMS 值由 0.096 5 m 降到 0.058 4 m，北向定

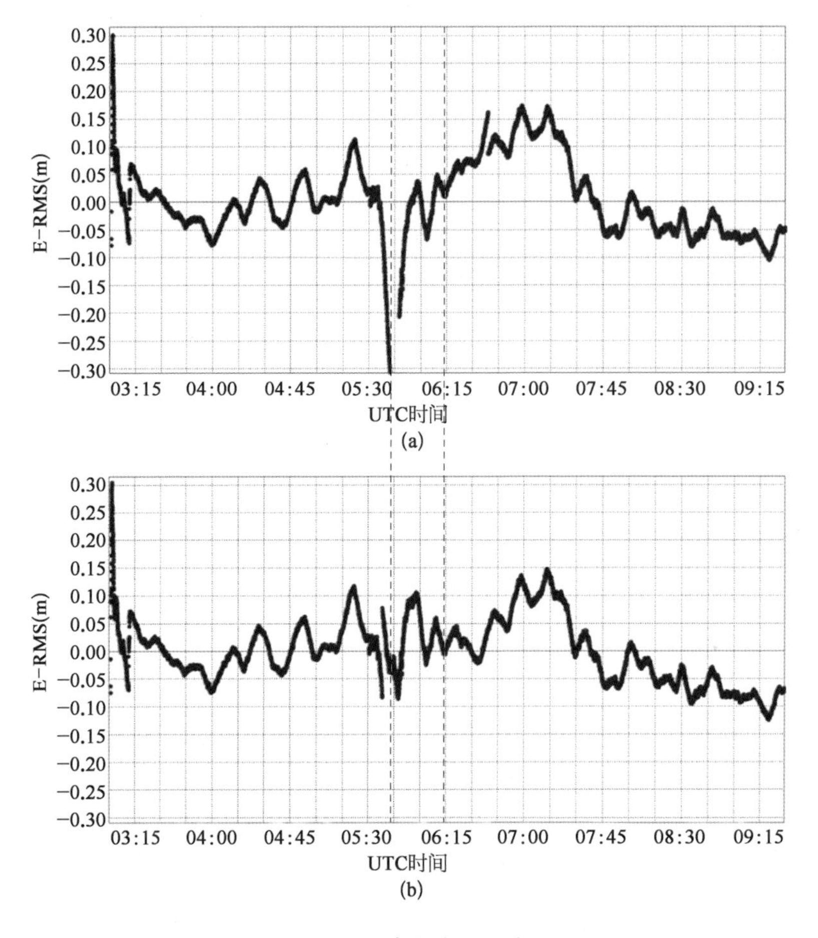

图 4.26　东向定位误差

(a) 未处理；(b) IGSO 卫星和 MEO 卫星部分历元剔除

位误差 RMS 值由 0.070 3 m 降到 0.046 9 m，天向定位误差 RMS 值由 0.416 1 m 降到 0.324 3 m；固定率由 95%提高到 97.3%；卡尔曼滤波发散率由 1.3%降到 0.15%；定位首次收敛时间所短约 5 min；并且卡尔曼滤波新息向量的卡方分布均值由 0.768 上升到 0.992，更接近于 1，使得滤波准确性得到保证。

表 4.6　处理前后的定位精度相关指标

相关指标	未作处理	处理后
E - RMS(m)	0.096 5	0.058 4
N - RMS(m)	0.070 3	0.046 9
U - RMS(m)	0.416 1	0.324 3
固定率	95.0%	97.3%
滤波发散率	1.3%	0.15%
首次收敛时间(TFFS)	16 min 40 s	11 min 35 s
卡尔曼滤波新息矩阵卡方分布均值	0.768	0.992

参考文献

[1] 王广运.载波相位差分 GPS 定位技术[J].测绘工程，1999(1)：12 - 17.

[2] HATCH R. The Synergism of GPS Code and Carrier Measurements[C]. International Geodetic Symposium on Satellite Doppler Positioning, 1982.

[3] MA X, SHEN Y. Multipath analysis of COMPASS triple frequency observation[J]. Positioning, 2014, 5(1): 12 - 21.

[4] FENG Y. Long-range kinematic positioning made easy using three frequency GNSS signals[C]. U.S. Institute of navigation National Tech. Meeting. San Diego, 2005.

第5章　廉价导航模块载波定位技术

在全球组网及北斗产业化的快速推广中,我国相关部门指出2020年在行业关键领域使用北斗终端,实现卫星导航服务领域的自主可控,特别是在交通运输领域实现大面积应用覆盖,推进军民融合。在此推动下,廉价单频导航定位模块将会被广泛推广,立足于单频廉价导航定位模块的可行性和精度问题,开展单频双模 BDS+GPS 导航芯片的差分定位的实践和精度验证,借助于网络 CORS 基站开展静态差分定位性能,以及不同环境下的动态 RTK 定位性能研究,有利于拓展北斗系统相关产业的应用领域。本章阐述了使用千寻网络基站评估廉价定位导航模块的 RTK 性能,分别通过零基线、静态及不同环境动态实验展开对其定位性能的研究。

5.1 单频载波组合定位模型

对于廉价单频导航定位模块,本书使用现在主流的 RTK 定位技术,图 5.1 所示为单频定位解算的基本流程。对于北斗系统和 GPS,其定位解算方法是相同的,并且在信息融合方面是兼容的。北斗系统/GPS 双模载波相位双差(double-difference, DD)数据流同时通过这两个系统,数据的处理方法和 GPS 单系统的处理流程是相同的。

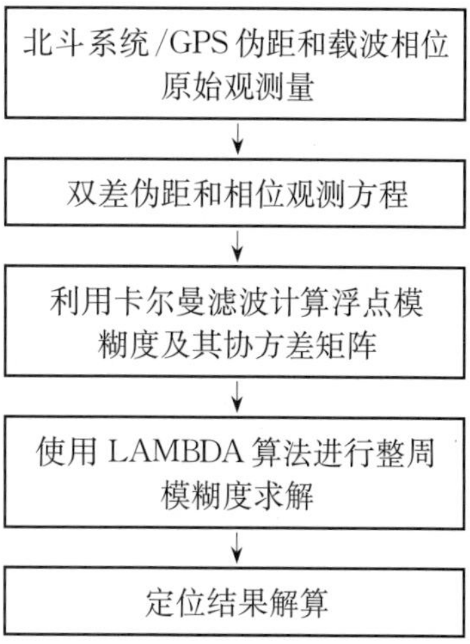

北斗系统/GPS 伪距和载波相位原始观测量
↓
双差伪距和相位观测方程
↓
利用卡尔曼滤波计算浮点模糊度及其协方差矩阵
↓
使用 LAMBDA 算法进行整周模糊度求解
↓
定位结果解算

图 5.1 单频定位解算基本数据流图

5.1.1 原始观测方程差分

求解卫星和接收机之间的观测量双差值如下:

$$\begin{aligned}\nabla\Delta\Phi_{\mathrm{rb}}^{C/G-ij} = {} & \nabla\Delta\rho^{C/G-ij} + \nabla\Delta\delta_{d_{\mathrm{trop}}^{C/G-ij}} - \nabla\Delta\delta_{d_{\mathrm{ion}}^{C/G-ij}} + \\ & \lambda_{B1/L1}^{C/G-ij}\nabla\Delta N_{\mathrm{rb}}^{C/G-ij} + \nabla\Delta\delta_{d_{\mathrm{hardware-delay}}^{C/G-ij}} + \\ & \nabla\Delta\varepsilon_{\Phi_{\mathrm{rb}}}^{C/G-ij}\end{aligned} \tag{5.1}$$

$$\begin{aligned}\nabla\Delta P_{\mathrm{rb}}^{C/G-ij} = {} & \nabla\Delta\rho^{C/G-ij} + \nabla\Delta\delta_{d_{\mathrm{trop}}^{C/G-ij}} + \nabla\Delta\delta_{d_{\mathrm{ion}}^{C/G-ij}} + \\ & \nabla\Delta\delta_{d_{\mathrm{hardware-delay}}^{C/G-ij}} + \nabla\Delta\varepsilon_{P_{\mathrm{rb}}}^{C/G-ij}\end{aligned} \tag{5.2}$$

式中 $\nabla\Delta$——卫星和接收机之间观测值的双差运算;

C——北斗卫星系统;

G——GPS 卫星系统。

如果在短基线情况下,卫星和接收机钟差被消除,大气误差通过双差运算大幅度减弱,简化后的双差观测量方程如下:

$$\Delta\nabla\Phi_{\mathrm{rb}}^{C/G-ij}=\Delta\nabla p^{C/G-ij}+\lambda_{B1/L1}^{C/G-ij}\Delta\nabla N_{\mathrm{rb}}^{C/G-ij}+\Delta\nabla\varepsilon_{\Phi_{\mathrm{rb}}}^{C/G-ij} \tag{5.3}$$

$$\Delta\nabla P_{\mathrm{rb}}^{C/G-ij}=\Delta\nabla p^{C/G-ij}+\Delta\nabla\varepsilon_{\Phi_{\mathrm{rb}}}^{C/G-ij} \tag{5.4}$$

RTK 定位的待求参数向量 $\boldsymbol{X}$ 如下：

$$\boldsymbol{X}=(\boldsymbol{r}^{\mathrm{T}},\ (\Delta\nabla\boldsymbol{N}_{\mathrm{rb}}^{C-ij})^{\mathrm{T}},\ (\Delta\nabla\boldsymbol{N}_{\mathrm{rb}}^{G-ij})^{\mathrm{T}})^{\mathrm{T}} \tag{5.5}$$

式中　$\boldsymbol{r}$ ——空间直角坐标系(ECEF)表示的移动站的位置坐标；
$\Delta\nabla\boldsymbol{N}_{\mathrm{rb}}^{C/G-ij}$ ——北斗系统和 GPS 的双差模糊度参数。

历元 t 时刻的双差载波相位和伪距观测值向量 $\boldsymbol{Y}_{\mathrm{t}}$ 定义如下：

$$\boldsymbol{Y}_{\mathrm{t}}=(\Delta\nabla\boldsymbol{\Phi}_{\mathrm{rb}}^{C-ij},\ \Delta\nabla\boldsymbol{\Phi}_{\mathrm{rb}}^{G-ij},\ \Delta\nabla\boldsymbol{P}_{\mathrm{rb}}^{C-ij},\ \Delta\nabla\boldsymbol{P}_{\mathrm{rb}}^{G-ij}) \tag{5.6}$$

5.1.2 卡尔曼滤波求解

通过卡尔曼滤波解算，待求参数向量 $\boldsymbol{X}$ 及其协方差矩阵 $\boldsymbol{Q}_X$ 可按下式进行求解：

$$\begin{aligned}\boldsymbol{K}_t&=\boldsymbol{Q}_{t-1}\boldsymbol{H}(\hat{\boldsymbol{X}}_{t-1})(\boldsymbol{H}(\hat{\boldsymbol{X}}_{t-1})\boldsymbol{Q}_{t-1}\boldsymbol{H}(\hat{\boldsymbol{X}}_{t-1})^{\mathrm{T}}+\boldsymbol{R}_t)^{-1}\\ \hat{\boldsymbol{X}}_{\mathrm{t}}&=\hat{\boldsymbol{X}}_{t-1}+\boldsymbol{K}_t(\boldsymbol{Y}_t-\boldsymbol{h}(\hat{\boldsymbol{X}}_{t-1}))\\ \boldsymbol{Q}_t&=(\boldsymbol{I}-\boldsymbol{K}_t\boldsymbol{H}(\hat{\boldsymbol{X}}_{t-1}))\boldsymbol{Q}_{t-1}\end{aligned} \tag{5.7}$$

式中　$\boldsymbol{h}(\boldsymbol{X})$ ——观测向量；
$\boldsymbol{H}(\boldsymbol{X})$ ——偏导数矩阵；
$\boldsymbol{R}_t$ ——观测误差的协方差阵。

待求参数 $\hat{\boldsymbol{X}}_t$ 如下：

$$\hat{\boldsymbol{X}}_t=(\hat{\boldsymbol{r}}^{\mathrm{T}},\ (\Delta\nabla\hat{\boldsymbol{N}}_{\mathrm{rb}}^{C-ij})^{\mathrm{T}},\ (\Delta\nabla\hat{\boldsymbol{N}}_{\mathrm{rb}}^{G-ij})^{\mathrm{T}})^{\mathrm{T}} \tag{5.8}$$

式中　$\boldsymbol{Q}_t=\begin{bmatrix}\boldsymbol{Q}_r & \boldsymbol{Q}_{Nr}\\ \boldsymbol{Q}_{rN} & \boldsymbol{Q}_N\end{bmatrix}$；
$\Delta\nabla\hat{\boldsymbol{N}}$ ——双差浮点模糊度。

当得到待求参数的估值，应该将浮点模糊度转换为整数解以提高定位精度。

5.1.3 LAMBDA 算法模糊度求解

不同的整周模糊度解算有不同的算法思想，但大多数思路归结为求解整数最小二乘问题，一般是将构造的目标函数最小化，例如目前使用较多的目标函数就是使浮点模糊度矢量和对应整数模糊度矢量之差的平方和达到最小。本书单频模糊度解算中采用 LAMBDA 算法，该算法凭借其较完善的理论体系及优越的性能被众多学者采用。该方法通过整数高斯变换，减小不同模糊度相关性，改善了搜索空间的特性，使得被搜索的整数模糊度分布在其对应的浮点模糊度附近，加快搜索速率，提高准确性。

利用式(5.8)所得的浮点模糊度向量 $\Delta\nabla\hat{\boldsymbol{N}}$ 及其协方差矩阵 $\begin{bmatrix} \boldsymbol{Q}_r & \boldsymbol{Q}_{Nr} \\ \boldsymbol{Q}_{rN} & \boldsymbol{Q}_N \end{bmatrix}$，在其所构成的搜索空间中利用模糊度浮点解 $\Delta\nabla\hat{\boldsymbol{N}}$ 和整数解 $\boldsymbol{N}$ 之间的距离平方和为目标函数，搜索到的整数模糊度 N 使得目标函数最小，即

$$\check{\boldsymbol{N}} = \arg\min_{\boldsymbol{N}\in\boldsymbol{Z}}((\boldsymbol{N}-\hat{\boldsymbol{N}})^{\mathrm{T}}\boldsymbol{Q}_N^{-1}(\boldsymbol{N}-\hat{\boldsymbol{N}})) \tag{5.9}$$

若 $\boldsymbol{Q}_{\hat{N}}^{-1}$ 为对角阵，直接将 $\hat{\boldsymbol{N}}$ 四舍五入为模糊度最优整数解。实际情况下 $\boldsymbol{Q}_{\hat{N}}^{-1}$ 为各因子都不为零的对称阵，因其相关性，将浮点解 $\hat{\boldsymbol{N}}$ 直接四舍五入得到最优整数解的做法是不妥当的。式(5.10)为 LAMBDA 算法定义的模糊度搜索空间，其限定的空间为一个多维椭球体，对椭球空间内的值逐一搜索直到其中某一个整数值满足式(5.9)。

$$\|\boldsymbol{N}-\hat{\boldsymbol{N}}\|_{\boldsymbol{Q}_N^{-1}}^2 < T \tag{5.10}$$

$\boldsymbol{Q}_{\hat{N}}^{-1}$ 对于不同观测值的权重不同，使得椭球空间的搜索范围有着较大的差别，应尽可能使最优整数解 $\boldsymbol{N}$ 的搜索在浮点模糊度解 $\hat{\boldsymbol{N}}$ 的附近，LAMBDA 算法经过 Z 变换将之前扁长的椭球搜索空间变成近似球体，变换矩阵 $\boldsymbol{Z}$ 以及其逆矩阵 $\boldsymbol{Z}^{-1}$ 的元素都是整数，使得变换前后搜索空间的体积保持不变。原先的 $\boldsymbol{Q}_{\hat{N}}^{-1}$ 变成对角阵 $\boldsymbol{Z}^{-\mathrm{T}}\boldsymbol{Q}_{\hat{N}}^{-1}\boldsymbol{Z}^{-1}$，使得模糊度的相关性减弱，即原先对 $\boldsymbol{N}$ 的搜索换成了对 $\boldsymbol{M}$ 的搜索。

$$\boldsymbol{M}-\hat{\boldsymbol{M}} = \boldsymbol{Z}(\boldsymbol{N}-\hat{\boldsymbol{N}}) \tag{5.11}$$

$$\min_{\boldsymbol{N}}\|\boldsymbol{N}-\hat{\boldsymbol{N}}\|_{\boldsymbol{Q}_N^{-1}}^2 = \min_{\boldsymbol{N}}\|\boldsymbol{M}-\hat{\boldsymbol{M}}\|_{\boldsymbol{Z}^{-\mathrm{T}}\boldsymbol{Q}_N^{-1}\boldsymbol{Z}^{-1}}^2 \tag{5.12}$$

直接将向量 $\hat{\boldsymbol{M}}$ 的值四舍五入即可得到最优整数解，然后进行逆变换，将最优 $\hat{\boldsymbol{M}}$ 转换为最优模糊度整数解 $\hat{\boldsymbol{N}}$。

$$\hat{\boldsymbol{N}} = \boldsymbol{Z}^{-1}\hat{\boldsymbol{M}} \tag{5.13}$$

将式(5.13)得到的整周模糊度的最优解带入式(5.14)中可得到经整周模糊度修正后的移动站精确位置坐标：

$$\check{\boldsymbol{r}}_{\mathrm{r}} = \hat{\boldsymbol{r}}_{\mathrm{r}} - \boldsymbol{Q}_{\mathrm{rN}}\boldsymbol{Q}_{\mathrm{N}}^{-1}(\hat{\boldsymbol{N}}-\check{\boldsymbol{N}}) \tag{5.14}$$

进行 Ratio 检测，阈值设置为 3，当次小模糊度残差值与最小模糊度残差值的比值大于给定阈值，则模糊度固定成功，并且称此历元为模糊度固定历元，其成功率(FIX 率)定义为模糊度固定历元与总历元的比值[1]。

$$\text{FIX 率} = \frac{\text{Num(suc)}}{\text{Num(all)}} \times 100\% \tag{5.15}$$

5.2 廉价导航模块简介

5.2.1 U-blox 系列模块

NEO-M8T 是由 u-blox 公司于 2015 年投入市场的一款 GNSS-OEM 板，除了能够输出传统的 NEMA0183 格式数据，还可以输出高精度的原始数据，并自动对其中原始观测值的质量进行判断，将判断结果显示在对应的标志位上，指明该观测值可用或者不可用。这一功能使得 NEO-M8T 适合差分定位系统的开发，其技术参数见表 5.1。可以使用 u-blox 公司的 u-center 软件对 NEO-M8T 进行设定，根据当前环境选择需要使用的卫星系统，并关闭其他系统，可单系统模式或多系统模式，同时可以设置相关协议的输出频率和输出类型，这些设置会立即保存到 NEO-M8T 的 flash 中，确保掉电不丢失。

表 5.1 NEO-M8T OEM 板主要技术参数

性能指标	技术参数
主要卫星系统	GPS L1 C/A　北斗系统 B1 GLONASS L1　GALILEO E1
数据最大输出频率	GPS：10 Hz　GPS&北斗系统：5 Hz
通信接口	USB 接口 DB9 串口
输出/输入协议	NEMA0183　UBX 协议

5.2.2 ST 系列模块

本书选择意法半导体 STA8090 模块作为实验器材。STA8090 是一款支持多星座的单频廉价导航级芯片，能同时跟踪美国 GPS、中国北斗系统、俄罗斯 GLONASS、欧洲 GALILEO，以及日本 QZSS 卫星信号，其多星座持续高稳定性信号接收使其在宽阔环境以及城市建筑物遮挡环境中保持较高的可视卫星数，从而拥有较为理想的定位精度。此模块广泛应用于汽车导航等交通运输领域[2]。

实验过程中，将 STA8090 导航模块与测绘级接收机 Novatel OEM6 进行对比，Novatel 接收机以其低延迟的高稳定性定位技术广泛应用在高动态导航定位中[3]。表 5.2 为 Novatel 接收机和 STA8090 模块的基本参数。实验中，STA8090 模块连接方块天线并采取双模(北斗系统+GPS)单频模式(L1+B1)，Novatel 接收机连接配套的 Novatel

天线并采用单模(GPS)双频模式(L1+L2)。因为接收面积较小的缘故,廉价的方块天线的信号接收和多路径的抑制作用相对 Novatel 天线较弱[4]。

表 5.2　Novatel 接收机和 STA8090 模块的基本参数

接收机/导航芯片	频段	频率(MHz)	波长(cm)	输出频率(Hz)
STA8090	B1+L1	1 561.098 1 575.42	19.2 19	5
Novatel	L1+L2	1 575.42 1 227.6	19 24.4	5

5.3　零基线实验

5.3.1　零基线实验环境

本书采用零基线实验检测 STA8090 模块的相位、伪距原始观测量的双差残差量作为 RTK 定位的基本保证。在零基线实验中,STA8090 模块和 Novatel 接收机通过 GEMS 分路器连接到同一根天线上(型号 GMX902),并将 Novatel 接收机作为基准站(图 5.2)。

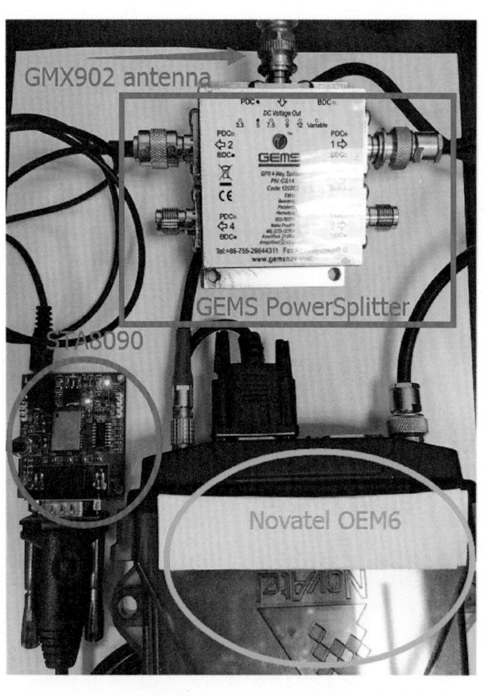

图 5.2　STA8090 和 Novatel 零基线实验设备

5.3.2　双差伪距和相位残差值

选择仰角最高的 PRN24 号卫星作为基准卫星计算 PRN10、PRN20 号卫星双差相位和伪距残差量,结果如图 5.3 所示。

表 5.3 所示为 PRN24 - 10、PRN24 - 20 双差伪距和相位残差均值及均方根值(RMS),考虑到多径效应对双差伪距残差的影响,进一步分析其双差伪距残差量。

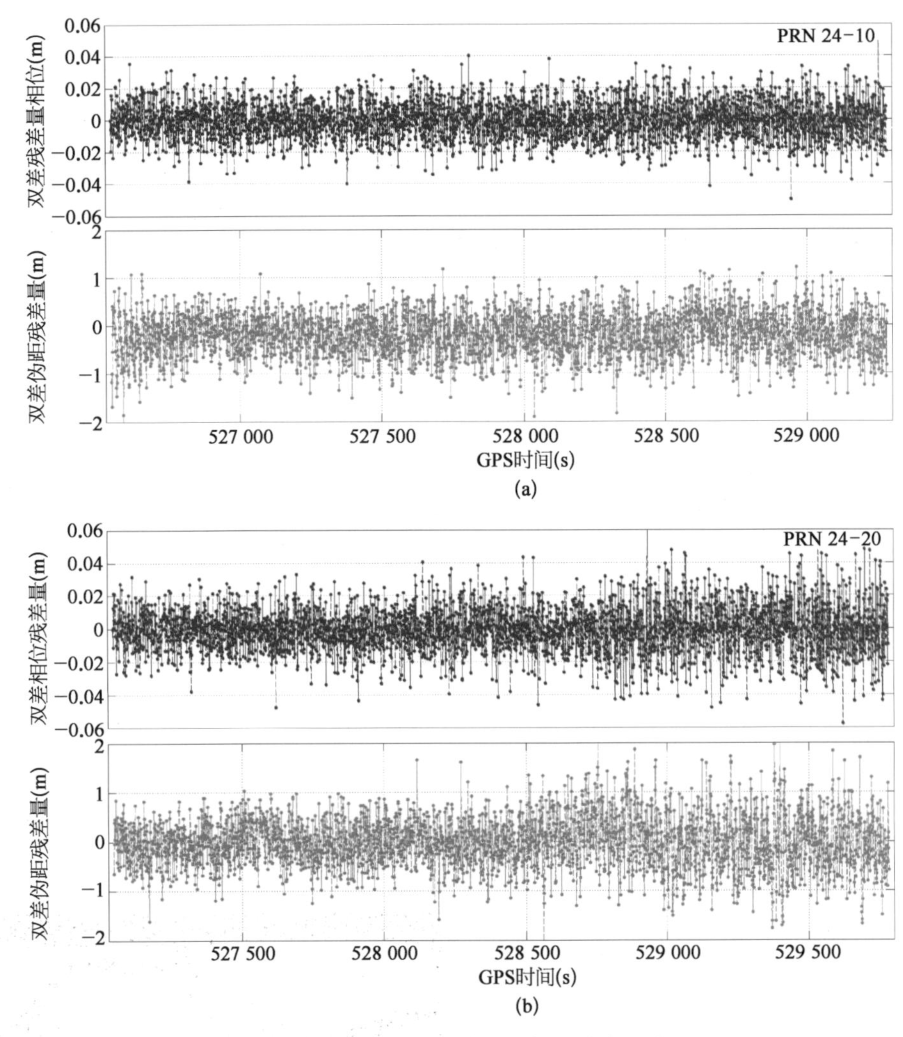

图 5.3 零基线双差伪距和相位残余误差

(a) PRN24－10;(b) PRN24－20

[本地时间:2018 年 2 月 10 日 10:23:30—11:22:00(1 h,5 Hz)]

表 5.3 双差伪距和相位残差均值及 RMS 值 (m)

双　差　值	PRN 24－10	PRN 24－20
双差伪距均值	−0.008	0.006
双差伪距 RMS 值	0.493	0.540
双差相位均值	−0.000	−0.000
双差伪距 RMS 值	0.012	0.014

5.3.3 双差伪距中提取多径误差及观测噪声

在多频观测中,多径效应可通过观测方程的线性组合进行削弱,但是这种方式在单频观测中无用武之地[8,9]。静态定位情况下的多径效应可通过时间相关的恒星滤波法进行探测和削弱[10]，并且使用小波分析，可根据不同的频率特征进行信号剥离[11,12]。相比之下，受到接收机和天线动态变化以及周围环境影响，动态多径效应的有效提取和削弱比较困难，可以借助于信噪比(S/N)和载噪比(C/N)的变化进行探测[13]。

使用小波分析，对 PRN24 - 10 卫星对的双差伪距残差量进行剥离，分别得到低频的多径效应以及高频噪声。采取 db1 小波基进行三层分离得到低频多径误差如图 5.4(a)所示，从图中可看出多径效应的 RMS 值依然较大，为 0.413 m，低频多径效应的高频观测噪声[见图 5.4(b)]RMS 降为 0.267 m，可以在一定程度上提高定位精度。

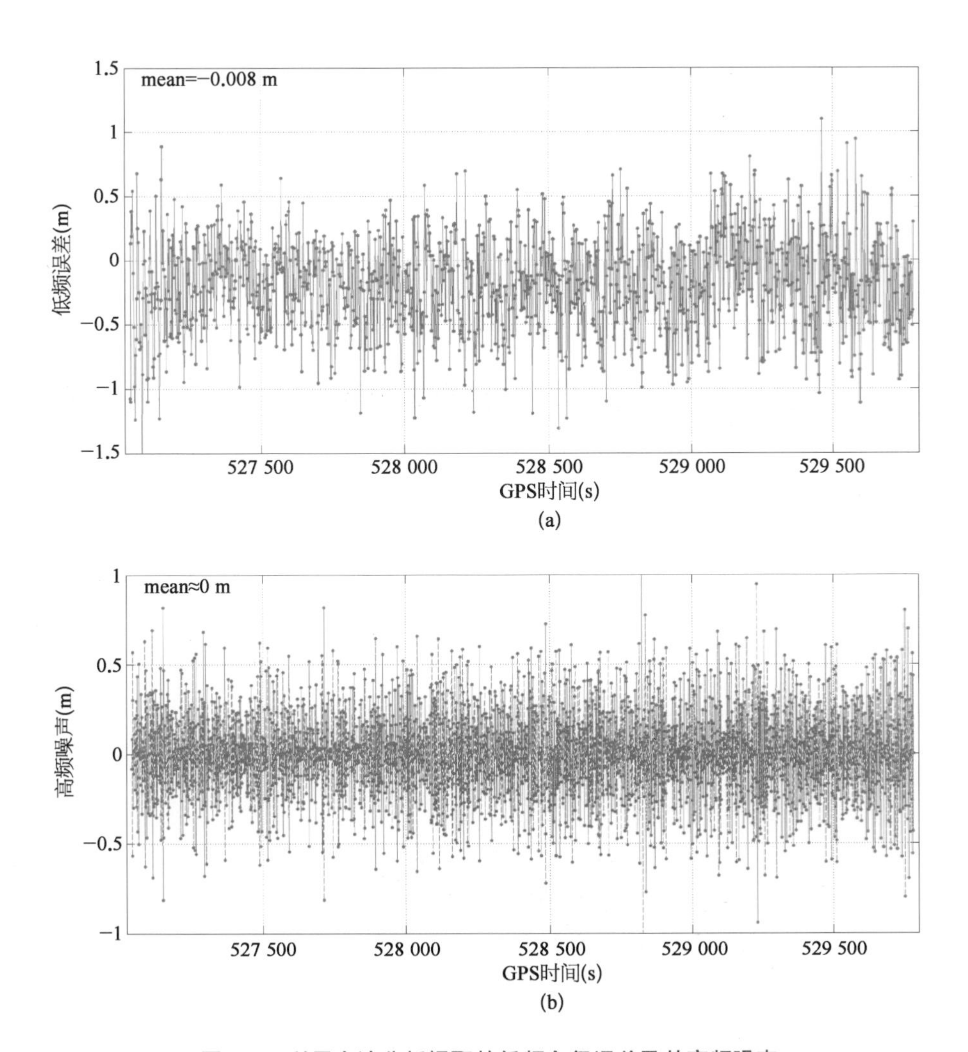

图 5.4　利用小波分析提取的低频多径误差及其高频噪声

(a) 利用小波分析提取的低频多径误差；(b) 剥离低频信号的高频观测噪声

5.3.4　零基线实验定位结果

如图 5.5 所示，零基线实验的定位结果中，东向定位误差大多分布在 0.005 m 以内，

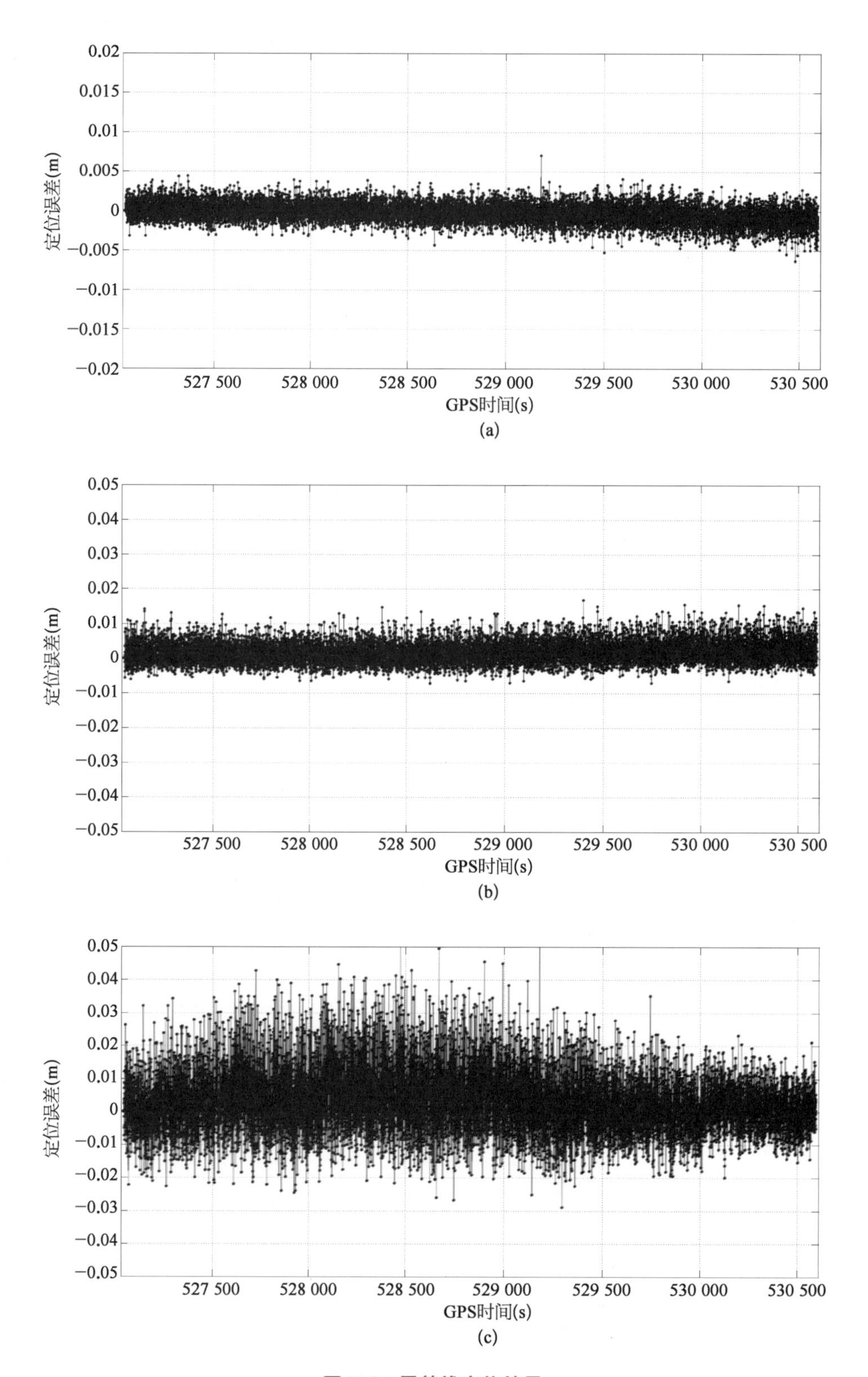

图 5.5　零基线定位结果

(a) 东向;(b) 北向;(c) 天向

北向误差大多分布在 0.01 m 以内,天向误差相对较大。表 5.4 所示,Float+FIX 解的东向定位误差 RMS 值为 0.019 m,北向定位误差 RMS 值为 0.033 1 m,天向定位误差 RMS 值为 0.068 9 m,而 FIX 解拥有更高的定位精度,其东向误差 RMS 值为 0.001 2 m,北向定位误差 RMS 值为 0.002 9 m,天向定位误差 RMS 值为 0.009 4 m。其中,"FIX+Float"表示模糊度固定不成功和模糊度正确固定的历元总和,"FIX"表示模糊度正确固定的历元数,因此零基线试验中获得厘米级的定位精度,基于零基线实验双差相位和伪距的残余量以及定位结果,可以验证 STA8090 应用在 RTK 定位的可行性。

表 5.4　零基线相对于准确位值的定位误差(RMS)以及 FIX 率

STA8090	RMS - E(m)	RMS - N(m)	RMS - U(m)	FIX 率(%)
Float+FIX	0.019 0	0.033 1	0.068 9	—
FIX	0.001 2	0.002 9	0.009 4	99.8%

5.4　静态对比实验

5.4.1　静态实验环境

静态对比试验部分,将 STA8090 模块同 Novatel 接收机的静态定位结果相比较,评估 STA8090 模块静态定位性能。

移动站采取 STA8090 的 B1+L1 频段以及 Novatel L1+L2 频段的 5 Hz 实时数据流,基线采用千寻网络 1 Hz 实时数据流,通过室内放大器将 GMX902 天线[图 5.6(a)]信号引入室内[图 5.6(b)],实验为 12 小时,将 Novatel 的定位结果作为参考基准,并且验证千寻网络在静态试验中的可行性和稳定性。STA8090 和 Novatel 的可视卫星数如图 5.8 所示。

由图 5.7 可知,STA8090 有着比 Novatel 更多的卫星数,并且基本维持在 12 颗以上,由于 Novatel 接收机只接收 GPS 卫星信号,某些特定时间段可能因为环境因素导致 Novatel 只接收到 7 颗卫星。如图 5.8 所示,由于更多的可视卫星数,STA8090 的 GDOP 值和 PDOP 值都小于 Novatel 的值,并且都小于 4。可以保证定位的稳定性和精度[14]。

5.4.2　静态对比实验结果

图 5.9 所示为静态试验中 STA8090 的东向、北向及天向的定位误差,其中东向和北

图 5.6　静态实验采用设备

(a) GMX902 天线；(b) 室内放大器以及方块天线和 Novatel 天线

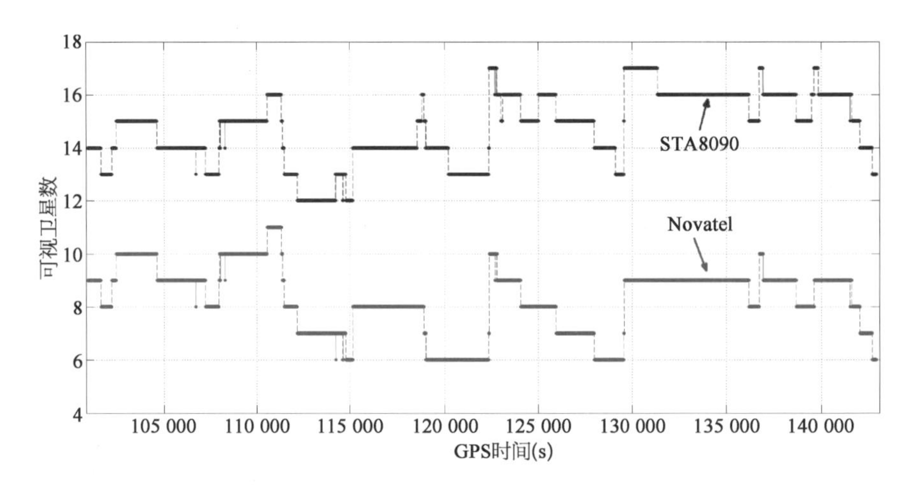

图 5.7　STA8090 和 Novatel 的可视卫星数

[仰角截止角 15°,本地时间：2018 年 3 月 5 日 11:59:00—23:42:00(11 h 43 min,5 Hz)]

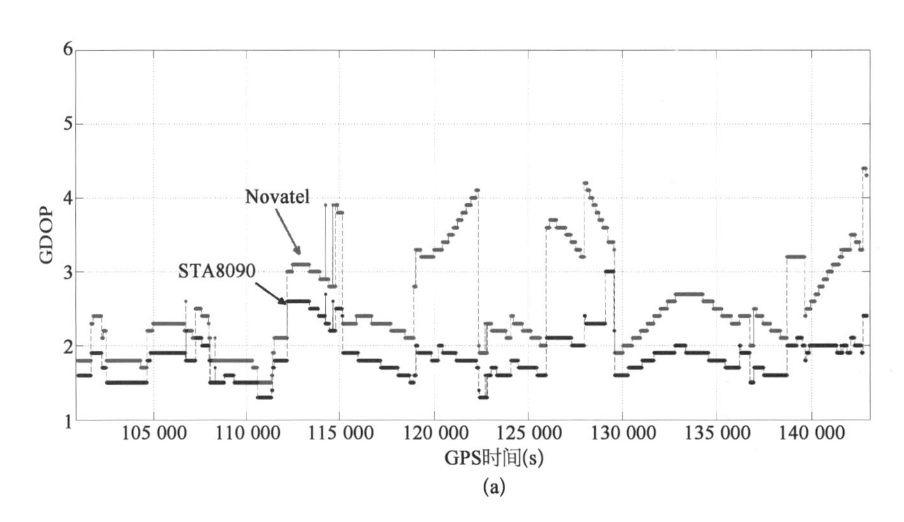

(a)

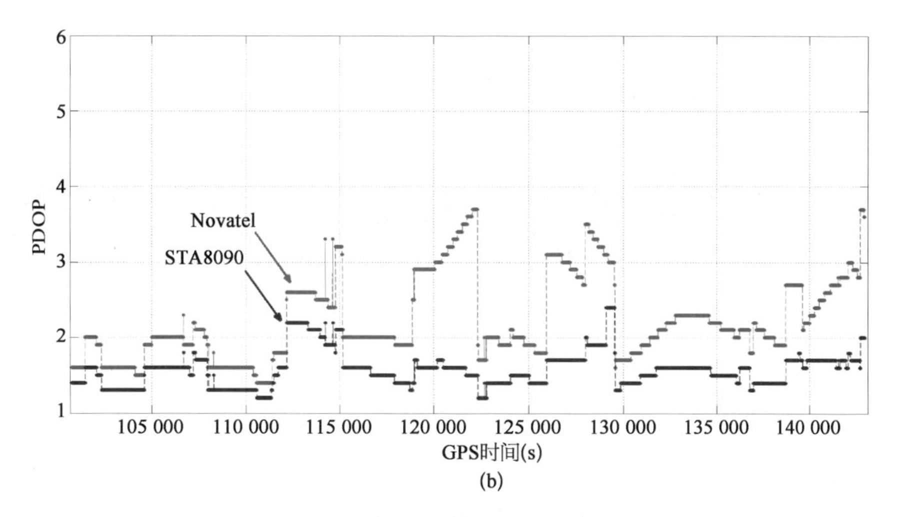

图 5.8　STA8090 的 GDOP 和 PDOP

(a) GDOP;(b) PDOP

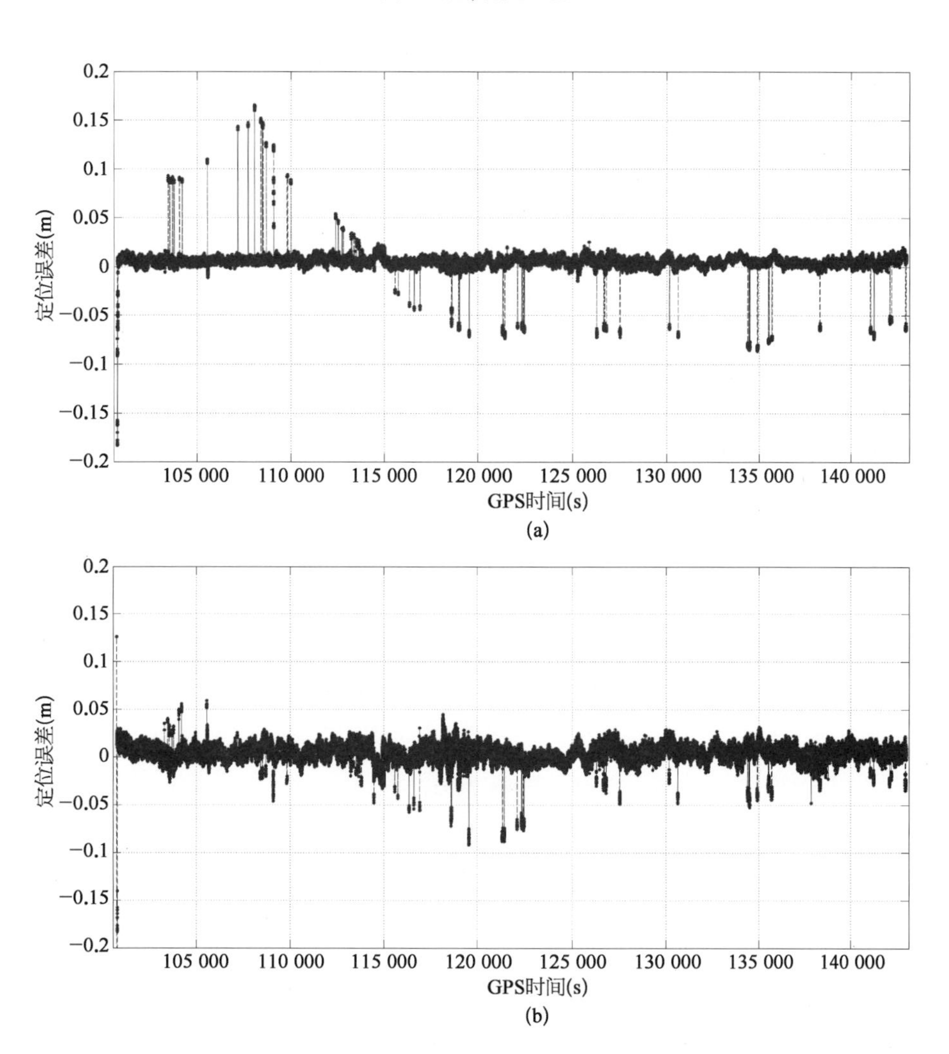

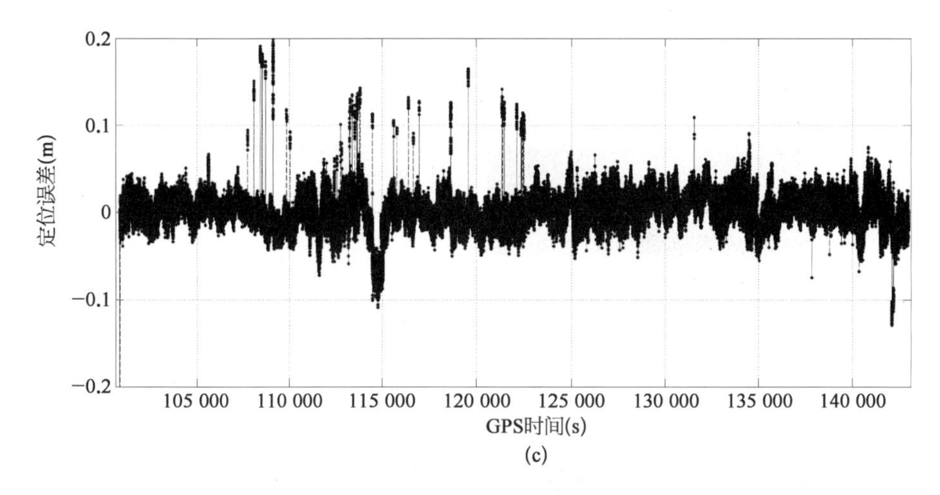

图 5.9　静态试验 STA8090 定位误差

(a) 东向定位误差；(b) 北向定位误差；(c) 天向定位误差

向定位误差主要分布在 0.05 m 以内，天向定位误差较大为 0.1 m。表 5.5 所示，东向定位误差 RMS 值为 0.008 m，北向定位误差 RMS 值为 0.009 m，天向定位误差相对较大为 0.014 m，FIX 率为 93.1%。因此，STA8090 模块静态试验定位精度可达到厘米级定位精度，同时静态试验也验证了千寻网络应用在 STA8090 模块中的可行性和稳定性。

表 5.5　静态对比实验的定位误差 RMS 值及 FIX 率

接收机	FIX 率	RMS - E(m)	RMS - N(m)	RMS - U(m)
STA8090	93.1%	0.008	0.009	0.014
Novatel	99.75%	0.002	0.004	0.009

5.5　动态试验

动态试验中使用 Novatel 定位结果作为参考基准来测定 STA8090 动态定位性能，将方块天线和 Novatel 天线固定在推车上[见图 5.10(a)]，试验中忽略推车微小震动对天线的影响，两天线中心水平距离为 0.39 m，垂向距离为 0.08 m。在动态试验中考虑三种类型的实验环境：一个宽阔操场实验；两个树木遮挡实验；一个建筑物严重遮挡实验。在不同环境下仿真宽阔地带以及城市树木建筑物等遮挡地区并且评估 STA8090 模块 RTK 定位性能。

图 5.10(b)所示为 STA8090 和 Novatel 接收机水平距离残差计算流程。earth_

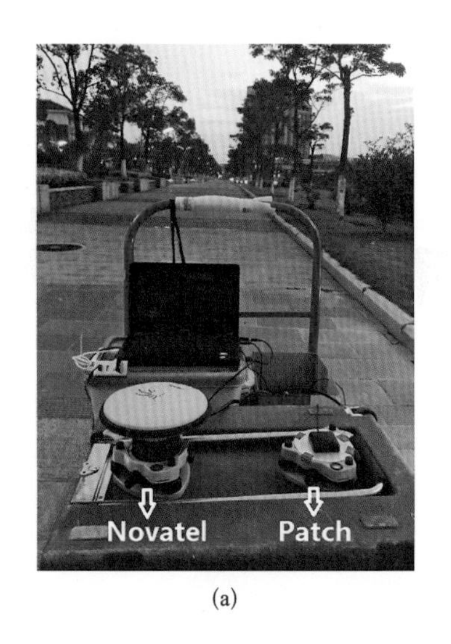

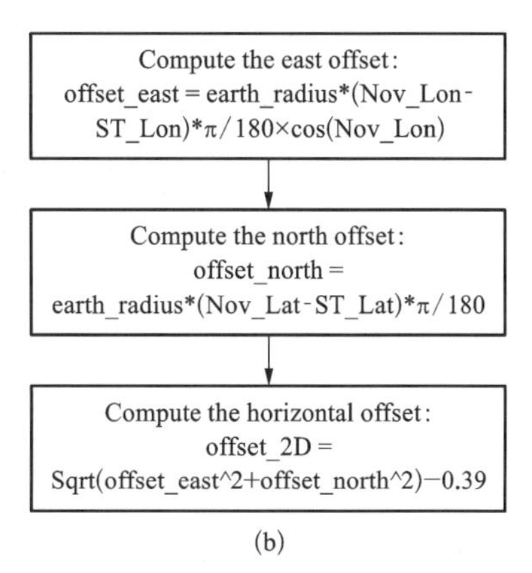

(a)　　(b)

图 5.10　动态试验所用设备及残差计算流程

(a) 固定天线的推车;(b) STA8090 模块和 Novatel 接收机水平距离残差计算流程

radius 代表地球半径,取值为 6 378 137 m。第一步计算水平定位误差中的东向误差,Nov_Lon 和 ST_Lon 分别代表 STA8090 模块和 Novatel 接收机各自解算的经度值。第二步计算水平定位误差中的北向误差,Nov_Lat 和 ST_Lat 分别代表 STA8090 模块和 Novatel 接收机各自解算的纬度值。第三步计算水平距离残差值,使用第一、二步计算出来的东北向分量误差计算水平距离并减去实验推车上 0.39 m 的固定水平距离,即可得两者距离残差值,用此残差值衡量 SAT8090 动态水平向定位性能,天向定位误差残差用两者各自解算的天向误差的差值再减去固定值 0.08 m 作为衡量标准。

5.5.1　操场试验

第一个动态试验选择校内操场,基于 GDOP 值、可视卫星数目、水平定位精度(相对于 Novatel 定位结果)以及 FIX 率来评估 STA8090 模块动态定位性能。

图 5.11 所示,STA8090 模块基于 BDS /GPS 混合星座的优势,其可视卫星数是 Novatel 接收机的近两倍,基本维持 18 颗以及更多的可视卫星,这样 STA8090 可得到更好的卫星布局以及更低的 GDOP 值,保证定位的稳定性。图 5.12 所示为操场试验 STA8090 和 Novatel 的 Google 地图轨迹。

图 5.13 所示为操场试验的水平、天向误差以及水平误差分布历元数统计。STA8090 水平误差 RMS 值为 0.148 m,天向误差 RMS 值为 0.463 m,并且水平误差大分部分布在 0.2 m 以内,FIX 率为 32.9%(表 5.6)。图中出现短暂的误差较大的跳变现象,这是因为短暂网络不稳定原因导致 CORS 基站信息延迟,从而导致 STA8090 模块与基站时间延迟过大,造成定位解算误差过大。从 Google 地图上可以看出两者的轨迹较为吻合(图 5.12),因此 STA8090 模块在宽阔操场可获得动态亚米级定位精度。

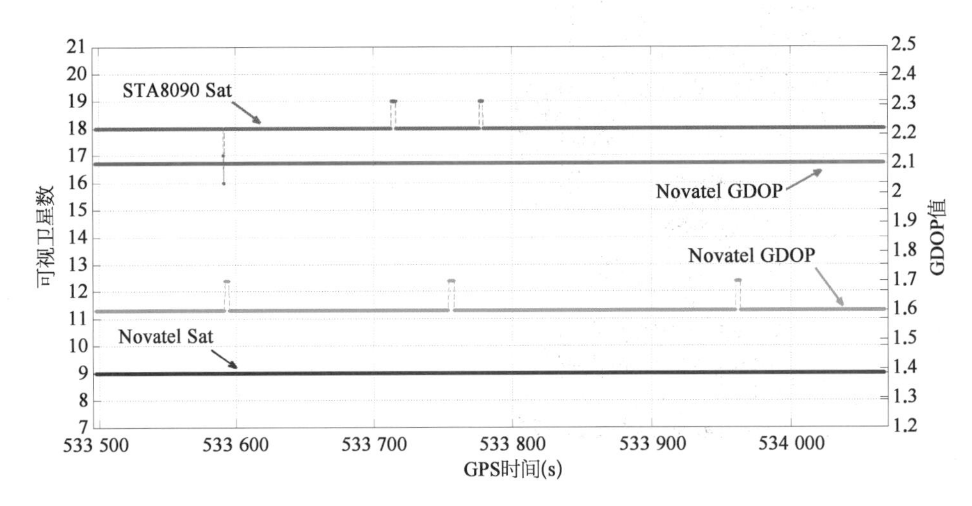

图 5.11　STA8090 和 Novatel 的可视卫星数和 GDOP 值

[仰角截止角为 15°,本地时间: 2018 年 3 月 3 日 12:05:00—12:15:00(10 min,5 Hz)]

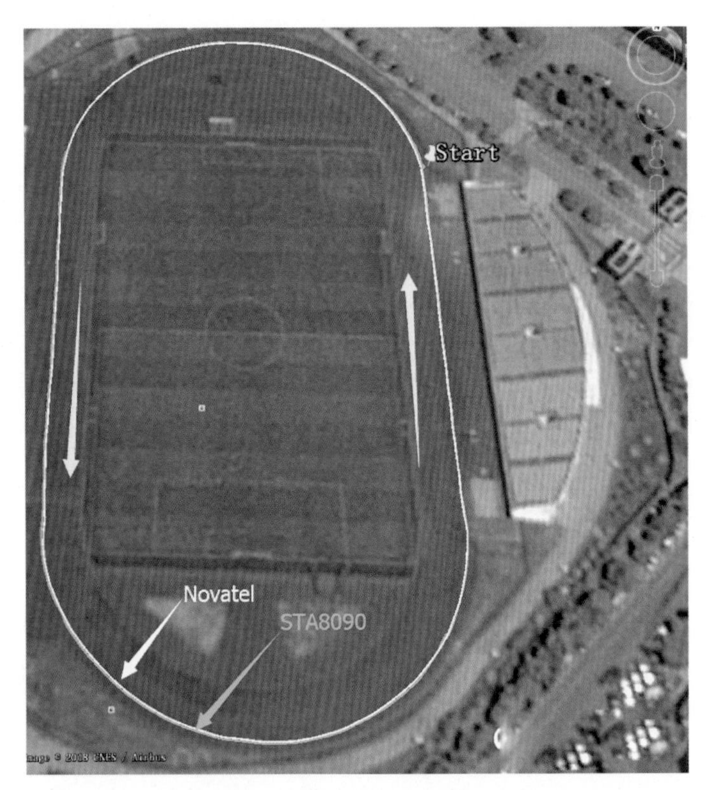

图 5.12　操场试验 STA8090 和 Novatel Google 地图轨迹显示

(注: 黄色箭头代表运动方向)

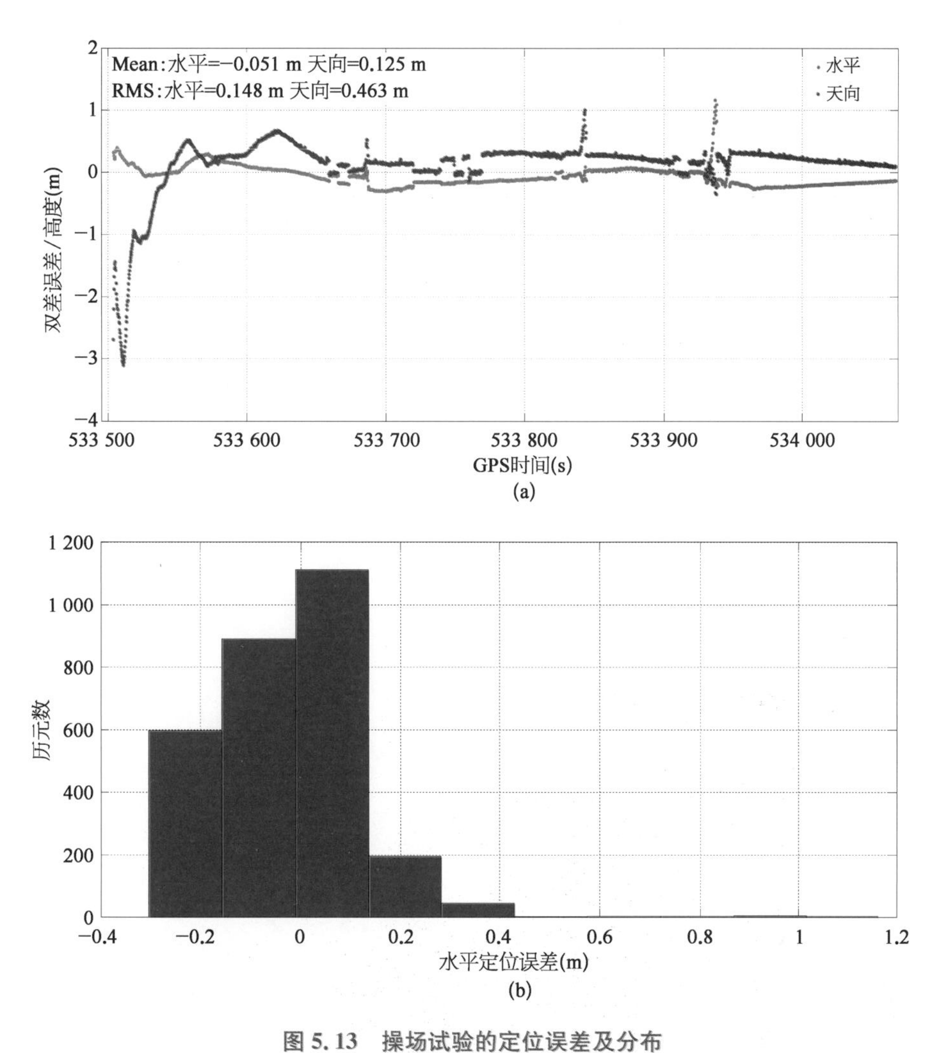

图 5.13　操场试验的定位误差及分布

(a) 操场试验水平方向及天向定位误差；(b) 水平方向误差分布及历元数

5.5.2　树木遮挡实验

1) 花坛实验

在花坛树木遮挡环境下测试 STA8090 RTK 定位性能，STA8090 与 Novatel 相比仍然可获得较高的可视卫星数以及较小的 GDOP 值。然而在图 5.14 中可以看到，在历元 530 210～530 230 中，STA8090 的可视卫星数突然下降导致定位精度下降，并且造成 STA8090 和 Novatel 接收机的水平距离误差变大，并且在 Google 地图上显示该时间段两者间轨迹出现偏差，如图 5.15 所示。图 5.16(a)所示为花坛试验水平方向及天向定位误差；图 5.16(b)所示为水平方向误差分布及历元数。从中可知水平距离误差 RMS 值为 0.159 m，天向定位误差 RMS 值为 0.496 m，因此可获得花坛实验动态亚米级的定位精度。

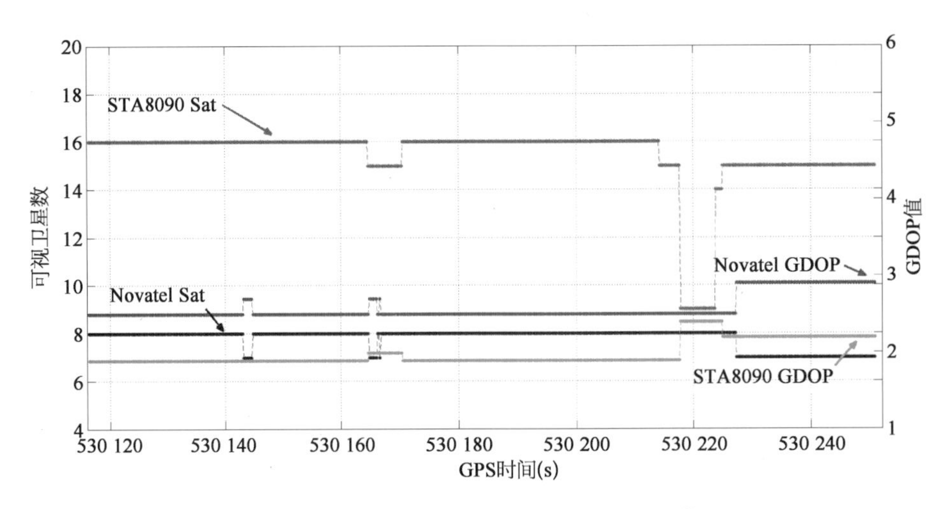

图 5.14　花坛试验可视卫星数以及 GDOP 值

［仰角截止角 15°,本地时间：2018 年 3 月 10 日 10:35:05—10:38:02(3 min,5 Hz)］

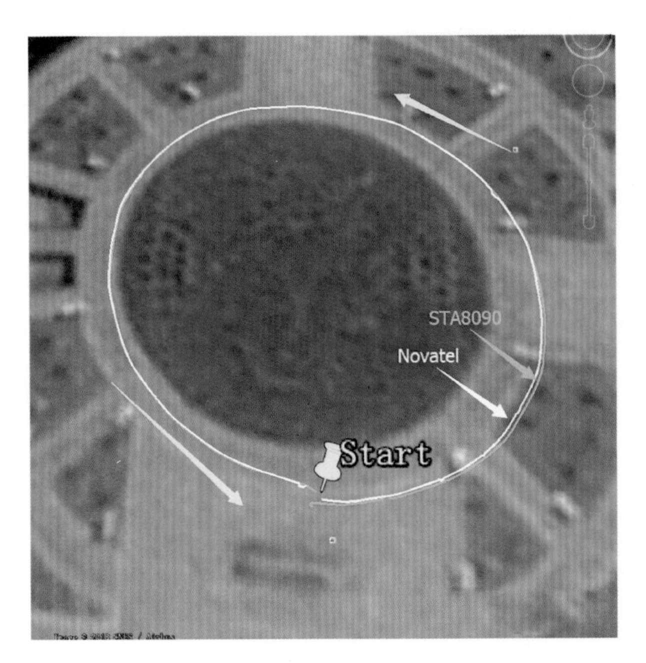

图 5.15　花坛试验 STA8090 和 Novatel Google 地图轨迹显示

（注：黄色箭头代表运动方向）

2）道路试验

道路试验的树木遮挡程度相对花坛实验较为严重,可视卫星数以及 GDOP 值都呈现抖动现象,如图 5.17 所示,不利于 RTK 定位模糊度解算并降低 FIX 率,相对于花坛实验下降为 18.1%(见表 5.6)。图 5.18 所示 Google 地图可知,STA8090 和 Novatel 接收机的轨迹有较好的吻合。图 5.19 所示为水平及天向定位误差,并获得水平误差 RMS 值为

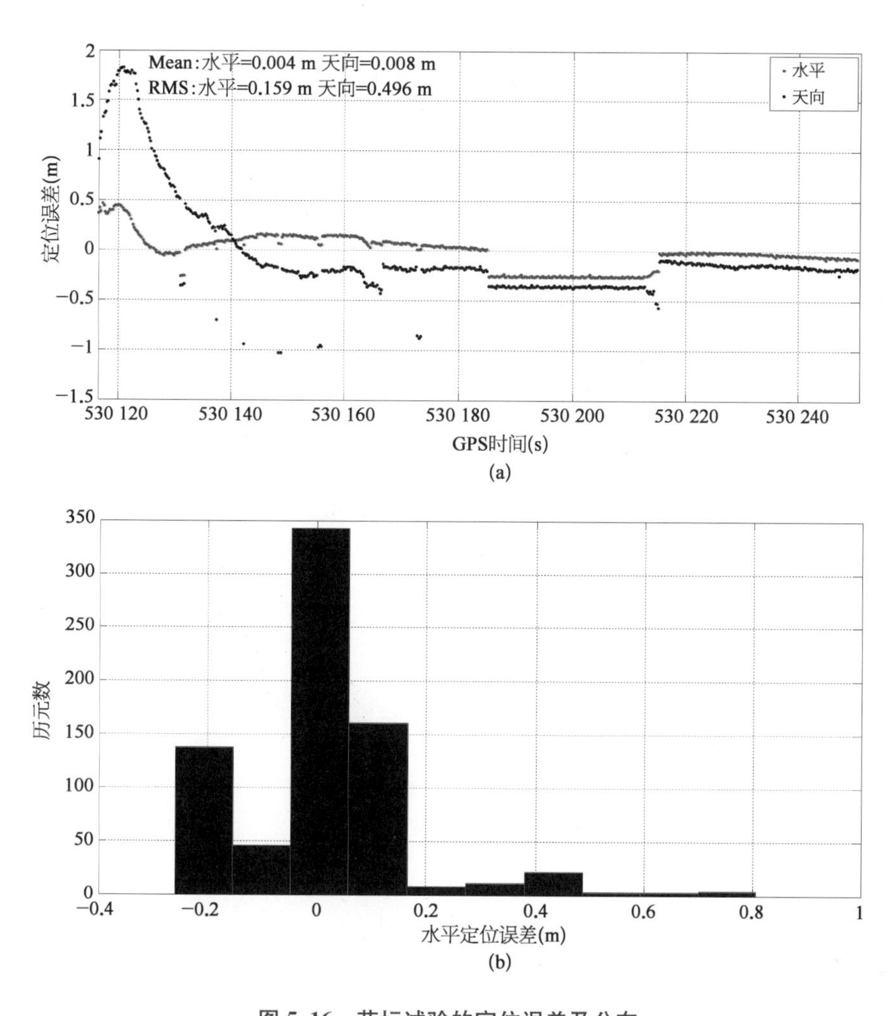

图 5.16　花坛试验的定位误差及分布

(a) 花坛试验水平方向及天向定位误差;(b) 水平方向误差分布及历元数

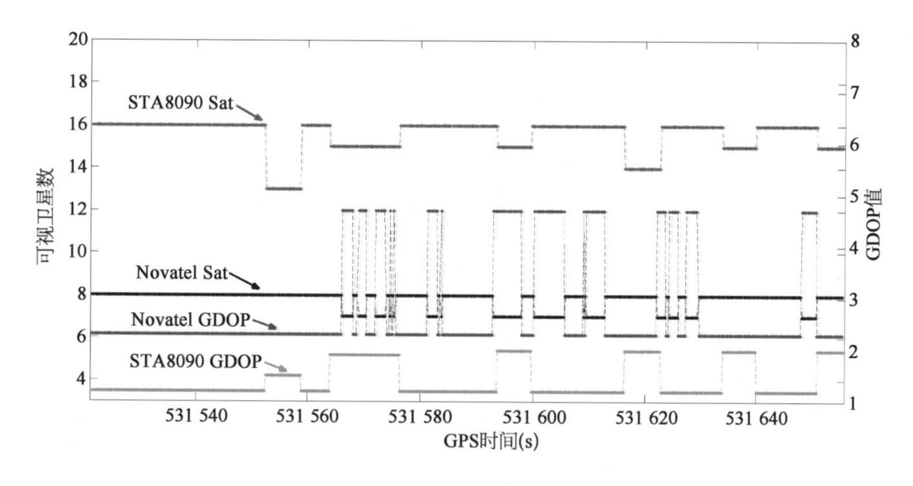

图 5.17　道路试验可视卫星数以及 GDOP 值

[仰角截止角 15°,本地时间: 2018 年 3 月 10 日 11:30:25—11:33:20(3 min,5 Hz)]

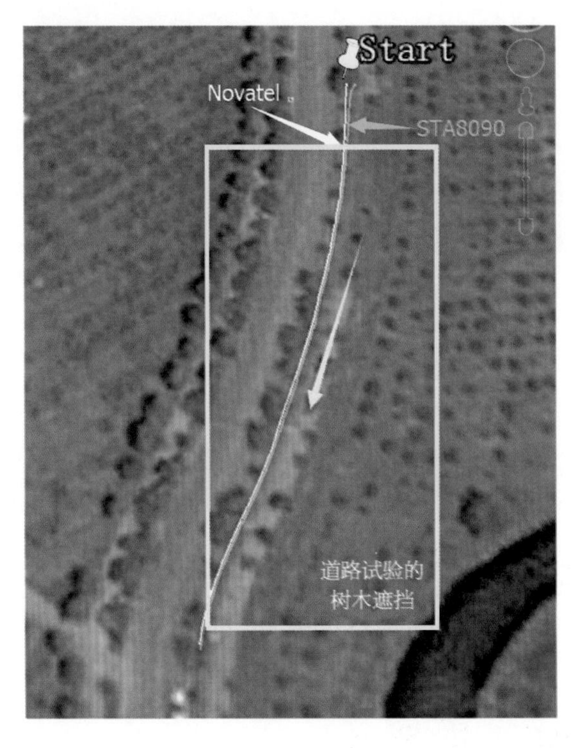

图 5.18 道路试验 STA8090 和 Novatel Google 地图轨迹显示

(注：黄色箭头代表运动方向)

0.133 m,其误差分布大多集中在 0.3 m 以内,天向误差 RMS 值为 0.647 m,因此在道路试验中同样获得亚米级 RTK 定位精度。

综上,花坛试验以及道路试验的 FIX 率相对操场实验都有所下降,STA8090 两次试验的水平误差 RMS 值分别为 0.159 m、0.143 m,因此两次树木遮挡试验可得到亚米级定位精度。

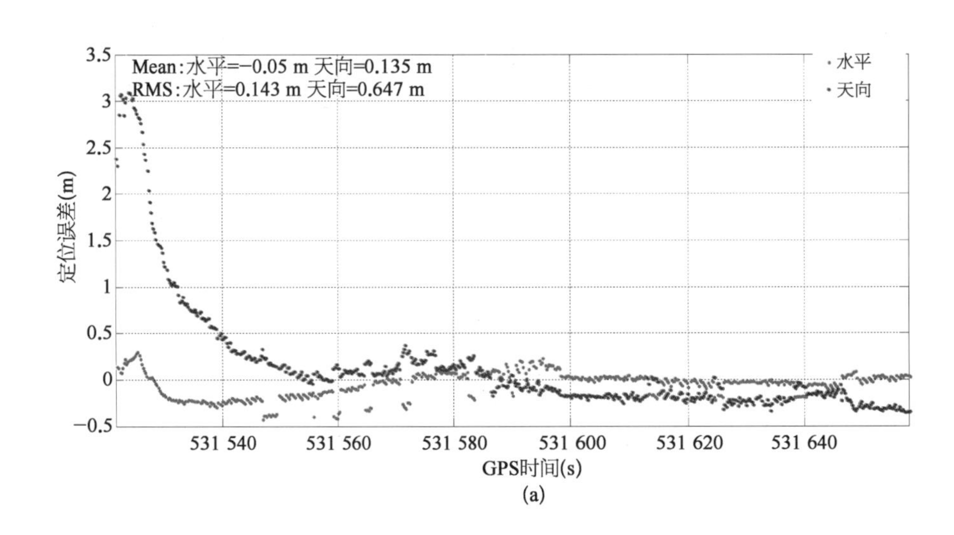

(a)

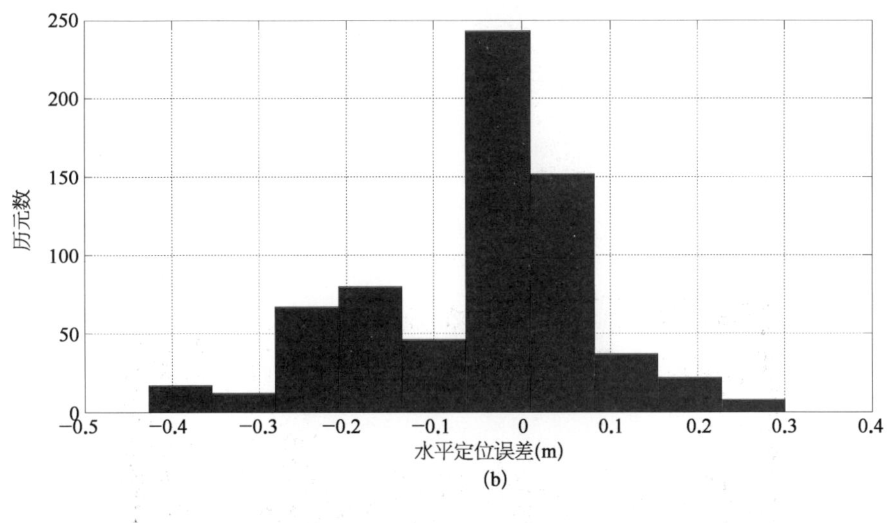

图 5.19　道路试验定位误差及历元数

(a) 道路试验水平方向及天向误差；(b) 水平方向误差分布及历元数

5.5.3　建筑物严重遮挡试验

建筑物遮挡试验环境选取在高层建筑之间的狭窄小道，试验中可视卫星数严重减少，GDOP 值波动较为严重，模糊度不易固定[15]。建筑物试验可视卫星数及 GDOP 值如图 5.20 所示。

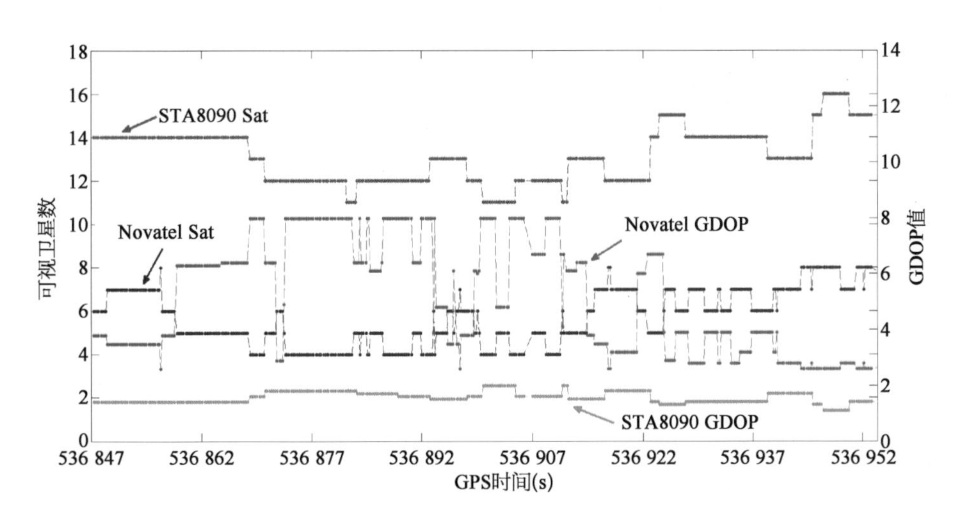

图 5.20　建筑物试验可视卫星数及 GDOP 值

[仰角截止角 15°，本地时间：2018 年 3 月 10 日 13:10:00—13:12:00(2 min，5 Hz)]

当接收机进入建筑物遮挡区，可视卫星数目下降并且上下波动明显，GDOP 值抖动较为严重(图 5.20)，尤其是 Novatel 接收机，将导致较差的 RTK 定位精度。STA8090 基于混合星座优势可以获得更多高仰角北斗卫星,其GDOP值变化相对平稳且优于Novatel的GDOP值。由于Novatel在此环境中相对之前实验环境定位误差较大,该动态试验中Novatel不作为参考位置,只评估两者的FIX率。表5.6可得STA8090的FIX率较树木遮挡实验下降到15.1%,而Novatel因可视卫星数不足导致定位精度较差,只得到FIX率6%。图5.21所示是建筑物实验STA8090和Novatel Google地图轨迹。

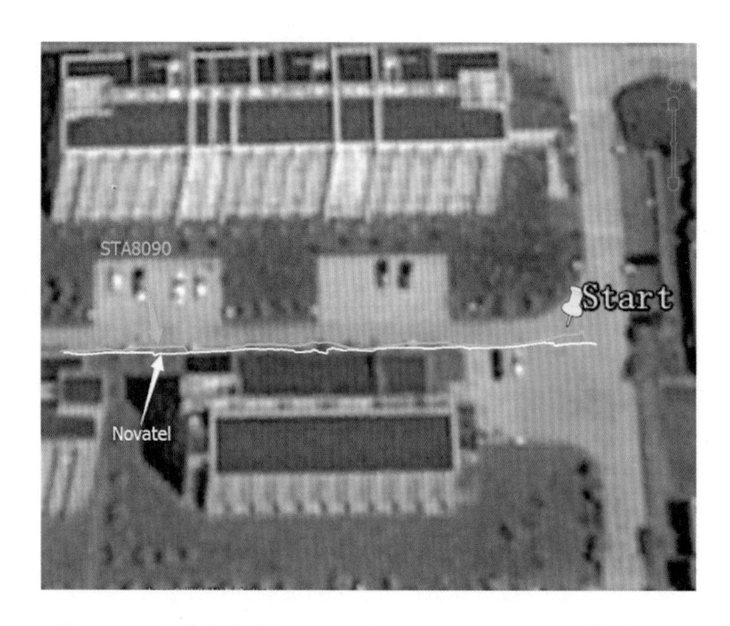

图5.21　建筑物实验STA8090和Novatel Google地图轨迹显示

表5.6　动态试验水平方向以及天向定位误差RMS值及FIX率(已减固定水平误差0.39 m,天向误差0.08 m)

试验场地	$RMS_{水平}$(m)	$RMS_{天向}$(m)	FIX率 STA8090/Novatel
操　场	0.148	0.463	32.9%/99.1%
花　坛	0.159	0.496	21.7%/97.6%
道　路	0.143	0.647	18.1%/88.6%
建筑物	—	—	15.1%/6%

综上,选取不同实验场地来评估STA8090动态RTK定位性能。基于北斗系统混合星座的优势,STA8090可获得更多的可视卫星数以及更好的GDOP值,并且得到动态亚米级RTK定位精度,其水平定位误差RMS分别为宽阔场地0.148 m,树木遮挡场地0.159 m及0.143 m。严重遮挡实验环境下,因为可以收到北斗高仰角卫星信号,可保证定位稳定性并且得到相对于Novatel较高的FIX率,并验证了北斗系统混合星座的优势。

参考文献

[1] RAMAKRISN S, GAO D, X, LORENZO. Design and Analysis of Reconfigurable Embedded GNSS Receivers Using Model-Based Design Tools[C]. GNSS 21st International Technical Meeting of the Satellite Division, 2008.

[2] CHEN X, KANG R. Searching algorithm with granularity changing and the GNSS integer ambiguity estimation[J]. Computer and Information Science, 2006, 45(21): 44 - 47.

[3] 马文忠,李林欢,江丽丽. 基于载波相位差分的北斗/GPS双模定位系统研究[J]. 测绘工程,2015, 24(9): 25 - 30.

[4] TANG W, DENG C, SHI C, et al. Triple-frequency carrier ambiguity resolution for Beidou navigation satellite system[J]. GPS Solutions, 2014, 18(3): 335 - 344.

[5] ST official information[EB/OL]. [2018]. http://www.stmcu.org/article/list-5.

[6] Novatel official website[EB/OL]. [2018]. http://www.novatel.com/products/gnss-receivers

[7] WANG J, MA X. Characteristic analysis and elimination strategies of multipath error for BDS [J]. Science of Surveying & Mapping, 2016, 41(1),18 - 22.

[8] 吴甜甜,张云,刘永明. 北斗/GPS组合定位方法[J]. 遥感学报,2014,18(5): 1087 - 1097.

[9] DAI L, HAN S, WANG J, et al. Comparison of Interpolation Algorithms in Network-Based GPS Techniques[J]. Navigation, 2003, 50(4): 277 - 293.

[10] 唐卫明,刘经南,刘晖,等. 一种GNSS网络RTK改进的综合误差内插方法[J]. 武汉大学学报(信息科学版),2007(12): 1156 - 1159.

[11] 赵磊,张云,韩彦岭,等. 北斗系统三频单点定位性能研究[J]. 测绘科学,2015,40(7): 8 - 14.

[12] UTI S, ESTEY L H, MEERTENS C M. TEQC: The Multi-Purpose Toolkit for GPS/GLONASS Data[J]. GPS Solutions, 1999, 3(1): 42 - 49.

[13] 宋冰,马晓东,张书毕. BDS卫星轨道周期重复性分析[J]. 全球定位系统,2016,41(5): 47 - 50.

[14] XU J, WANG J, DONG W. Research on analysis and simulation of BeiDou II navigation system constellation[J]. Computer Engineering and Design, 2012, 33(10): 3913 - 3917.

[15] 马丹,徐莹,鲁洋,等. 复杂环境下的GPS/BDS/GLONASS结合的单频RTK定位性能研究[J]. 华中师范大学学报(自然科学版),2017,51(2): 253 - 263.

第6章　北斗短报文通信

北斗系统由我国自主研发,安全性、可靠性、稳定性和保密性强,具有很好的市场应用前景。本章描述了北斗短报文通信流程、用户终端功能详细阐述了短报文的编码压缩技术,短报文的系统开发,以及在实现水质监测系统中的应用。未来工作将会在提高数据通信稳定性等方面进行改进,以扩展北斗系统的应用范围。

6.1 短报文通信简介

6.1.1 短报文通信流程

(1) 短报文发送方首先将包含接收方 ID 号和通信内容的通信申请信号加密后,通过卫星转发入站。

(2) 地面中心站接收到通信申请信号后,经脱密和再加密后加入持续广播的出站广播电文中,经卫星广播给用户。

(3) 接收方用户机接收出站信号,解调解密出站电文,完成一次通信。与定位功能相似,短报文通信的传输时延约 0.5 s,通信的最高频度也是 1 秒 1 次[1],如图 6.1 所示。

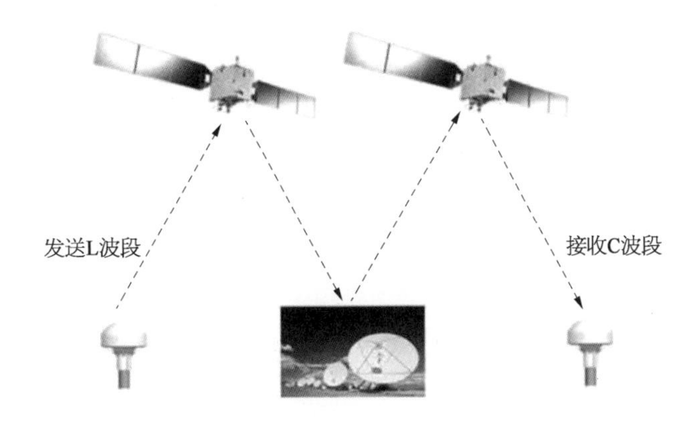

图 6.1 北斗短报文通信流程

指挥机端可通过串口获取其接收的数据,并通过 JAVA 等编码程序接收并处理数据,以实现各种应用[2]。串口非同步传送,参数定义如下:

(1) 传输速率:19 200 bit/s(默认),可根据用户机具体情况设置其他速率。

(2) 1 bit 开始位。

(3) 8 bit 数据位。

(4) 1 bit 停止位。

(5) 无校验。

6.1.2 北斗报文通信服务类别

1) 用户机发送短报文至用户机

北斗用户机发送短报文至用户机一般通过卫星通道直接发送,但是如果用户机卡绑定了一张主卡,子卡的用户机发出的短报文将会往主卡的指挥机也发一份短报文。这时,主卡的指挥机将具有了广播的功能,主卡指挥机可以向绑定其的所有子卡广播短报文,类似于短信群发的功能。此功能可应用在海洋船舶系统中的天气播报、紧急通知等。

由于北斗卡的级别限制,北斗短报文需要 1 min 或 30 s 才能发送一条短报文。一般用户机内会以队列的方法控制短报文按顺序一条条的发送,但是指挥机端或用户机接收端的接收短报文无时间限制。

2) 用户机与普通手机互发短报文

北斗用户机向普通手机发送短信,需要通过指挥机端的通信服务进行转发。其原理为:北斗用户机发送短报文发至指挥机,指挥机端的通信服务通过串口收到短报文。判断短报文内容的前 11 位为手机号码时,北斗指挥机端基于 JAVA 通信服务通过识别手机号,将其短报文通过网络推送至短信网关,再由短信网关发至目标手机,以实现无信号无网络覆盖地的北斗用户机可与普通的手机之间的短报文通信功能。

相反地,普通手机也可以向北斗用户机发送短报文。指挥机端的通信服务收到来自手机的短信之后,通过识别短信内容的前 6 位判断其发送目标,通过调用指挥机端的接口,采用指挥机发送至用户,达到普通手机发送短信至用户机的功能。

3) 用户机与平台或手机 App 互发短报文

北斗用户机与网站平台或者手机 App 互发短报文,是在用户机和普通手机通信的基础上封装的比较友好的应用,以满足使用者的操作。

4) 北斗短报文紧急救援

北斗短报文提供了紧急通道,此通道无时间限制,可以按照设定的时间间隔不断发出求救信息,但是此求救信息会消耗普通短报文的时间。例如,正常一条短报文直接的时间间隔是 1 min。如果连续发送 5 条紧急求救信息,将消耗用户机 5 min 的时间,此 5 min 内用户机将无法发出任何短报文。

一般紧急救援的短报文发送提供设备按钮或者软件按钮,以最简捷的方式提供给用户,以便紧急情况下使用。

6.2　短报文编码压缩技术

对于短消息每个人都不陌生，在近两个月的数据卡功能测试中，短消息的测试在绝大多数的版本中都会涉及。因此，本书主要介绍短消息的基本概念、短消息的结构、短消息测试时常用的 AT 指令内容，以及在短消息方面碰到的问题（本书主要介绍 WCDMA 网络下最常用的 PDU 格式的短消息模式）。

现介绍三类短信息：发送短消息，接收短消息以及短消息状态报告。

6.2.1　短消息的概念

全球移动通信系统（global system for mobile communication，GSM）中唯一不要求建立端-端业务路径的业务就是短消息，即使移动台已处于完全电路通信情况下仍可进行短消息传输。短消息通信仅限于一个消息，换而言之，一个消息的传输就构成了一次通信。因此，业务是非对称的，一般认为移动起始短消息传输与移动中继短报文传输是两回事。这并不阻碍实时对话，但系统认为不同的消息彼此独立，消息的传输总是由处于 GSM 外部的短消息服务中心（short message service center，SMSC）进行中继，消息有目的地或起源地，但只与用户和 SMSC 有关，而与其他 GSM 基础设施无关。

6.2.2　短消息的组成要素

短消息服务（short message service，SMS）由几个与提交或接收相关的服务要素组成，如有效期（在将短消息成功送达用户前 SMSC 需要保证的储存时间）、优先性。此外，短消息还提供提交消息的时间，告诉移动站是否还有更多消息要发送，以及还有多少条消息要发送等。短消息不可到达的情况有三种：

第一种情况是当被 SMS 网关查询时，移动台不在服务区域、未获得服务授权或有未成功发送报文正等待报警，HLR 就会立即知道不能发送。

第二种情况是 MSC/VLR 已收到报文但不能传送。此时，它先向 SMS 网关发送一故障指示，作为 MAP/H FORWARD SHORT MESSAGE 报文的应答。然后，网关一方面会向 SMSC 发送否定报告，另一方面向 HLR 发送 MAP /C SET MESSAGE WAITING DATA 报文，在收到报文确认后进行表格更新。该事件会储存在 VLR 和 HLR 内的用户记录中。

第三种情况是 MSC/VLR 向用户发送有效报文后发现不可送达。

6.2.3 短消息编码

短消息编码主要有 7 位编码、8 位编码、UCS2 编码三种编码方式。

1) 7 位编码

每个字节只使用低 7 位，每 8 个字节为一组，去掉最高位，重新编码为 7 个字节，因此，7 位编码实际上是可以表示到 160 个字节。但 7 位编码只能发送 0×00～0×7F 范围内的字符，它一般在发送英文短信时使用。

2) 8 位编码

8 位编码为 8 个字节，通常用于发送数据消息，比如图片和铃声等。

3) UCS2 编码

UCS2 编码常用于中文或中英文混合内容发送，只能发送 70 个字符(因为一个 UC2 占两个字节)。由于国内一般的编辑器等多以 GB 编码居多，所以如果要发送中文，需要先将中文转换为 UC2 编码再进行发送。

在手机上，通常的做法是如果全部为英文及半角字符，则以 7 位编码发送。如果编码内含有中文，则全部编码为 UC2 发送。

目前，也出现了一些其他的编码方式，如混合编码方式，这些编码方式根据汉字的内码，每个字节都是在 0XA1 以上的取值翻转的特点来制定的，有兴趣的读者可以参考其他资料。

6.2.4 常见短消息结构

1) 发送短消息

Address-Length [td]SMSC 地址信息的长度，2 个 8 位位组。

Type-of-Address [td]SMSC 地址格式，一般占 1 个 8 位位组。

Address-Value [td]短消息中心。

TP-First-Octet [td]基本参数发送，TP－VP 用相对格式，一般占 1 个 8 位位组。

TP－MR [td]消息编号，1 个 8 位位组。

TP－DA [td]接收方地址。

TP－PID [td]协议标识，一般占 1 个 8 位位组。

TP－DCS [td]短信类型，编码方式，一般占 1 个 8 位位组。

TP－VP [td]有效期，一般占 1 个 8 位位组。

TP－UDL [td]用户数据长度，一般占 1 个 8 位位组。

TP－UD [td]用户数据。

2) 接收短消息

Address-Length [td]SMSC 地址信息的长度，8 个 8 位位组。

Type-of-Address [td]SMSC 地址格式，用国际格式号码(在前面加“＋”)。

Address-Value [td]短消息中心。

TP-First-Octet(PDUType) [td]基本参数发送，TP－VP 用相对格式。

TP－MR [td]消息编号，1个8位位组。

TP-Originating-Address [td]发送方地址。

TP－PID [td]协议标识，一般情况下这里是00。

TP-Data-Coding-Scheme [td]短信类型，编码方式，1个8位位组。

TP-Service-Centre-Time-Stamp [td]SC收到本条消息的时间，一般为7个8位位组。

TP－UDL [td]用户数据长度。

TP－UD [td]用户数据。

接收的短消息LOG和发送的差不多，第一个模块是短消息中心模块，同发送短消息的中心号码解析。发送方地址几乎和发送短消息模块的相同，唯一的不同处就是第一个8位位组的取值是不同的。如果没有短消息状态报告需求，这里取值是04；如果有短消息状态报告需求，这里取值是24。接收短信内容模块的第一个8位位组是00，表示的是协议标识；第2个8位位组表示短信类型和编码方式，同发送的短消息模块解析；第3～9个8位位组表示短消息网络侧发送该短信的时间；第10个8位位组表示短消息内容长度；之后就是短消息内容编码。

3）短消息状态报告

Address-Length [td]SMSC地址信息的长度，8个8位位组。

Type-of-Address [td]SMSC地址格式用国际格式号码(在前面加“＋”)。

Address-Value [td]短消息中心。

TP-First-Octet(PDUType) [td]基本参数发送，TP－VP用相对格式。

TP－MR [td]消息编号。

TP-Recipient-Address [td]接收到SUBMIT或COMMAND的地址。

TP-Service-Centre-Time-Stamp [td]SC收到信息的时间。

TP-Discharge-Time [td]与TP-Status相关的时间。

TP-Status [td]指示短信当前的状态。

状态报告的第1个模块也是短消息中心地址，分析同上。第2个模块是目的地址，它与上面两类短信LOG不同的是第一个8位位组的取值是06，表示此条短消息为状态报告。第2个8位位组表示的是要求状态报告的短消息编号。短消息内容部分的第1～7个8位位组表示的是短消息到达网络侧的时间，第8～14个位组表示的是短消息成功发送的时间。

6.2.5 ZLib压缩技术

ZLib是提供数据压缩用的函数库，由Jean-loup Gailly与Mark Adler所开发，初版0.9版在1995年5月1日发布。ZLib使用抽象化的DEFLATE算法，最初是为libpng函数库所写，后来普遍被许多软件使用。这个函数库为自由软件，使用ZLib授权。

ZLib对于压缩和解压缩没有数据长度限制。重复调用库函数允许处理无限的数据块。一些辅助代码(计数变量)可能会溢出，但是不影响实际的压缩和解压缩。当压缩一个长(无限)数据流时,最好写入全部刷新点。现在,ZLib是一种事实上的业界标准,所以在标准文档中ZLib和DEFLATE常常互换使用。数以千计的应用程序直接或间接地依靠ZLib压缩函数库。

6.3 短报文系统开发和应用

卫星导航系统已广泛地用于交通运输、海洋观测、水文监测、气象监测、抗险防灾及国防安全等众多领域,但是目前还鲜有将北斗系统的短报文功能应用于水质设备监测系统。在这个背景下,本书提出基于北斗系统的水质监测系统,使水质监测设备在原有无线通信基础上,增加北斗系统的通信和定位功能,扩展水质监测设备的使用范围,增强系统功能,为实时监测到水质参数的变化提供稳定的保证。

6.3.1 北斗用户终端功能

北斗系统主要由空间部分、地面中心控制系统、用户终端三部分组成。水质监测系统中所用的北斗终端如图6.2所示,该用户机内部集成RDSS(卫星无线电测定服务)模块、RNSS(卫星无线电导航服务)B1/GPS L1模块,集成度高[3]、功耗低、可实现RDSS定位、短报文通信功能,并且实时接收RDSS、RNSS B1/GPS L1卫星导航信号。该用户终端使用串口和其他设备进行数据通信,采用防水设计,使用外接稳压电源供电,可在室外长时间可靠工作。

图6.2 北斗用户机

该用户机要正常使用,必须插入北斗专用的IC卡,类似手机的SIM卡大小。IC卡的主要参数有卡号、通信频度、最大发送电文比特数。卡号是该用户卡的唯一标识码;其他北斗用户终端只要知道该卡号就可以和其进行通信。通信频度表示用户机在两次通信之间的最小时间间隔,单位为秒,在该水质监测系统中频度设定为61 s,该用户终端每次最大发送的短报文大小为78个字节。

下面以水质监测系统为例,介绍北斗用户机功能的主要技术参数和工作环境,见表6.1。

表 6.1　北斗用户机参数

指 标 项 目	主要技术规格
接收信号灵敏度	−127.6 dB·m
通信成功率	≥95%
定位精度(水平)	≤5.0 m
定位精度(高程)	≤10.1 m
定位输出速率	1 Hz
室外工作高低温	−25℃～70℃
湿热	93%(温度：40℃)
数据接口	RS-232

由表 6.1 中的通信成功率可知，该用户终端不能够实现 100%的数据可靠传输，数字短报文通信决定了数据传输没有保障性，这也是北斗导航卫星系统和用户终端需要改善的地方。因此，要实现数据的不丢失，必须在软件中实现对数据的有效确认，对接收端丢失的或者是错误的数据，都要发送一个错误信息回去，让发送端重新发送一次。在使用北斗用户机进行通信时，发送端发送的数据分别为采集的时间、顺序标签、水质数据、监测设备的定位数据，采集的时间可以让监控中心知道每组水质数据的采集时间，顺序标签在每次发送之后都自动加 1，用于接收端判断数据包顺序是否出错。由于水质数据是 30 s 提取一次，而北斗终端是 61 s 通信一次，所以每次发送水质数据包含两组水质数据。采集数据的频度越大，越能更及时地发现检测水域的水质变化。接收端依据同样的数据格式对数据包进行解析提取。

另外，由于北斗卫星在亚洲地区比 GPS 导航卫星具有更好的定位精度，这里使用北斗用户终端的卫星无线电导航业务(radio navigation satellite system，RNSS)来获取水质提取设备更精确的定位坐标信息，方便监控中心实时获取水质提取设备的地理位置，感知监测水域的水质变化，真正做到有效的监控。

6.3.2　北斗用户机软件设计

系统 ARM 板上运行的程序是在 Linux 系统环境下使用 Qt 编写，考虑到监控中心使用的电脑一般都是安装微软的系统，故监控中心接收数据的程序是在 Windows XP 系统环境下使用 Qt 编写。整个系统涉及串口数据传输的串口设置为：波特率 19 200 b/s，数据位 8 位，无校验位，停止位为 1。

下面分别介绍这两个程序的功能模块和流程图。

1) *发送端软件模块和流程图*

图 6.3 所示为发送端软件模块，包括水质数据提取模块、定位数据接收模块、数据打包发送模块、接收命令模块、重新发送模块。

水质设备将不断测得的水质参数存储到其内存中，水质数据提取模块负责读取这 8 个水质数据并存储到 ARM 板的 SD 卡中。

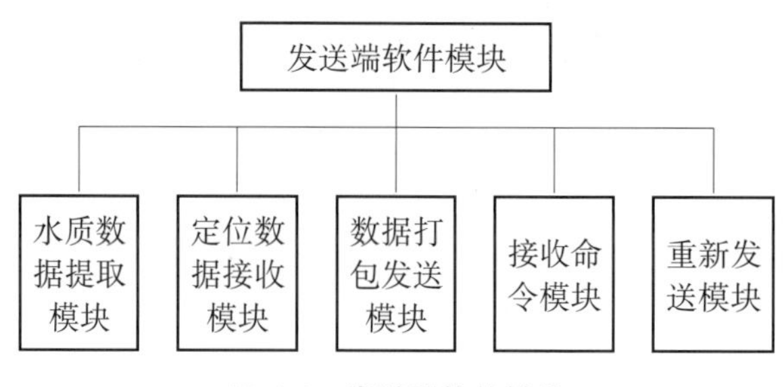

图 6.3　发送端软件模块

定位数据接收模块负责接收北斗二代的定位数据，将其中的经度、纬度、精度提取出来也存储到 ARM 板的 SD 卡中。

数据打包发送模块负责将时间、顺序标签、水质数据以及定位数据打包并进行压缩，使发送的数据包的容量小于北斗用户终端的最大发送容量(这里是 78 个字节)，并在发送时将本次发送的数据放到缓冲区进行存储，经过测试后发现，压缩后的数据一般在 40 个字节左右，而且不会出现大于 45 个字节的情况，余下的通信容量在重新发送模块中会用到。

接收命令模块主要负责接收来自接收端北斗用户机的反馈命令，包括数据正确命令和数据错误命令，在收到数据正确命令时，根据收到的数据标签清理缓冲区对应那一包的数据。

如果收到的是数据错误命令，则启动重新发送模块，根据接收到的数据标签选择缓冲区中的数据和当前最新的数据使用重新发送模块进行发送，并将最新数据也存到缓冲区。重新发送模块能够每次最多发送 2 组之前没有发送成功的数据和当前最新的数据，直到发送完所有没有成功接收的数据为止。这 3 组数据经过压缩处理后最大为 70 个字节，小于最大的通信容量，虽然没有充分利用北斗的通信容量，但是可以确保每次发送的数据在接收端正确解压缩，而不会出现因数据较大导致的数据丢失和解压缩乱码的情况。

发送端程序主要流程图如图 6.4 所示。在绝大多数时间里，北斗用户终端能够将打包压缩好的短报文成功发送，同时也能收到确认指令 ACKN。这时候的流程是发送端提取完水质数据和定位数据，存储到缓冲区，压缩打包，然后发送。北斗终端通信时间极短，在接收端收到数据处理完毕后，也会很快地将确认指令 ACKN 发送回来，这个过程最慢只需要 3 s。在收到 ACKN 和标签 N 时，说明监控中心收到了发送的数据包，而且数据没有出错，这时候清理发送缓冲区里和标签 N 相同的数据包，然后等待下次发送时间的到来，接着发送。不过在极少数情况下也会出现数据丢失和数据出错的情况，这时候发送端收到监控中心反馈回来的 LOSE 指令和标签 N，根据标签 N 来判断缓冲区中哪一组数据包没有发送成功：如果发现没有发送成功的数据包组数大于 2 组，则进行分批次地将这些数据发送出去；否则一次就可以将没有发送成功的数据发送出去。有时由于各种原因，北斗终端不能够在每次发送数据后反馈回一个发送成功的反馈信息，这时候造成软件中统计发送次数的 Sendtimes 和统计反馈次数的 FKtimes 变量不相等。监控中心在两次接

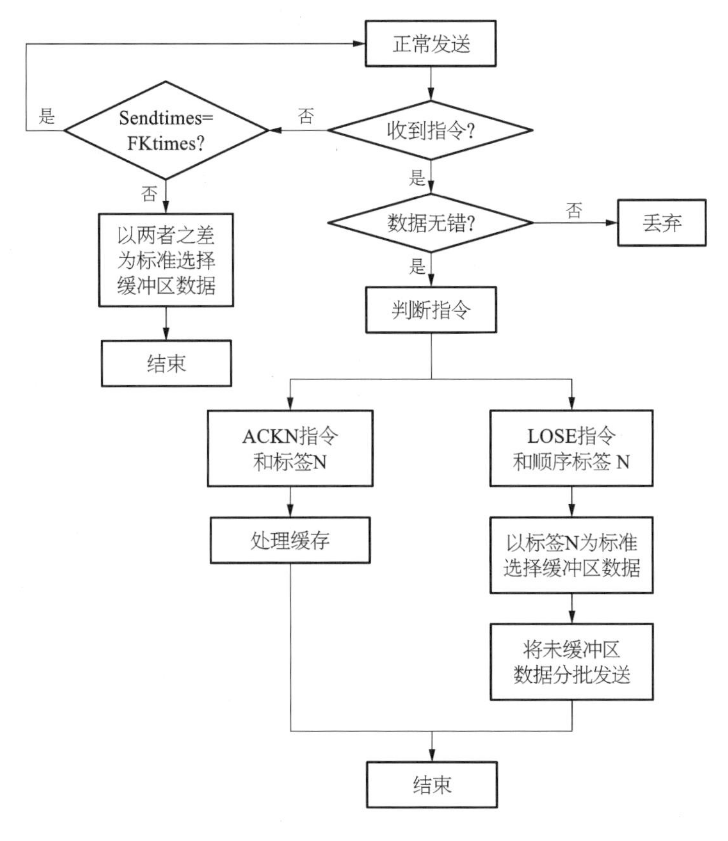

图 6.4　发送端软件流程图

收数据间隔中超过 90 s 还没有收到数据时，同样发送一个 LOSE 指令和最新标签 N，但是如果这个指令也发送失败了，监控中心不会再次发送。这时就需要用到 Sendtimes 和 FKtimes，以两者之差作为标准来判断没有发送成功的次数，然后将缓冲区中最新的这几次数据取出来分批次发送。

2）接收端软件模块和流程图

接收端软件模块组成如图 6.5 所示，包括北斗终端状态模块、接收数据模块、发送反馈信息模块、显示模块和存储模块。接收端的北斗终端在通电、软件打开之后首先要查看北斗终端的状态，包括 IC 卡的状态信息和北斗终端系统的状态信息，在确保 IC 卡和系统正常工作之后才能接收到发送端的数据。由于北斗卫星位于低纬度上空，为确保北斗终端的信号强度，最好使北斗终端的上表面向南方倾斜。接收数据模块首先对数据（提取时间、顺序标签、水质数据、定位数据）进行校验，在数据没有错时，并判断当前顺序标签和之前接收存储的标签是否相差是一。在数据错误或者是标签相差不是一的情况下，启动发送反馈信息模块，发送一个数据错误命令，告知发送端重新发送该数据包。在数据正确、顺序标签也正确的情况下，反馈信息模块会发送数据正确命令，并对数据进行显示和存储，这些工作分别由显示模块和存储模块完成。

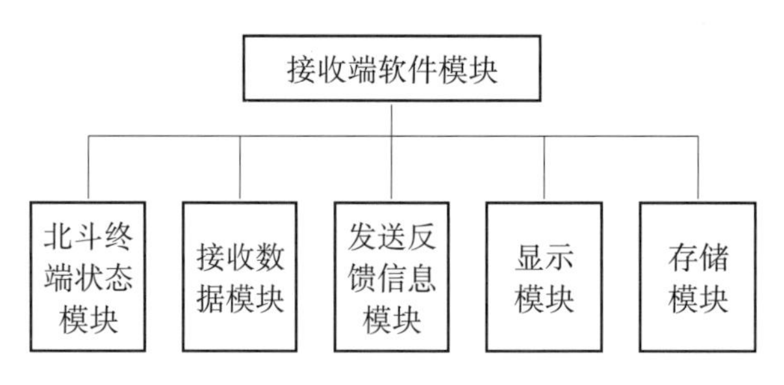

图 6.5 接收端软件模块

接收端软件主要流程图如图 6.6 所示。软件启动之后会处于一个等待接收的状态，但是一旦有数据到来，时钟就会启动，并开始计时；在下次数据到来之后，时钟会再次重启启动，重新开始计时。这里的时钟设置的时间为 90 s，即接收端在上次收到数据之后，如果超过 90 s 没有数据到来，则会发送一个 LOSE 指令和顺序标签 N。在数据没有错误的情况下，更新本地存储的顺序标签 N，如果收到的数据中包含三组数据，这时候存储标签中最大的 N。因此，在数据出错或是数据包中顺序标签不对的情况下，接收端的标签 N 不会更新，而且还会发送一个 LOSE 命令和最新 N 回去。同样在大多数时间里，标签 N 都会得到更新，说明数据没有错误，可以进行对数据的存储和显示，同时发送确认指令 ACKN 和最新的标签 N 回去。这种机制可以确保监控中心存储的数据始终是紧挨着上次的数据，不会出现跳跃，也不会出现丢失，从而弥补了北斗通信数据丢失的缺陷[4]。

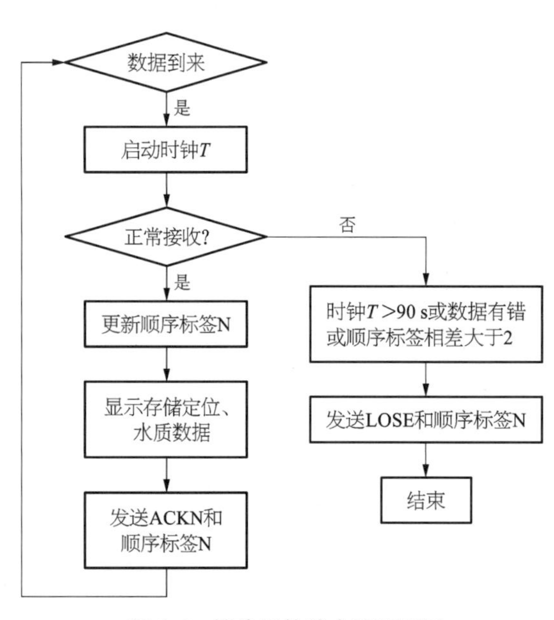

图 6.6 接收端软件主要流程图

6.3.3 基于北斗短报文的水质监测系统结构

水质监测系统总体结构如图 6.7 所示，整个系统由数据提取设备和数据监控中心两部分组成。

数据提取设备包括：水质提取设备、ARM 板、北斗用户机。水质提取设备放于江河的船上，负责采集水质数据，这里采集的水质数据包括 pH、温度、溶解氧、浊度、电导率。该设备运行着一个精简版的 Linux 内核，具有非常高的数据处理速度和运行大型程序能力，该内核已经内建了一个根据 Modbus 协议编写的从设备程序，该程序已实现了开机自启动收集水质数据功能。ARM 板上运行的程序负责提取水质设备上的存储的水质数据，同时接收北斗卫星的定位数据，在把水质数据和定位数据一起打包压缩后，将所有数

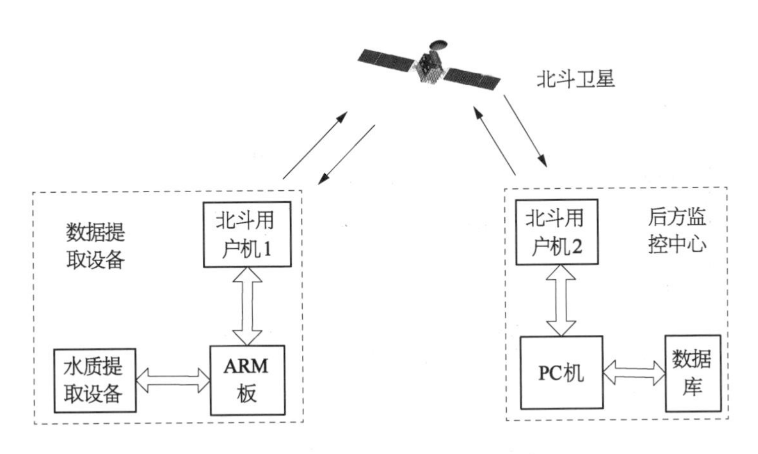

图 6.7　水质监测系统结构图

据通过北斗用户机发送给本地的监控中心。ARM 板中的程序也设置为开机自启动，但是必须在水质提取设备开机 3 min 之后才能打开，因为只有水质提取设备已经提取到水质数据后，ARM 板才有数据可以提取。

数据监控中心包括一个北斗接收机和一台 PC 机，负责接收水质数据和定位数据并进行存储和显示，最后根据这些数据开发海洋信息动态收集监控系统。通过该软件，可以在电子海图中按地理位置直观地显示监控系统收集到的水质数据，创建数据库查询回放系统。在数据出现错误或者数据丢失的情况下，发送一个命令给发送端，发送端会重新发送上次的数据，弥补北斗卫星的不足。接收端在接收数据无错而且顺序正确的情况下会发送一个反馈信息回去，告知发送端数据已经收到，不需要重新发送[5]。

6.3.4　短报文系统应用实验结果

整个系统软件设计完成之后，首先，在室内测试 13 h，没有出现任何问题，唯一的区别就是两个北斗终端在真正做实验的时候需要互换。由于客观条件限制，有一台终端必须放置在楼顶才能接收到信号，而这台终端在实验时是用于监控中心的接收端的，另外一台终端用在水质设备发送端。如图 6.8 所示为监控中心的软件界面截图，从图中可以看到有串口的设置、北斗终端用的 IC 卡信息、北斗终端的系统状态、水质监测设备的定位信息的显示、8 个水质数据的显示。从软件界面中的水质参数和定位信息可以实时知道监测水域和水质的变化，而不需要人工去现场提取水质样本。其次，从 IC 卡信息和系统状态可以知道北斗终端的整体状况，从而知道该设备是否适合进行通信。最后，根据收到的数据创建海洋信息动态收集监控系统，基于地理信息系统专业软件 ArcGIS 中的 ArcObject 开发模型，采用微软 DotNet 平台下 C# 语言开发的可独立运行的应用软件。该软件将电子海图和海洋信息数据分别显示在不同的图层中，可根据实际需要加载或者隐藏海洋信息数据。该系统按照监控设备的航迹保存水质信息数据，可实现监控设备的地理位置的实时显示、历史记录回放和海洋信息数据查询等功能。

数据经过 ArcGIS 处理后，可以轻松看到不同地点水质数据的变化情况，如图 6.9 所

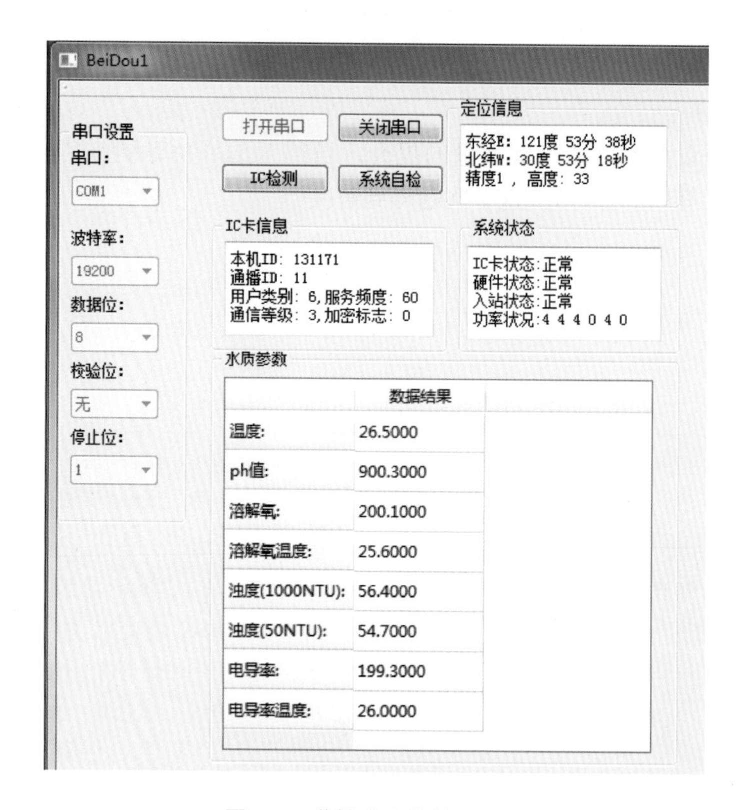

图 6.8　监控中心软件界面图

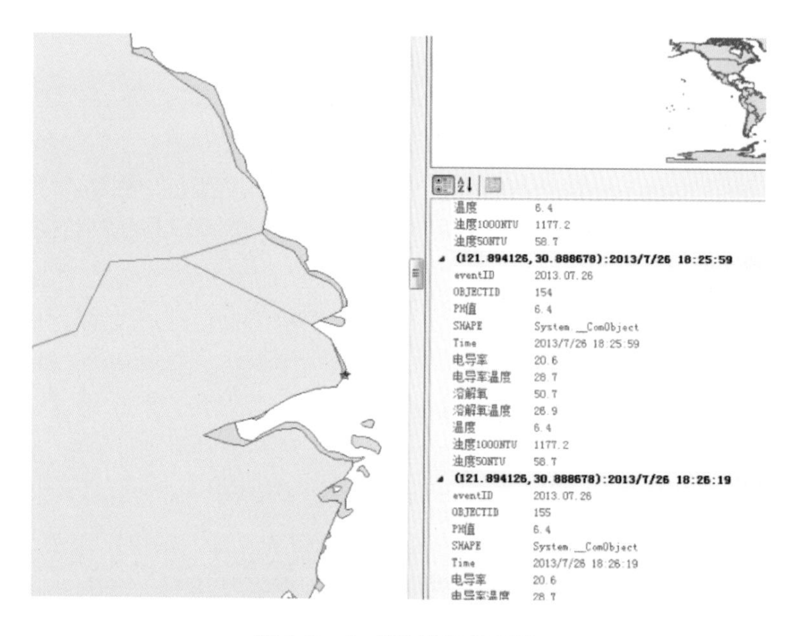

图 6.9　ArcGIS 地理信息图

示，图中红点代表实验地点，右侧为该地点的实验数据。

北斗数字报文与传统的通信方式 GPRS 相比，两者各有优缺点，见表 6.2。但是从其应用范围来说，在有些地方，只有北斗系统可以进行有效的通信，足以弥补它的其他缺点，这就使得该水质设备的功能得到大量的提升。虽然其成功率不能达到 100%，但是在软件方面可以进行有效的弥补，使这个问题得到解决。

表 6.2　GPRS 与北斗数字报文比较

通信方式	通信价格	使用范围	频　率	成功率
GPRS	低	受地点限制	不受限制	100%
北斗数字报文	高	在亚洲通用	60 s	≈95%

基于北斗卫星导航系统的水质监测系统是对传统的水质监测在通信技术上的一大创新，在数据传输和定位上比一般的水质监测系统更加稳定、更加精确，使水质设备的使用范围扩展到我国任何地区。在通信费用不高的情况下，使系统的整体性能得到很大幅度的提升。实地实验已经验证使用了北斗终端的水质设备通信和定位没有任何问题，即使在少数情况下数据会丢失，但是本书设计的软件结构可以成功地解决这个问题，使数据完整性得到保证，也为后期分析处理数据提供保证。

参考文献

[1] 戴胜，曹菁菁，方芳. 一种基于北斗短报文的远程终端监控方法[J]. 数字通信世界，2016(12)：10－13.

[2] 沈华飞. 北斗卫星一代短报文通信技术及应用[J]. 电子制作，2014(23)：106.

[3] 柯秋立，苏凯雄. 北斗通信终端软件的设计与实现[J]. 微型机与应用，2017，36(10)：15－17，22.

[4] 王华. 北斗用户机软件测试系统研究[A]. 中国卫星导航系统管理办公室学术交流中心//第八届中国卫星导航学术年会论文集——S08 测试评估技术[C]. 中国卫星导航系统管理办公室学术交流中心，2017.

[5] 王星星，姜岚，黄科，等. 基于北斗短报文通信的水质监测系统设计[J]. 信息技术与网络安全，2018，37(1)：139－142.

第 7 章　船舶导航与电子海图

本章首先详细介绍了纸质海图及电子海图的发展状况，随后介绍了基于北斗卫星导航的船舶自动识别系统的船舶监测模块的设计，模块包括海图管理设计、船舶动态显示设计，以及船舶实时监控设计三个部分，实现了实时显示某水域内船舶的状态。

7.1 电子海图

7.1.1 电子海图的相关介绍

电子海图系统(electronic chart system，ECS)是指各种非标准的电子海图应用系统，它可以简单到只是显示简单的海图，也可以显示各种海图相关符号，更可以将VTS、AIS、ARPA、罗经、GPS外接设备等融合进去，所以应用领域较为广泛，如船舶导航系统、船舶交通管理、渔业管理系统、船舶交通监控等[1]。最早的电子海图系统出现于1979年，由于其具有信息量大、易保存、选择显示和易于修改等传统纸海图无法比拟的优点，在当时就引起海事界的高度重视。最新的电子海图系统能实现航线辅助设计、船舶状态实时显示、航向航迹监控、船舶自动航行报警、快速查询各种信息及船舶动态实时显示。关于ECS的发展，国外走在较前列，出现了诸如Raster、Vector、ENC、ECDIS、ARCS、RCDS、DX90、S-52、S-57等各类型的电子海图；我国的电子海图事业由于起步较晚，仅有海军测绘研究所、上海海事局等少数单位有很好的成果，但应用已十分广泛[2]。

电子地图一般可以按白天(背景为白色，见图7.1)、夜晚(背景为黑色，见图7.2)两种时间模式显示，同时可以切换到最小化导航模式(见图7.3)，更直观地看到航行状况。

为了航行安全，电子海图还提供水深深度(图7.4)，可以以等深线(图7.5)的形式表达。

为了确保电子海图的精度，IHO在2008年制定了S-44第5版本的水文调查最低要求[5]，详细见表7.1。

同时，IHO还制定了水深测量标准，详见表7.2。

7.1.2 YimaEnc SDK

YimaEnc SDK[6]是航运电子实验室最新引进的一款用于开发电子海图的软件平台。YimaEnc SDK的核心为控件YimaEnc.ocx，提供电子海图应用系统二次开发的组件包，支持Windows，Linux平台，能够开发出支持S57和S52标准的电子海图系统，并可与雷达、AIS等设备结合，开发出多种船用或岸上应用系统。利用其控件开发的优点如下：

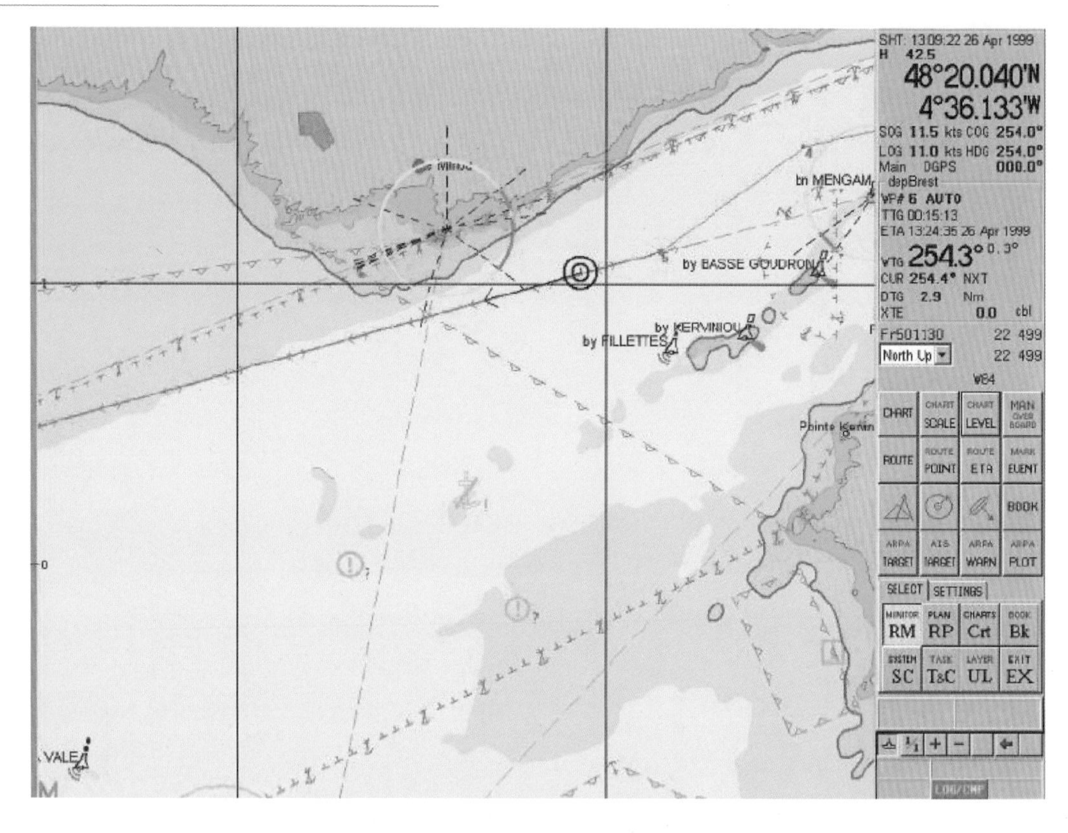

图 7.1　电子海图(白天模式)

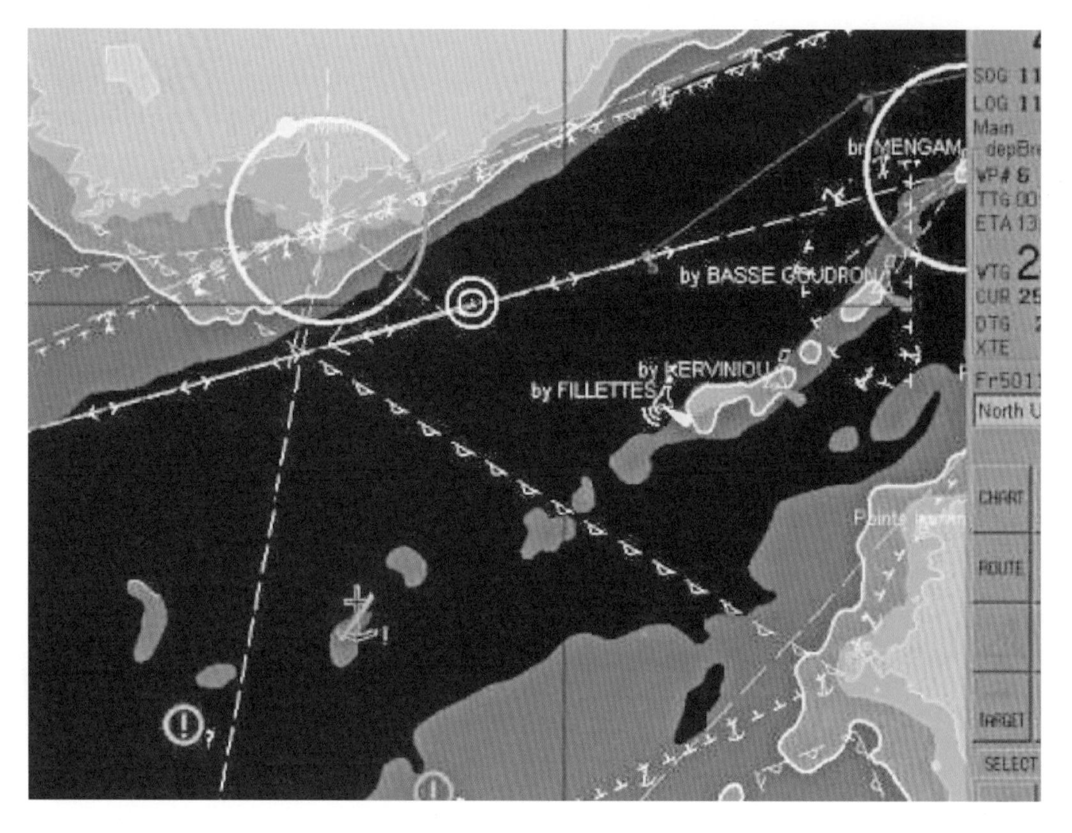

图 7.2　电子海图(夜间模式)

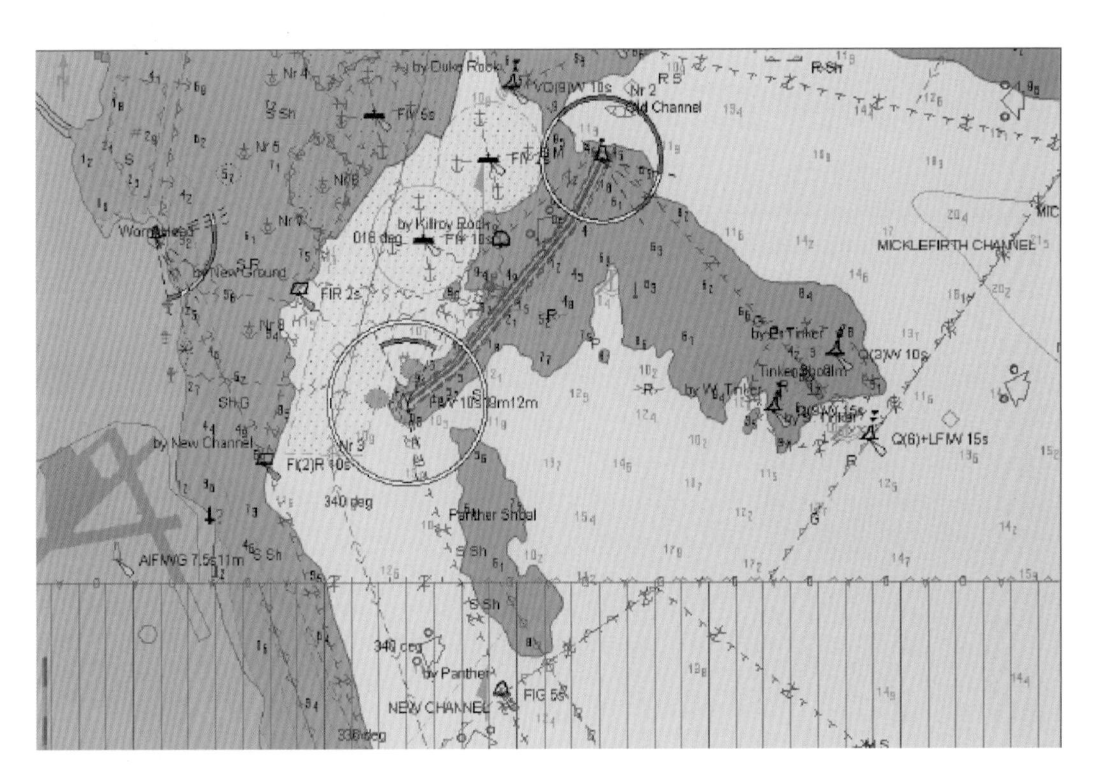

图 7.3　电子海图(最小化导航模式)

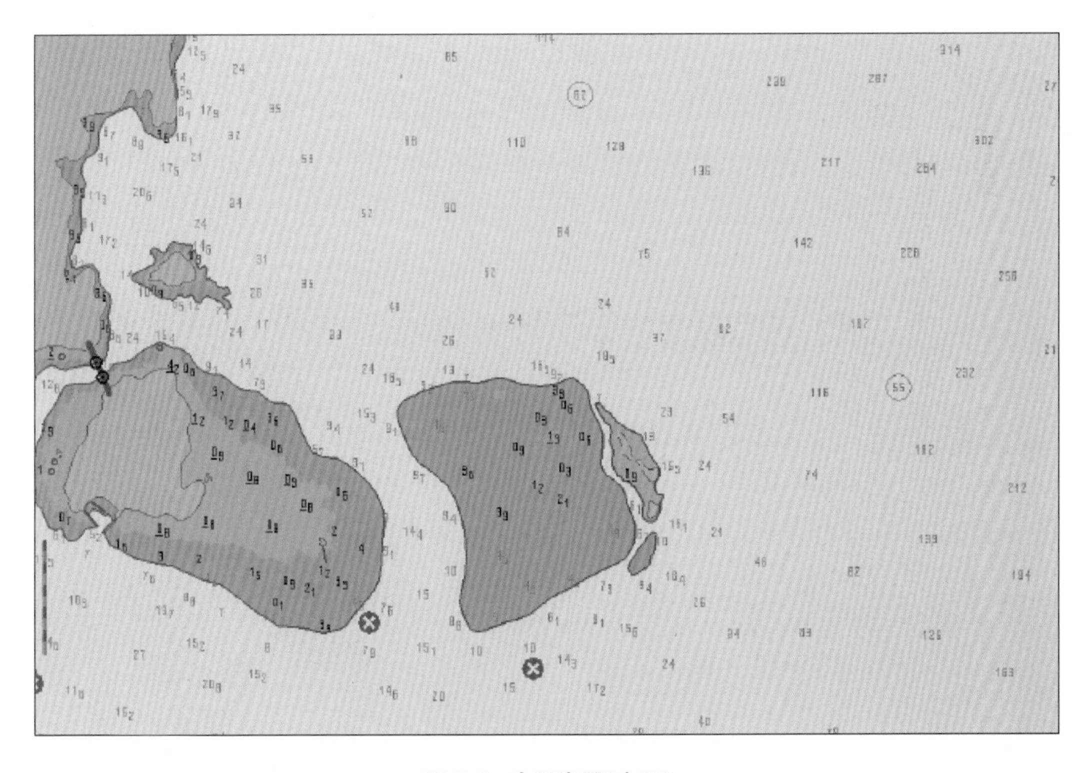

图 7.4　电子海图(水深)

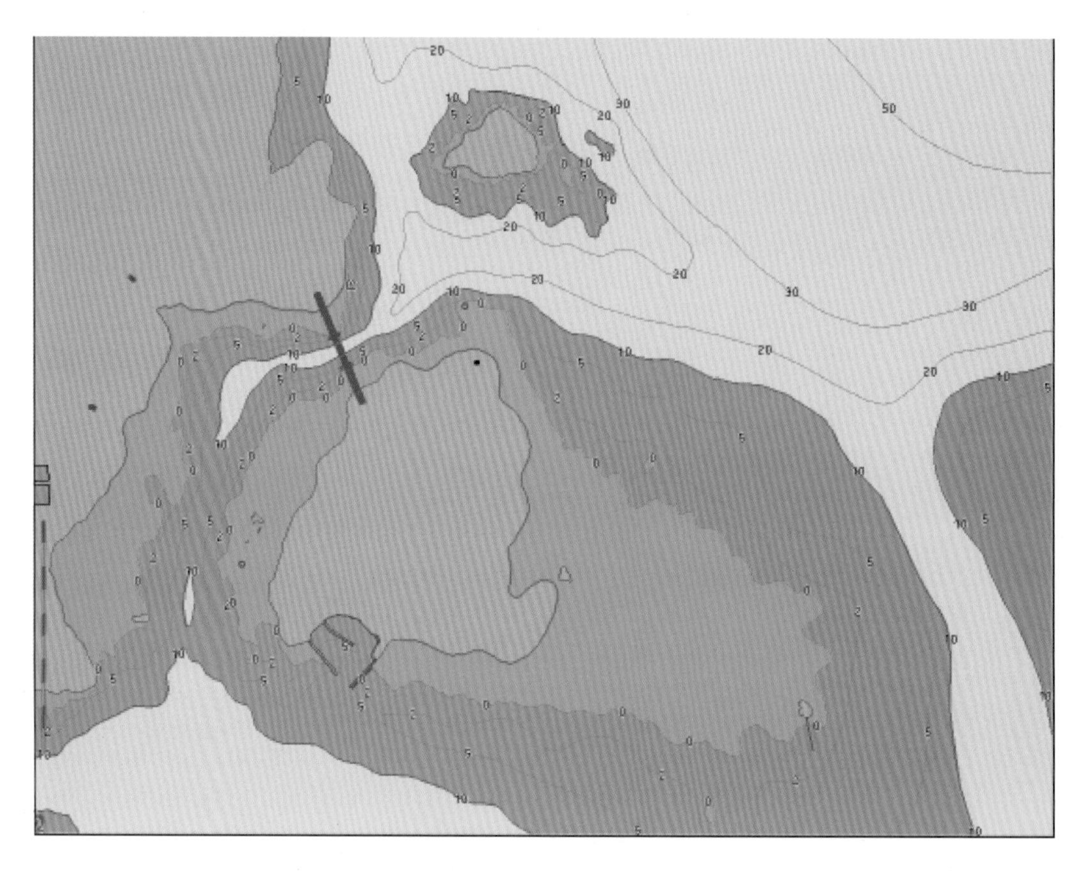

图 7.5　电子海图(等深线)

表 7.1　水文调查最低要求

参　考	Order	特别需求	1a	1b	2
第 1 章	区域	富余水深,非常重要的区域	水深浅于100 m 的区域,该区域富余水深不是非常重要,但是可能有船舶通过	水深浅于 100 m 的区域,不考虑有船通过的富余水深	深于 100 m 及以上
第 2 章	95%置信水平	2 m	5 m+5%深度	5 m+5%深度	20 m+10%深度
第 3.2 节和注 1	95%置信水平	$a=0.25$ m; $b=0.0075$	$a=0.5$ m; $b=0.013$ m	$a=0.5$ m; $b=0.013$ m	$a=1.0$ m; $b=0.023$ m
术语表和注 2	全海域检索	需要	需要	不需要	不需要
第 2.1、3.4、3.5 节和注 3	特征提取	体积大于 1 m^3	特征体积 > 2 m^3,深度超过 40 m;10%深度为 40 m	无应用	无应用
第 3.6 节和注 4	建议的最大路线	无全海域定义	无全海域定义	3 倍平均深度或者 25 m	4 倍平均深度

（续表）

参　考	Order	特别需求	1a	1b	2
第 2 章和注 4	空间分辨率	可检索	可检索	5 m×5 m Lidar 点云	
第 2 章和注 5	导航与定位，95%置信水平	2 m	2 m	2 m	5 m
第 2 章和注 5	海岸线及地形，95%置信水平	10 m	20 m	20 m	20 m
第 2 章和注 5	导航定位平均值，95%置信水平	10 m	10 m	10 m	20 m

表 7.2　水深测量标准　　　　（m）

1	2	3	4	5
ZOC1	定位精度	水深精度	覆盖海域	测量类型
A1	±5	0.50+1% d 深度　精度 10　±0.6 30　±0.8 100　±1.5 1 000　±10.5	全区域海底地貌特征都要探测并测量深度	使用 DGPS 进行高精度的位置和水深测量，至少 3 个高质量导线测量，以及多波束水深测量或机械扫描系统进行水深测量
A2 B	±20	1.0+2% d 深度　精度 10　±1.2 30　±1.6 100　±3.0 1 000　±21.0	全区域海底地貌特征都要探测并测量深	使用回声测深仪或声呐或机械扫描系统测量水深，精度低于 ZOC A1 精度
B	±50	1.0+2% d 深度　精度 10　±1.2 30　±1.6 100　±3.0 1 000　±21.0	潜在危险区域	使用回声测深仪（不含声呐和或机械扫描系统）测量水深，精度低于 ZOC A2 精度
C	±500	2.0+5% d 深度　精度 10　±2.5 30　±3.4 100　±7.0 1 000　±52.0	深度异常区域	使用回声测深仪测量有回声的水深，精度比较低

(1) S57 及 S57 更新文件导入,数据导入速度优异。

(2) 符合 S-52 显示标准,显示速度优异。

(3) 支持旋转显示,支持正北向上和船首向上两种显示方式。

(4) 支持海图屏幕截屏存储为图像文件或内存流。

(5) 可定制、可编辑的符号体系。

(6) 海图物标属性查询接口,点击查询封装,模糊查询封装。

(7) 强大的海图库管理功能,支持数千幅海图的海量应用,多幅海图数据自动调度,无缝拼接。

(8) 多语言海图显示。

(9) 航线设计辅助功能,电子方位线功能。

(10) 支持气象图等叠加显示。

(11) 丰富的地理计算功能接口。

利用 YimaEnc SDK 可以开发适合不同环境和用途的电子海图系统。本书就是利用其丰富的功能接口,快速导入 S57、S52 格式的电子海图等优点,开发了适宜船舶交通监控的电子海图系统[7]。

7.2 船舶监控系统模块设计

船舶动态显示模块是将基于北斗卫星导航的船舶自动识别系统(automatic identification system,AIS)电文携带的船舶信息动态显示在 ECS 上[8],实现实时显示某水域内船舶的状态,并支持标准的 S57 或者 S52 海图显示以及对于目标船舶的监控,主要包括海图管理设计、船舶动态显示设计及船舶实时监控设计三个方面[9]。

由于整个模块围绕着 ECS 的控件 YimaEnc. ocx 进行开发,而控件 YimaEnc. ocx 是自主开发的,开发前必须用 regsvr32 加控件所在的绝对路径命令在开发主机上注册控件 YimaEnc. ocx,然后才能进行程序开发,整个模块的流程如图 7.6 所示。

(1) 初始化包括海图组件初始化和海图绘制器的初始化,当程序运行时首先要调用 Init()函数初始化 YimaEnc. ocx 等海图组件,成功后调用 RefreshDrawer()函数初始化海图绘制器。

(2) 窗口重绘。当定时器计数到 59 999 ms、窗口尺寸及位置改变及确认监控某船时,海图显示窗口发生重绘,重绘后不改变原有的海图及船舶显示状态。

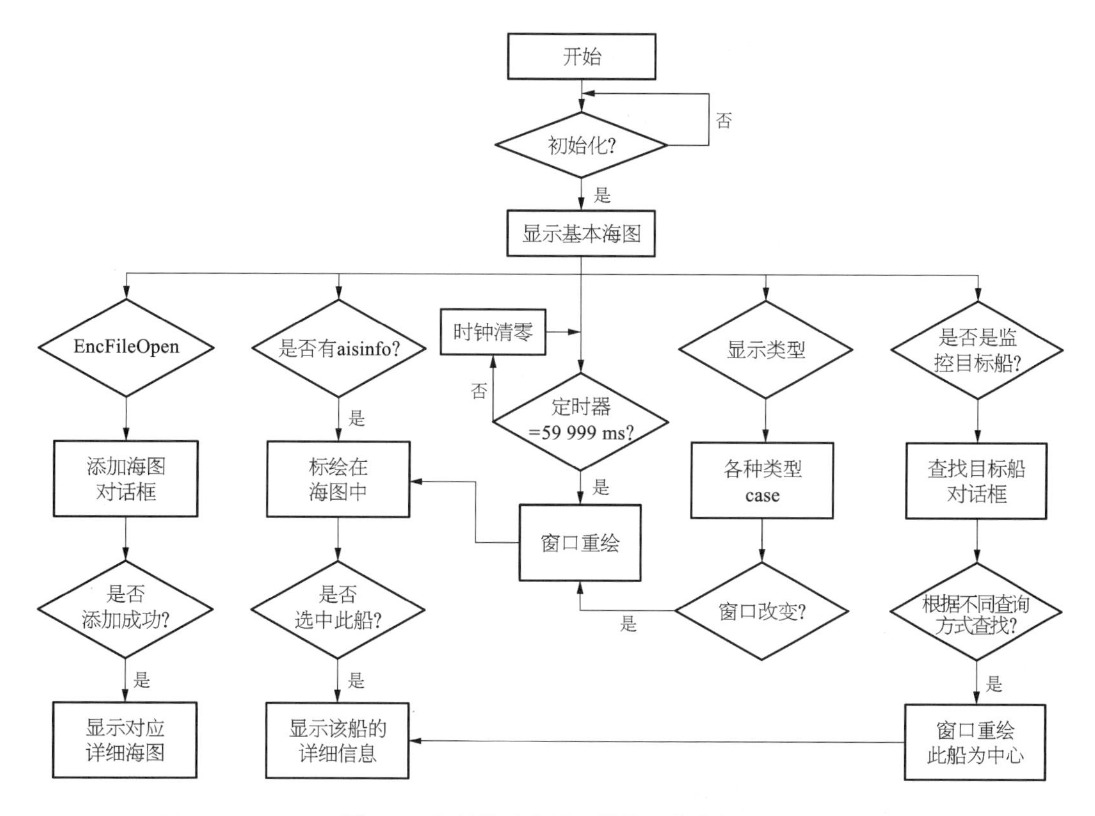

图 7.6　船舶的动态显示模块开发流程图

7.2.1　海图管理设计

海图管理包括海图的添加、海图显示控制、色彩选择、海图比例尺设置等功能，是软件实用性的标志。海图比例尺可以通过滑动鼠标设置需要的海图比例尺，设置时海图不会重绘。海图一般都是针对某一特定的水域，可以根据需要任意添加海图文件，如图 7.7 所示。

海图显示控制实现海图的中英文显示、标准显示、全部显示、简单显示，以及对海图符号的显示选择等显示类型选择；色彩选择针对系统运行的时间选择白昼明亮、黄昏、夜晚等色彩，以根据实际情况监控船舶的实际运行状态，如图 7.8 所示。

7.2.2　船舶动态显示设计

船舶动态显示就是将解析后的船舶信息实时标绘在 ECS 上，即当定时器每 1 分钟更新船舶动态信息；而 ECS 系统会根据主机系统的时间，变换海图的显示模式。标绘船舶时，只是按照 S52 的海图标准，将船舶符号及其航行方向标绘在相应的电子海图相应的经纬度上；船舶信息是隐藏的，只有当鼠标选中船舶符号时，才能显示船舶的详细信息，如图 7.9 所示的船舶详细信息。在船舶动态显示时，可以通过对电子海图的放大缩小等操作，实现船舶及海图的直观显示。

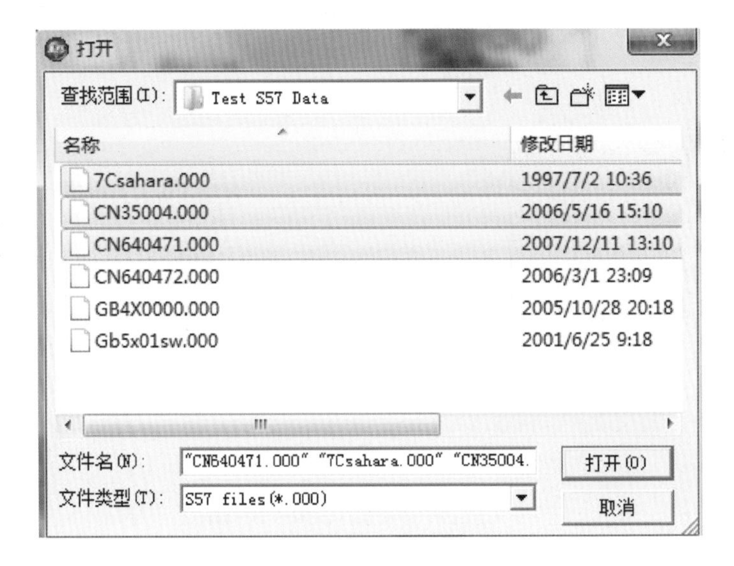

图 7.7　添加海图文件

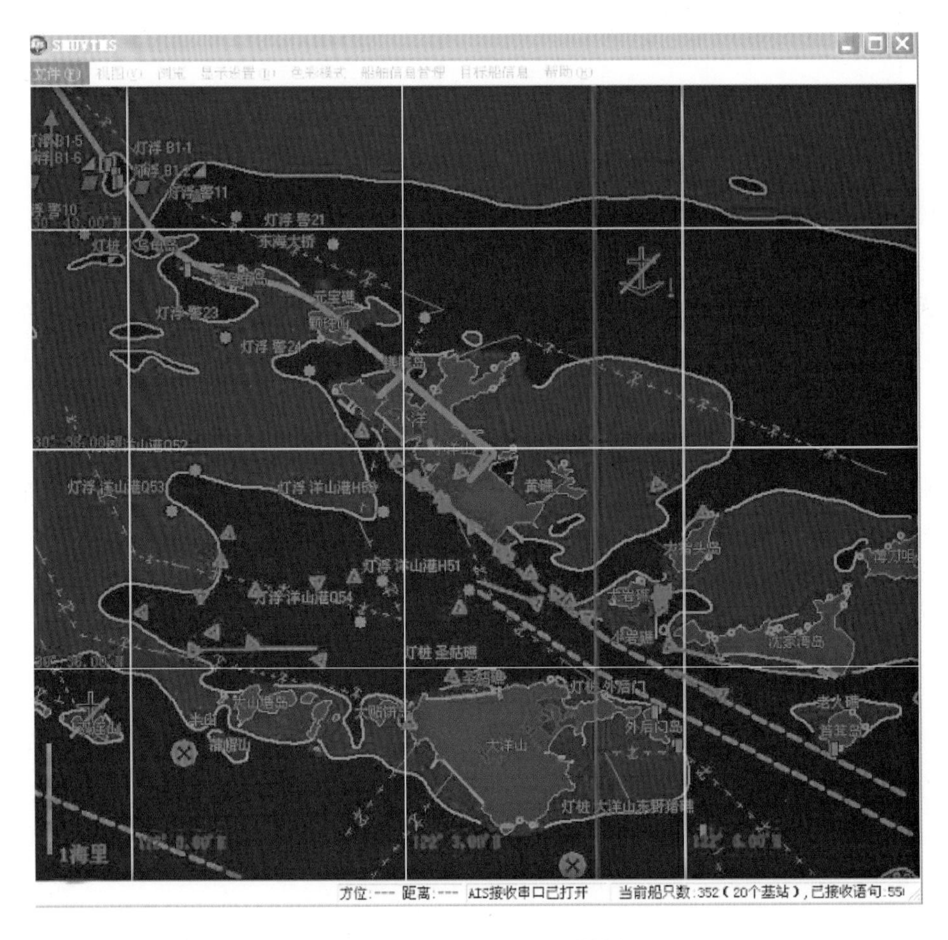

图 7.8　上海洋山港的夜间监控视图

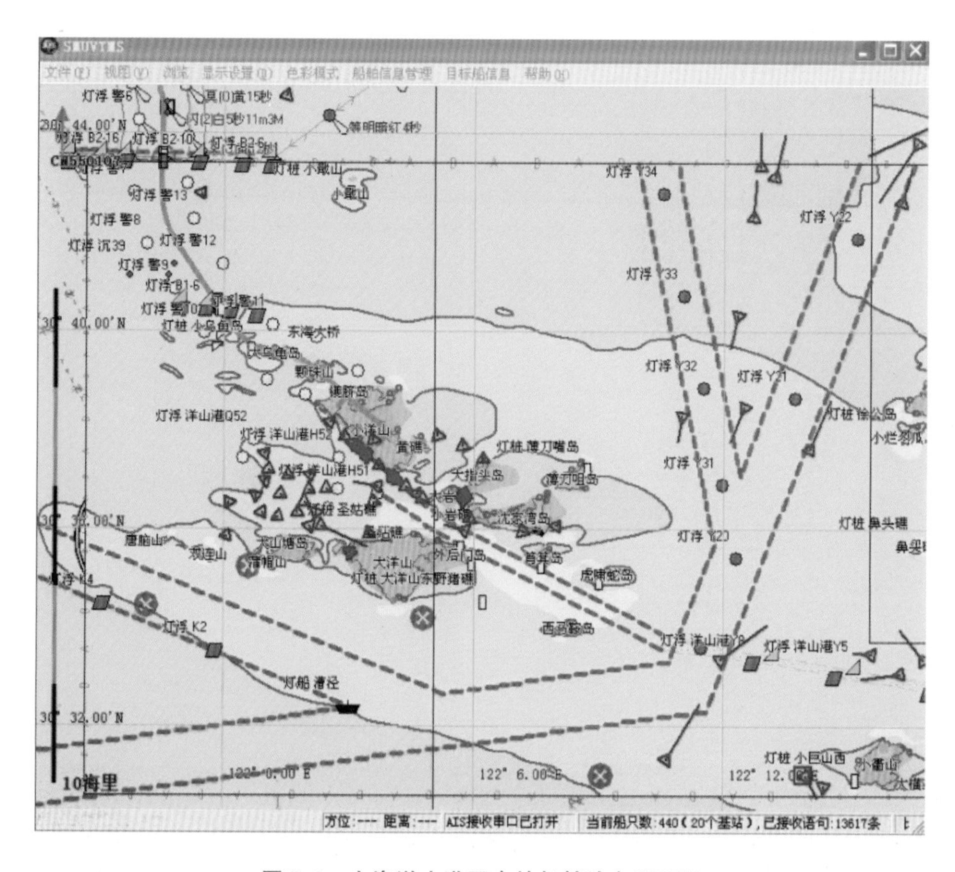

图 7.9　上海洋山港区内的船舶动态显示图

在图 7.9 中,红色三角表示装有 AIS 的船舶,绿色方块表示 AIS 基站,两条虚红线之间为航道,灰色线条为东海大桥,在桥靠近大陆的地方为航运电子技术实验室的位置。

7.2.3　船舶实时监控设计

船舶实时监控是在船舶实时显示的基础上,有针对性地对某个船舶进行监控,将需要监控的船舶显示在 ECS 的中心,并且时刻锁定该船,也可以用于对某航道或港口的监控。

本系统提供了某船进行实时监控查询的接口,主要基于关键字、MMSI、呼叫号、船名等多种方式进行查找需要监控的目标,如图 7.10 所示。也可以通过直接操作海图,实现对某个航道或者港口的船舶进行监控。

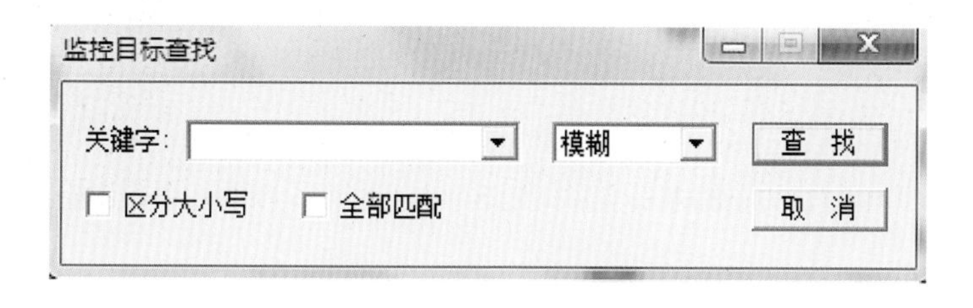

图 7.10　监控目标查找界面

当所要监控的船舶存在，则将海图的视图中心转移到目标船上，并将船舶信息标识在船的附近，以供实时监控，并支持对海图放缩、移动等操作，如图 7.11 所示。

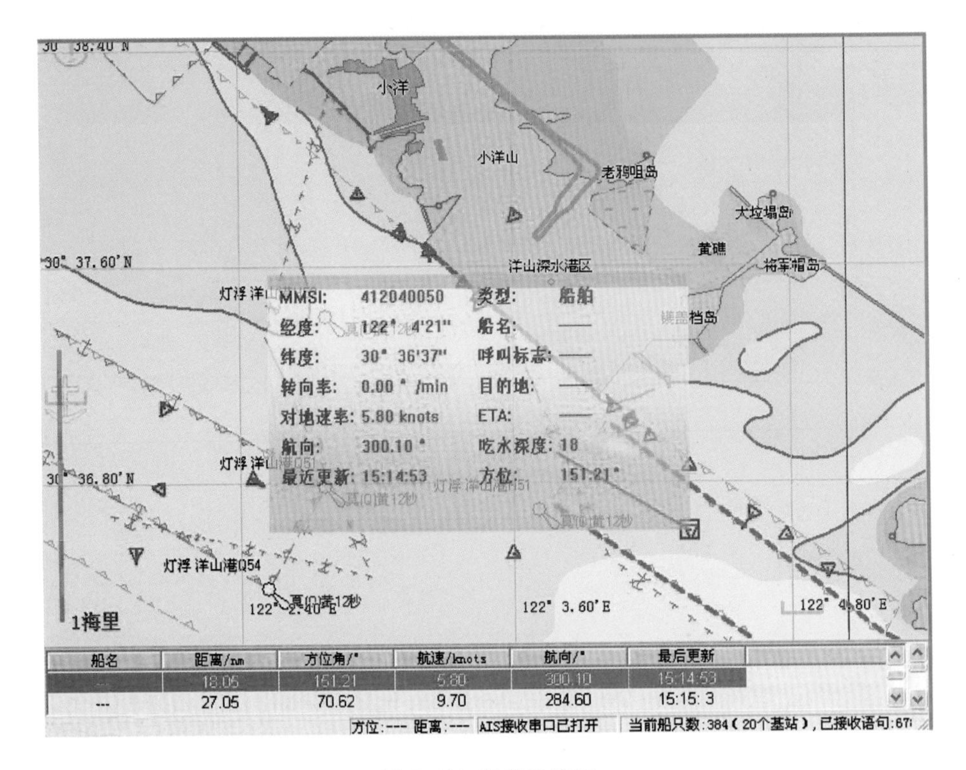

图 7.11　船舶监控图

参考文献

[1] CZAPLEWSKI K. Past, present, and future positioning methods in marine navigation: introduction[J]. Logistyka, 2015(4): 1598 - 1607.

[2] SMILEY C H. The accuracy of observations made with marine sextants[J]. Navigation, 1951, 2(10): 342 - 347.

[3] UKHO (United Kingdom Hydrographic Office), Global ENC Coverage. Proceedings of the 5th WEND Working Group (WENDWG5) meeting[C]. Singapore, 2015.

[4] ESRI[EB/OL]. http://iho.maps.arcgis.com/apps/webappviewer/index.html.

[5] 聂乾震. 北斗卫星导航系统在航海保障行业的应用思考[J]. 航海，2017(4): 38 - 41.

[6] 张尧，郜喆，刘达，等. 天海一体智慧海事方案研究[J]. 中国海事，2017(4): 20 - 23.

第 8 章　电子罗经的设计与开发

本章介绍了北斗电子罗经技术和基于海洋渔业的云平台架构技术。基于北斗系统、互联网+、低成本航运的通信导航类软硬件一体化成套终端(把通信导航类设备天线、主板、系统、显控、电源一体化高耦合集成),为渔船实现智能驾驶、智能捕捞、大数据收集及以安卓为基础的航运终端系统(未来基于安卓系统不断研发新功能,如实现航运及渔业电商、航运及渔业金融 APP)提供了技术支撑,在此基础上,可以开发海洋渔业云系统,进一步扩展电子罗经技术的应用范围。

8.1 引　　言

根据资料显示,中国每年的船舶设备产品进口金额达到近 100 亿美元,其中进口金额排名第一的是船舶动力设备,排名第二的就是通信导航设备。船舶通信导航设备市场一直是欧美和日本企业的天下,基本由国外品牌垄断。属于国内自主品牌的船舶设备在市场中非常少见。韩国造船业号称全球第一,但到目前为止也还没有研发出其自主品牌的船舶通信导航设备产品,中国企业也就更不例外。其原因是,国外研发起步早,投入大,作为现代化通信导航设备不可或缺的全球导航定位卫星 GPS 由美国控制和垄断[1]。与其他船舶设备产品不同的是船舶通信导航设备往往体积更小、品牌认知度和技术含量更高,产品的研发成本也更高,但人工成本所占比例则又相对较低,这成为欧美企业一直以来都不愿意把船舶通信导航设备制造放到中国生产的一个很重要的原因,同时也正是由于这样的原因,使我国企业很难对国外产品的技术内涵深入了解,因而中国通信导航船舶配件企业和国外企业相比仍然存在较大的差距。

船舶通信导航设备种类比较多,包括 GMDSS、GPS、AIS、雷达、计程仪、操舵仪和罗经和测深仪等[2],同时它们也是船舶通信导航的传统核心产品。确保船舶安全航行是通信导航的最主要的作用,因而具有传递信息功能的船舶导航设备,在互联网智慧海洋时代将表现出越来越重要的作用,并且在特殊船舶如军舰、公务船等方面,船舶通信导航设备的使用和维护也代表着国家安全这一更深层次的需求,所以是否能够研制出高质量的国产船舶通信导航设备俨然成为一个急需解决的课题[3]。就在这个似乎不可能有机会的市场上,中国的北斗战略为中国企业找到了一条进入船舶通信导航市场的突破口。中国企业在努力增强自身实力迎头赶上国外设备产品的同时,也希望可以得到政府的有效关注以及用户的支持信赖,只有在中国建造的船舶上越来越多地出现国产品牌的通信导航设备以及各种船舶设备时,中国造船大国才能真正成为造船强国。

本章以北斗卫星电子罗经软硬件平台为基础,研制集成绝大多数的航运通信导航功能的综合设备,一体化天线、主板、显控、电源后,成本大幅降低,主要应用于中小航运船舶,特别是中小渔船。最终打造以硬件为基础,软件为上层建筑的海洋渔业云,推动北斗卫星导航应用产业的发展。

8.2 系统特点

与传统机械罗经相比，电子罗经使用GNSS卫星双天线电子化设备实现了传统机械罗经的功能，实现了产品由机械化到电子化的革命性飞跃，电子罗经启动时间短、测量精度高、动态性能好，尤其适用于高速、机动性大的航海导航和姿态控制需求[4]。不需要每年上船检修，平时无须维护，为船东带来便利。更重要的是成本为传统陀螺罗经的十分之一。

表8.1总结了相关通信导航设备的性能和特点。本书研发的“低成本综合型航运通信导航终端”能够实现全部的功能，同时具有技术以及成本优势，并且有较强的扩展性。

表8.1 相关通信导航设备功能

功能对比		功能描述	价格	自主研发	船艏向	航迹向	GPS/北斗系统	姿态	北斗通信	AIS船位	海图	其他功能
罗经	磁盘罗经	艏向指示（不精准）	0.1～2万元	—	有	—	—	无	—	—	—	—
	陀螺罗经	艏向指示（0.5°内）	10万元	代理为主	有	—	—	无	—	—	—	—
	GPS罗经	艏向指示（0.3°内）	3万元	代理为主	有	—	有	可实现	—	—	—	—
	北斗/GPS双罗经	艏向指示（0.3°内）	待定	国内首台	有	有	有	可实现	—	—	—	—
GPS		定位导航	0.5万元	—	—	有	有	—	—	—	—	—
北斗系统		定位导航及短报文通信	1万元	有	—	有	有	—	有	—	—	—
AIS		船位报告	1万元	有	—	—	—	无	—	有	—	—
海图		电子海图	1万元	有	—	—	—	无	—	—	有	—
低成本综合型航运通信导航终端		低成本综合型测向、通信、定位导航服务，基础软硬件平台功能	待定	国内首台	有	有	有	有	有	有	有	软件扩展、电商、大数据平台功能

8.3 关键技术

主要的核心技术包括北斗卫星电子罗经仪技术和基于海洋渔业的云平台架构技术。

8.3.1 北斗卫星电子罗经仪技术

北斗导航系统将在 2020 年实现服务全球的能力，届时北斗系统就可以全球性、全天候和高精度地测量运动载体的七维状态参数（三维坐标、三维速度、时间）和三维姿态参数，用伪距/载波相位测量求解出运动载体的三维姿态参数，测定该物体在空间中三个方向上的角度变化分量就可以确定三维空间中运动物体的姿态。如图 8.1 所示，建立三维坐标系，航向角表示物体在垂直于 Z 轴平面上的角度变化范围；俯仰角表示物体在垂直于 Y 轴平面上的角度变化范围；横滚角表示物体在垂直于 X 轴平面上的角度变化范围。

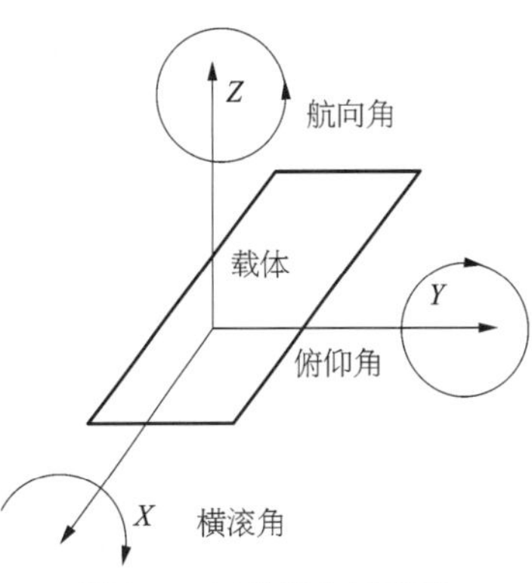

图 8.1　三维姿态示意图

坐标转换时，需要知道天线 1 指向天线 2 的向量方向。当明确三维空间中此向量方向后就能完全确定载体的二维姿态（航向角和俯仰角）。设天线 1 位于点 A，即原点位置，天线 2 位于点 B，其对应的坐标分别为（x_1，y_1，z_1）和（x_2，y_2，z_2）。当 A，B 两点在坐标系下的坐标解算确定后，则由 A 点指向 B 点的向量 $\boldsymbol{AB}$ 沿 X，Y，Z 轴三个方向的分量分别为：

$$\Delta x = x_2 - x_1$$

$$\Delta y = y_2 - y_1$$

$$\Delta z = z_2 - z_1$$

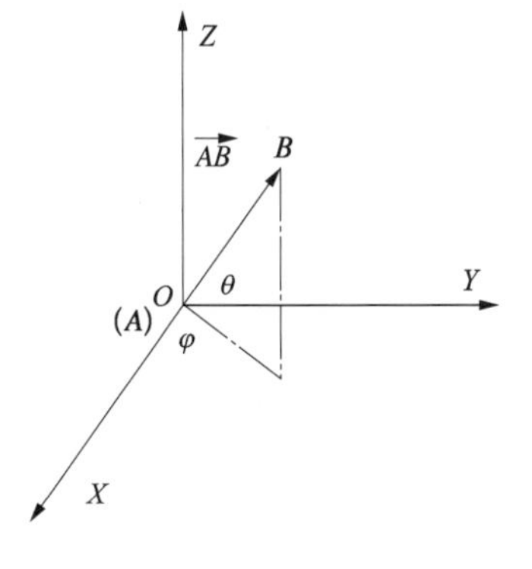

图 8.2　向量姿态

载体的航向角和俯仰角可以通过两个天线确定。如图 8.2 所示，由向量 $\boldsymbol{AB}$ 确定的航向角 φ 是 $\boldsymbol{AB}$ 在 XOY 平面上的投影和 Y 轴的夹角；由向量 $\boldsymbol{AB}$ 确定的俯仰角 θ 是 $\boldsymbol{AB}$ 和 XOY 平面的夹角，其计算表达式如下：

$$\tan\varphi = \frac{\Delta y}{\Delta x}$$

$$\sin\theta = \frac{\Delta z}{\sqrt{\Delta x^2 + \Delta y^2}}$$

在侧向过程中航向角 φ 的变化范围为 $0°\sim360°$，俯仰角 θ 的变化范围为 $-90°\sim90°$，由地理坐标系的定义知道 X 轴指向正东面，它也被叫做东北天坐标系，所以偏航角也可以看作向量或载体和正东面的夹角。这样，通过坐标变化和基线向量的三维空间处理的方法，只要能确定两个天线的空间坐标，向量的航向角和俯仰角就能够很方便、快速地计算出来。因此，怎样又快又准地得到两个天线的坐标是研究的重点内容。利用求解计算出的卫星坐标得到天线坐标，其核心的问题就变成分别确定天线到多颗观测卫星的距离。如何在已知波长的情况下采用相对载波向量定位技术计算载波整周数（不足一周的小数部分可测定），并尽量消除各种误差干扰的影响，最终解算出航向。

8.3.2 基于海洋渔业云平台架构技术

海洋渔业相关数据是未来发展智慧海洋核心的价值。随着数据的不断积累，打造中国海洋渔业云平台，通过数据采集、数据存储、数据清洗、数据挖掘、数据可视化流程后，可为全球提供渔业云服务。渔业云前端通过移动 APP 实现，具体分为三种角色：一是政府主管部门；二是船东；三是参与大众。

根据系统设计，渔业云总体的架构如图 8.3 所示。

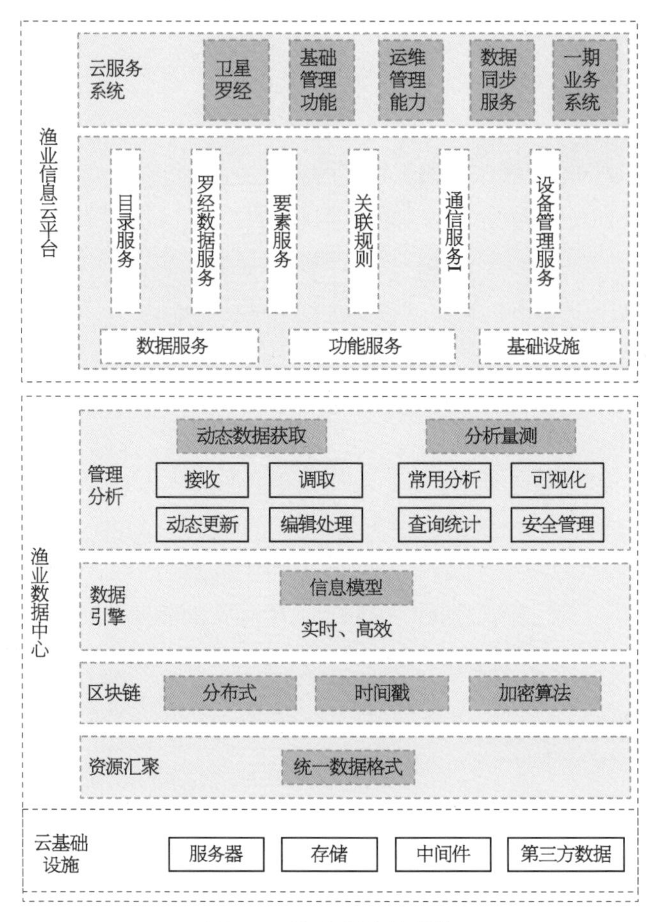

图 8.3 渔业云总体架构

渔业云网络拓扑如图 8.4 所示。船用终端中的数控总线设备在单设备情况下，可考虑和显示终端整合，在成本允许下考虑独立开发，服务器可以采用阿里云服务器。

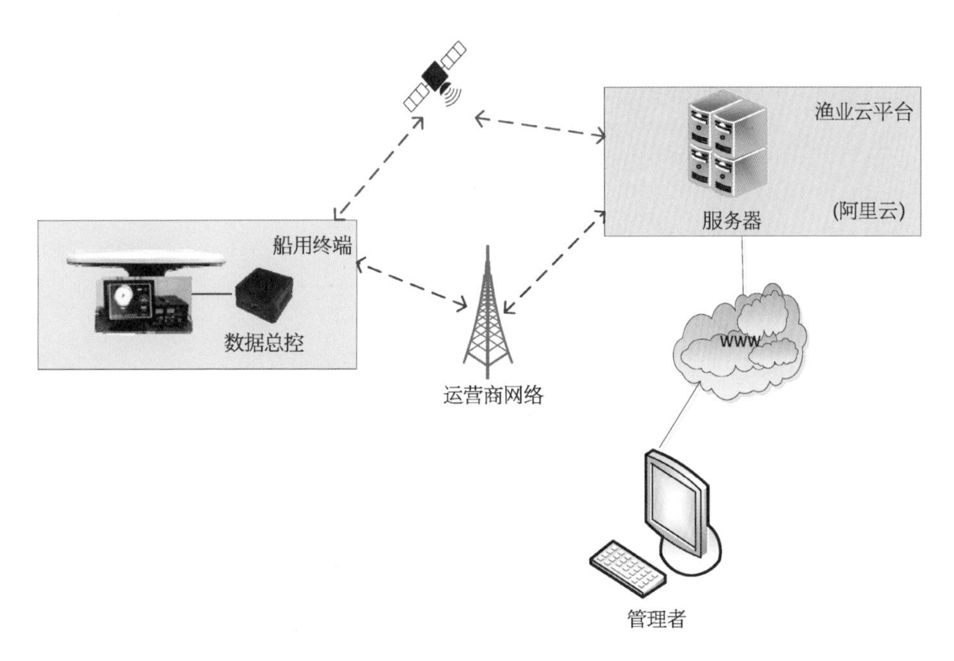

图 8.4　渔业云网络拓扑

参考文献

[1]　许培培. 基于北斗/GPS 的船载多模导航智能终端研发[D]. 厦门：集美大学，2015.
[2]　贾宏进. 四频激光陀螺平台罗经关键技术研究[D]. 长沙：国防科学技术大学，2009.
[3]　周玲. 北斗卫星导航系统的船舶监控应用及展望[J]. 中国水运，2014，14(07)：82-83.
[4]　陈允约，刘智敏. GPS 罗经测姿方法与展望[J]. 全球定位系统，2013，38(01)：67-72.

第 9 章　无人水质监测船的设计与开发

目前，我国的大部分城市内河受到污染，但是由于受到城市限制，无法充分满足人工监测采样的条件，导致水体监测点位数量不够，覆盖率不足，监测数据不能很客观地反映监测区域的水质污染状况，所以提出无人移动水质监测平台来对水质进行监测。本章从水质监测平台的硬件及软件两方面详细介绍了平台的组成和设计，并通过多次实验对平台进行测试，实验结果表明无人移动水质检测平台具有可行性。

9.1 引　　言

目前，水质监测主要有实验室监测、自动站监测和移动监测这三种形式。其中，实验室监测分析方法就是在实验室中提取水样，再用实验室进行仪器分析[1]。这种方法具有精度高、能够反映渐变性的水质污染情况的优点，但是监测周期较长，工作人员的劳动强度大，数据的实时性也不够好，并且难以发现突发性污染情况。自动站监测方法就是在一个水系设置若干个无人的监测站，通过安装在监测站内的在线水质分析仪器，借助与远程数据通信网络，来动态反映水质情况，它具有测量及时等优点，但在线水质分析仪器昂贵、建站成本维护成本较高，因此目前仅在较大水系的城市取水点上游设立。由于国内的数量有限，监测范围小，不能全面反映水质状况[2]。移动监测通常有三种方式：一是工作人员到现场通过便携式仪器进行取样分析；二是工作人员将装载水质分析仪器的专用车辆驾驶到现场，再进行取样分析；三是工作人员驾驶专用船舶到现场水域完成水质测试。这种方法主要用于发生污染后的应急移动监测和平时的周期性水质安全巡检，具有方便灵活、能够及时测量等优点[3]。

国外在移动水质监测系统领域起步较早，除了国内的传统移动水质监测方式外，还发展了新型自动化移动水质监测系统[4]。

美国研究的水下自主航行器(autonomous underwater vehicle，AUV)的过程中将其应用于移动水质监测中，研发了一种代号“STARBUG”的自主式水下航行器。它具有智能化、实现多种功能的优点，同时也是自主航行、可根据任务使命要求进行模块优化组合的集成系统，能够广泛应用在军事和民用等领域[5]。“STARBUG”航行器前面装有两个摄像头，可以通过视觉进行自主导航，可以自主地在指定区域内执行水质监测任务，也可以通过水流断面进行水质监测，获得水体参数。水下自主航行器具有自主航行密封防水的特性，因此它可以监测到普通方法很难监测到的水体深处的水流断面，对于后面的数据分析具有重要意义[6]。

英国安普顿海洋研究中心研制的 AUTOSUB 调查型 AUV，设计用于英国 AUI (autosub under ice)计划中进行冰下探测，考察地球两极冰架的海洋环境及其对全球气候的影响。该 AUV 搭载了多种水质设备以及冰层探测设备，目前已经在格陵兰岛附近海域成功进行了多次冰下探测，从规避冰山、海底山坡到与母船汇合点的临时改变，其控制与导航系统都完美地完成了探测路线[7]。

目前，虽然我国的水质检测有了长足的进步，国内已研发出自主研制的无人船系统，搭载溶解氧、浊度、氨氮和氧化还原电位在线检测仪器[8]。但我国的水质监测仍然存在一些不足：一是实验室监测能力还有待提高，监测仪器设备老化现象严重，大型分析仪器配备不平衡，设备落后；二是我国的自动水质监测站的实时监测水平还比较低，并且监测站数量较少，不能全面获得重点水域水质数据；三是移动水质监测能力较低，移动水质监测设备数量少且自动化程度不高，机动能力不强，现场监测能力低。

因此，迫切需要发展一种成本低、体积小、操作灵活方便的新型移动无人水质监测设备，可以通过自主方式或遥控方式实现水质监测及在水面航行，这对填补我国现有的移动水质监测系统相关空白具有重要的意义。

9.2 系统总体设计

9.2.1 设计思路

针对国内移动水质监测系统的现状，从技术可行性和实际应用两方面出发，本章节设计的无人水质监测设备应具备以下特点：

(1) 体积小。体积小意味着运输方便，且不受地域空间的限制，可以弥补现有移动水质监测方式体积大、移动不便的缺点。

(2) 操作方便。由于使用了远程遥控移动平台，采样点的选取更加灵活，可以获取更多的样本点数据用于比对分析。

(3) 系统可靠性强。由于实现远程遥控方式进行操控，在自主航行失败或复杂水面环境的情况下，仍然可以实现正常航行，增加了系统的可靠性。

9.2.2 设备组成

图 9.1 所示为本套设备的总体系统框架图。整套设备主要由现场遥控终端、搭载在线水质传感器的移动水质监测平台以及地面基站接收并处理数据的硬件、软件组成。

1) 现场遥控终端

现场遥控终端以 4×4 按键矩阵作为遥控输入接口，负责向移动平台发送行动指令，而通过笔记本电脑上的串口软件与无线模块连接后，可以在笔记本电脑上显示移动平台上的水质及位置数据并存储。

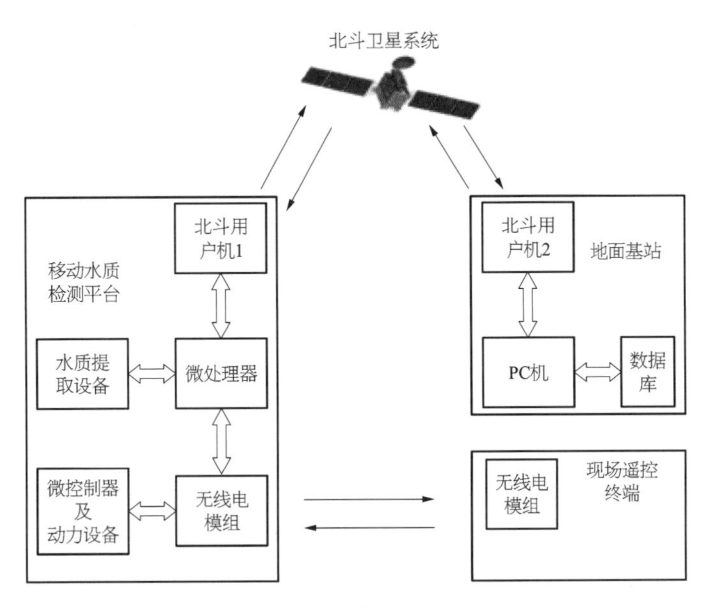

图 9.1　本套设备的总体系统框架图

2）*移动水质监测船*

移动水质监测平台的船体利用两个浮筏与金属架搭建而成，整个平台采用模块化方式组建，在其上安装的推进装置和水质监测设备/遥控设备箱体可以方便地拆卸下来，以减少运输时所占空间[9]。水质监测箱体包含了水质传感器的数据采集器、ARM 处理器板、北斗用户机、无线电模组以及其他可选通信设备，主要负责水质传感器的数据读取、解析，并以北斗短报文通信、无线电及其他可选方式发出数据。遥控设备箱体安装了蓄电池、微控制器以及相关的动力控制设备，用以控制移动平台后方的推进设备。

3）*地面基站软件及硬件*

基站需要的硬件要求较低，只需要在任意一台电脑上通过串口与北斗用户机相连并运行数据接收软件，即可通过北斗卫星短报文通信获得数据并存储在本地，同时可以将数据上传至数据库。

9.3　无人船移动端硬件设计

9.3.1　船体平台设计

1）*船体平台组成*

移动水质监测平台如图 9.2 所示，由双体船体/动力系统、在线水质传感器组（传感器吊舱)、数据采集传输系统、远程控制系统组成,其中双体船体为两个浮筏与金属支架组成;动力系统采用矢量推进,使用一个减速电机控制推进器与船体所成角度;远程控制系统通过微控制器控制继电器组以控制推进器与转向机构的动作;数据采集传输系统将在线水质传感器组的模拟量水质数据数字化、记录在船载设备上,并且通过北斗卫星短报文和无线数传两种方式分别传输到现场遥控终端(无线数传)以及地面基站(北斗短报文)。

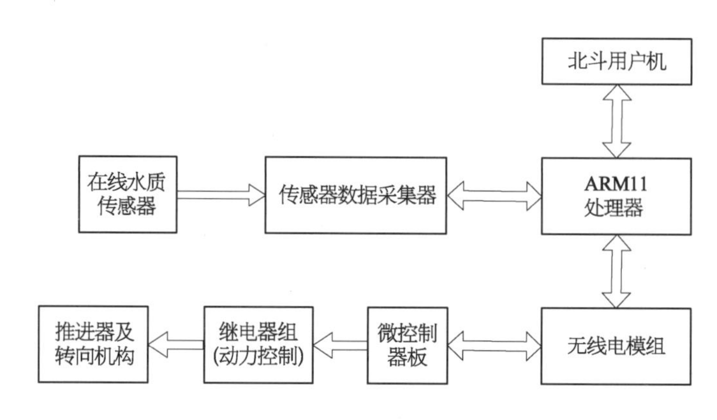

图 9.2　移动水质监测船体平台

另外,电源采用了 12 V 铅酸蓄电池供电,通过一个 12 V 升降压模块将铅酸蓄电池 12 V 上下波动的电压稳定在 12 V,供给需要 12 V 电源的水质传感器、数据采集模块,以及北斗用户机,另外再利用 5 V 模块供给微控制器板以及微处理器板。继电器组以及推进、转向机构直接由蓄电池供电。

2) 船体/动力系统设计

双体船效果如图 9.3 所示,移动平台由两个浮筏和连接两个浮筏的金属支架组成,浮

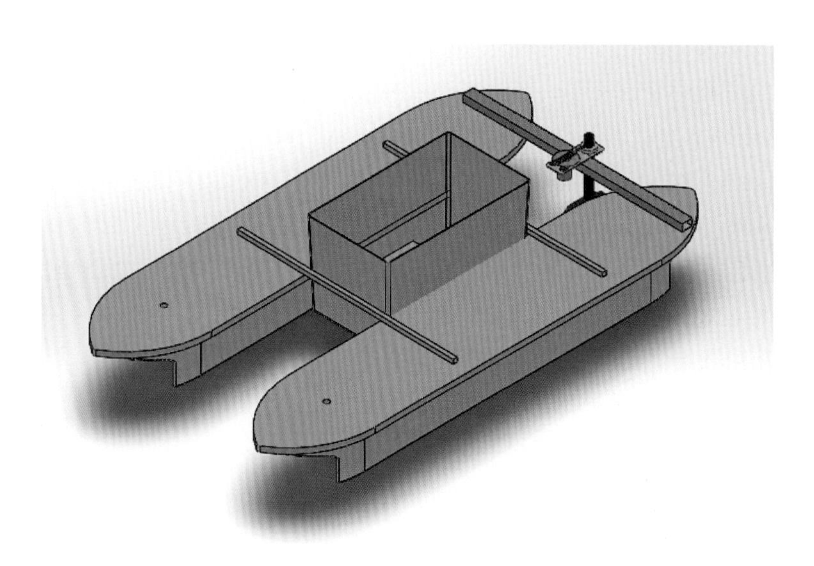

图 9.3　双体船效果图

筏之间的箱体内分层安置蓄电池、远程控制系统以及水质数据采集传输系统,船体尾部的金属支架上安装了推进器以及控制推进器推进方向的转向机构[10]。

整个船体的材料均按照可承受长时间的大风浪海水条件工作的要求。其中,船体和电池盒采用优质工程塑料,耐磨性、耐蚀性好,强度高,可承受较大的冲击力;转向机构、船体连杆及固定件采用 316 不锈钢,其耐蚀性、耐大气腐蚀性和高温强度特别好,加工硬化性优,无磁性,可在苛刻的条件下使用,特别适合船体在恶劣环境下工作的要求;采用双体船的首要目的是确保船体的稳定性,防止船体上部天线及卫星传输模块在发生翻转后导致平台失去信号接收、发送能力。另一个优势在于采用双体船后可以将传感器吊舱安装在双体船之间,在平台靠岸时,利用船体保护传感器吊舱不受碰撞[11]。

移动水质监测平台的转向机构由一个减速电机、两个限位开关、一个摆轮＋摇臂组成。减速电机驱动摆轮旋转,带动摇臂摇摆,摇臂连接在固定推进器的转轴上,达到旋转推进器改变推进方向的作用;通过限位开关限制转向幅度保护转向机构以及减速电机。

9.3.2　远程控制系统设计

1) 微控制器板设计

(1) 微控制器选型。微控制器板需要响应来自无线模组中 433 MHz 模块的消息,并按照消息内容进行船体的动作控制,同时需要负责移动水质监测平台启动时 433 MHz 模块的初始化配置,以及 433 MHz 模块进入异常状态的恢复。基于此,本书选用了 ST 公司 STM32 微处理器系列中的 STM32F103VE 处理器[12]。

STM32F103VE 是属于意法半导体(STMicroelectronics)STM32F10×××系列基本增强型处理器,在 F10xxx 系列中属于容量较大、I/O 资源较丰富的型号,同时作为 STM32 系列较早期版本,芯片出货量大、供货充足,而且程序向同系列其他型号移植难度较小。

STM32F103VE 拥有 64 K SRAM、512 K FLASH(Program)、CPU 时钟频率最高 72 MHz,具有丰富的片内外设资源:具有 8 个 16 bit 定时器、硬件看门狗、窗口看门狗、实时时钟、3 个 USART、2 个 UART、具有 18 通道 12 bit 的 ADC、3 个 SPI 接口、2 个 I2C 接口、1 个 CAN 接口,满足各种数字、模拟传感器的输入以及电机驱动信号的输出。

(2) 电路设计。微控制器板采用 STM32F103VE 芯片,实现继电器组控制、433 MHz 无线模块状态管理,其中 433 MHz 无线模块占用一个 SPI 接口和额外一个 GPIO 口,另外连接 GSM 模块占用一个 USART 接口,连接继电器组占用 5 个 GPIO 口,此外用于调试信息输出占用一个 USART 接口,以及为了未来加装位姿传感器需要预留一个 SPI 接口、一个 I2C 接口,如图 9.4 所示。

2) 继电器组设计

由于推进器在水中运行的电流较大,空载为 2.5 A,堵转电流为 10 A,而能承载该电流范围的继电器所需的驱动电流及电压 STM32 无法直接提供,因此需要以二级继电器的方式进行控制。直接与 STM32 连接的继电器组为一个 8 路光耦隔离继电器模块,提供 8 路单刀双掷带光耦隔离的继电器,光耦隔离可以避免由于继电器线圈的电感效应对微控制器引脚带来的干扰。此外,由于本套移动水质监测平台搭载了多种无线电通信设备

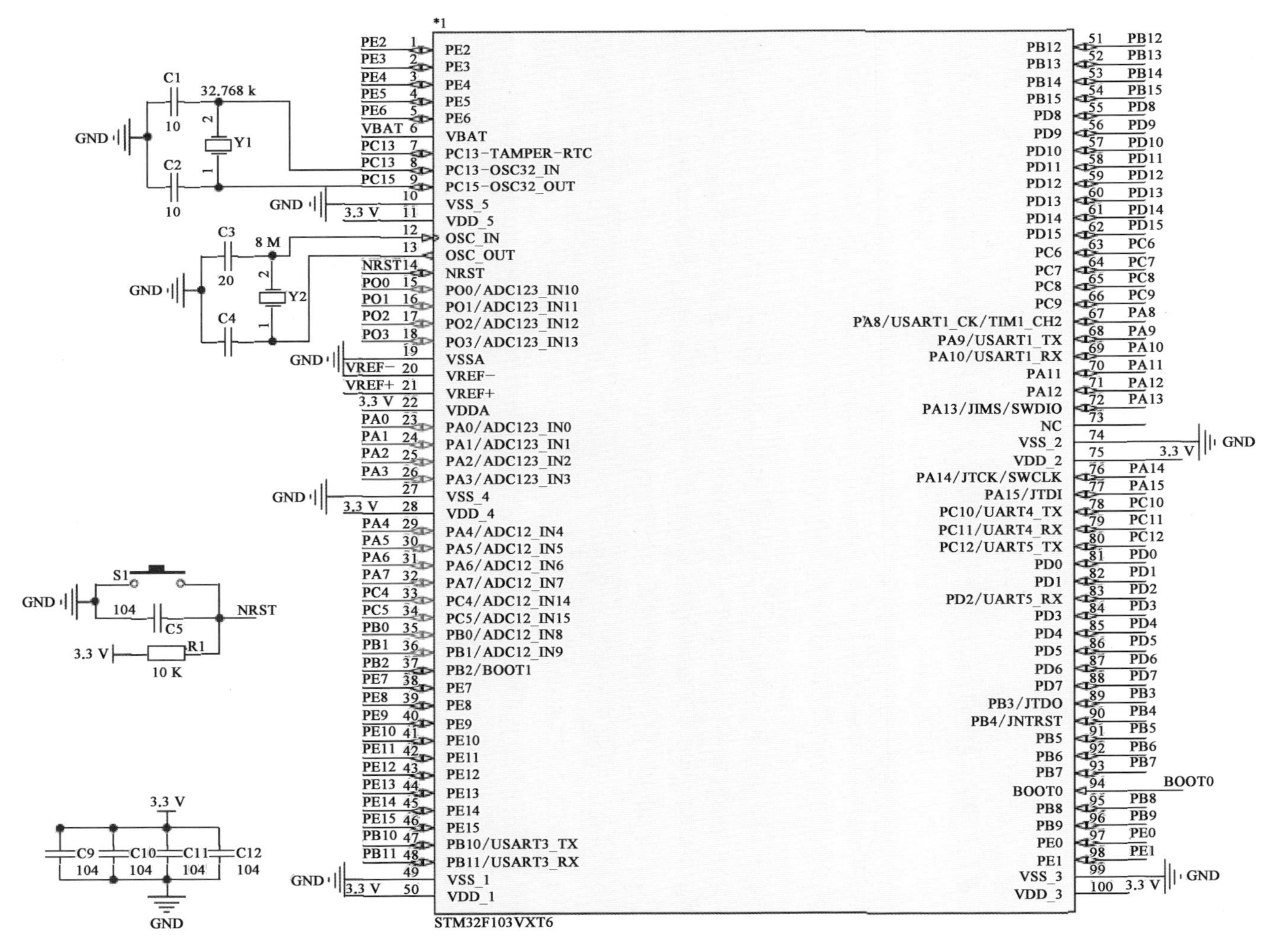

图 9.4 STM32F103VET6 芯片引脚图

及卫星定位/通信模块，因此需要对继电器组进行电火花干扰的削弱和屏蔽，具体措施如下：

(1) 直接连接驱动推进器的大电流继电器吸合线圈两极并联阻容电路，减少吸合线圈在通断瞬间产生的电感效应(见图 9.5 上方红色框线)。

(2) 所有继电器的常开触点和常闭触点的接线分别与继电器触片的接线并联一个电容，用于削弱触片与触点断开瞬间产生的电火花(见图 9.5 下方红色框线)。

(3) 继电器组整体封装入金属盒中，削弱对外界的电火花干扰。

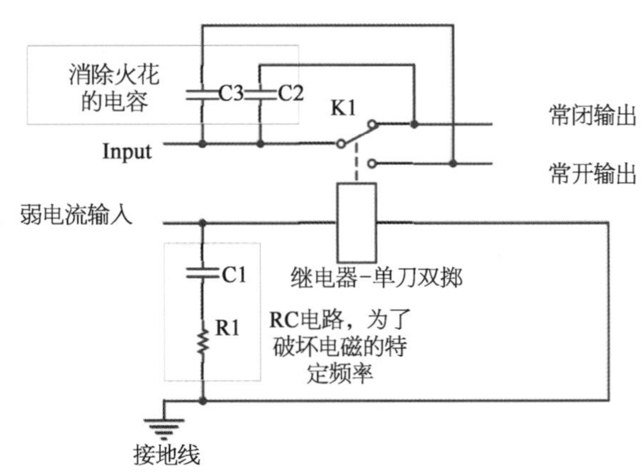

图 9.5　单个继电器的消火花电容安装示意图

3) *无线传输模块*

由于考虑到远距离遥控需要应对复杂的水面环境(如江面来往船舶、沿河的护堤与桥梁)，因此对无线传输模块就需要有较高的发射功率与较强的绕射能力。同时，为了确保长时间待机时整个系统的功耗，无线传输模块需要保持接收状态，以确保不丢失远方发来的唤醒消息。综合比较各个种类的无线模块通信功率及能耗后，选择了 Si4463[13] 作为远程遥控用的通信模块。该模块可以设置为 119～960 MHz 的宽频段范围，选用 433 MHz 一方面是因为该频段为国际通用的免费商业/民用频段；另一方面是 433 MHz 在远程与绕射方面该模块功耗较低，关闭模式电流仅 30 nA，就绪模式 50 nA，发射最大电流为 85 mA，接收最大电流为 13 mA，通过适当配置降低发射功率和接收灵敏度可以将功耗降至更低。

Si4463 模块与 STM32 微处理器的连线如图 9.6 所示。

9.3.3　自主式系统设计

1) *船舶运动控制模型*

船舶的实际运动异常复杂[14]，在一般情况下具有 6 个自由度，包括跟随 3 个附体坐标轴的移动及围绕 3 个附体坐标轴的转动，前者以前进速度 u、横漂速度 v、起伏速度 w 表述，后者以艏摇角速度 r、横摇角速度 p 及纵摇角速度 q 表述。在此，本书主

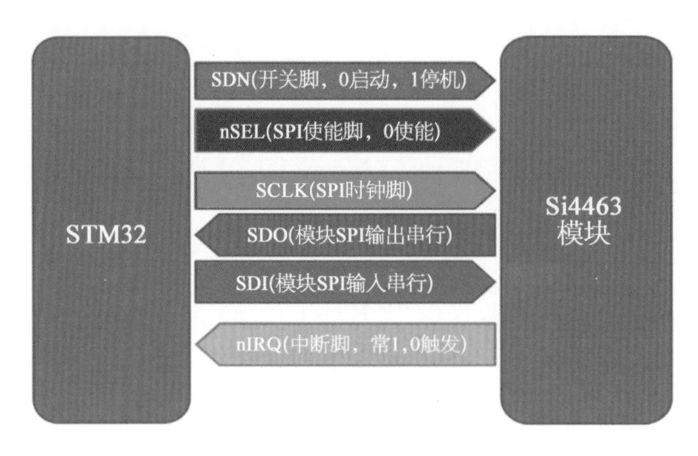

图 9.6　Si4463 模块与 STM32 微处理器的连线示意图

要考虑船舶航速、航向及横摇 3 个方面的船舶运动控制任务，其采用的运动控制模型如下所示：

$$\begin{cases} X_{\Sigma}=m[\dot{u}-vr+wq-x_{G}(q^{2}+r^{2})+y_{G}(pq-\dot{r})+z_{G}(pr+\dot{q})] \\ N_{\Sigma}=J_{zx}\dot{p}+J_{yz}\dot{q}+J_{z}\dot{r}+(J_{xy}p+J_{y}q+J_{yz}r)p-(J_{x}p+J_{xy}q+J_{zx}r)q \\ \qquad +m[x_{G}(\dot{v}+ur-wp)+y_{G}(-\dot{u}-vp+uq)] \\ K_{\Sigma}=J_{x}\dot{p}+J_{xy}\dot{q}+J_{zz}\dot{r}+(J_{zx}p+J_{zy}q+J_{z}r)q-(J_{xy}p+J_{y}q+J_{yz}r)r \\ \qquad +m[y_{G}(\dot{w}+vp-uq)+z_{G}(-\dot{v}-ur+wp)] \end{cases} \tag{9.1}$$

式中　　m——船舶质量；

$\dot{p}$、$\dot{q}$、$\dot{r}$——艏摇、横摇及纵摇角加速度；

$\boldsymbol{R}_{G}=[x_{G}\ y_{G}\ z_{G}]^{T}$——船舶重心在移动坐标系下的位置矢量坐标；

X_{Σ}、N_{Σ}、K_{Σ}——纵向力、航向力矩及横摇力矩。

$\boldsymbol{J}$ 为当坐标系原点不在船舶重心时的船舶惯性矩阵，用下式表示：

$$\boldsymbol{J}=\begin{bmatrix} J_{x} & J_{xy} & J_{zx} \\ J_{yx} & J_{y} & J_{yz} \\ J_{zx} & J_{zy} & J_{z} \end{bmatrix} \tag{9.2}$$

对于无人船系统而言，由于其尺寸较小，运动控制执行器的数量与种类比较单一，所以对无人船的运动控制主要体现在航向、航迹上。

2）无人船航迹/航向控制

对于无人船系统而言，其最根本的需求就是可以根据既定任务、远程操控及避障策略的要求航行至指定的位置。无人船目标识别、航迹规划与避障的能力是其智能化、信息化程度的直接衡量标准，而完成对无人船精确、准确的航迹/航向控制是实现上述目标的前提与保障[15]。目前，无人船系统的实时航迹/航向信息采集一般采用卫星导航设备与惯性器件相结合的模式进行开展，如图 9.7 所示。需要说明的是，不同类型与功能的无人船装置采用的运动控制执行器也不尽相同，包括船舵转向+桨推进模式、双桨速差转向+推进模式、波浪能挡板转向+推进模式等。图 9.7 所示无人船采用的是双桨速差转向+推进模式进行航迹/航向控制，这种方式适用于体型较小的无人船。

无人船通过北斗卫星终端获取实时经纬度信息，通过记录不同时刻的经纬度信息获取历史航迹，结合船载惯性器件所测量到的船艏方向，比对监管控制器运算得到的航向/航迹控制需求，对船尾左右两侧的螺旋桨进行独立控制，并根据转速差实现无人船的航向控制与航迹控制。在这个过程中，北斗卫星装置在无人船航行控制过程中提供了无人船的实时位置坐标信息，是无人船航行控制不可或缺的数据来源。

9.3.4　数据采集传输系统设计

1）微处理器选型

微处理器板负责处理数据采集器输出的数字化的水质信息数据，并将每个时刻的水质数据与当时的北斗系统、GPS 定位数据整合，然后通过无线数传模块以及北斗短报文通信两种方式分别向现场遥控终端与地面基站传输数据[16]。由于需要采用通用开发平台加快开发速度，并排除硬件处理效果对数据校验算法的时序影响，所以采用了 ARM11 微处理器运行 LINUX 操作系统以及 QT 的集成开发环境作为数据处理转发的软件运行/开发平台。

2）数据采集器

T－BOX RTU 是具有嵌入式编程和配置环境的 RTU 产品，集 PLC、Datalogger、Web Server 等功能于一体。T－BOX RTU 集成了多种高端技术：高端 32 bit 处理器、先进的软件技术以及可靠的 I/O 模块，使得产品简单易用、通信能力强大，并且适用于要求严苛监测与控制的应用环境。T－BOX 具有以下特点：

（1）T－BOX RTU 满足所需数据的采集、监控和计量功能，适应严苛的安装现场的环境条件，具有工业级别的模块化、无风扇结构，符合现场防爆、防水、防尘、抗震、防静电、防腐蚀和抗干扰等要求。

（2）T－BOX RTU 系统主要由模块化的处理器、I/O、通信和电源等构成的智能单元，有自诊断功能。处理器的版本升级应采用 FLASH 方式，而不用更换处理器。

（3）T－BOX RTU 具有编程组态灵活的特点，可支持 IEC6 1131－3 标准编程，支持梯形图、Basic 语言，以及 C 语言等编程方式。

T－BOX 外观如图 9.8 所示。安装 T－BOX 的机箱如图 9.9 所示。

（4）T－BOX RTU 具有在外电源掉电情况下保护源程序和已采集数据的功能。在外电源恢复后，RTU 自动恢复数据采集和过程控制。

（5）T－BOX RTU 具有数据存储的功能，存储容量不少于 30 天，通信恢复后，具有补传通信中断期间所存储数据的功能。RTU 补传的所有数据带有时间标志。

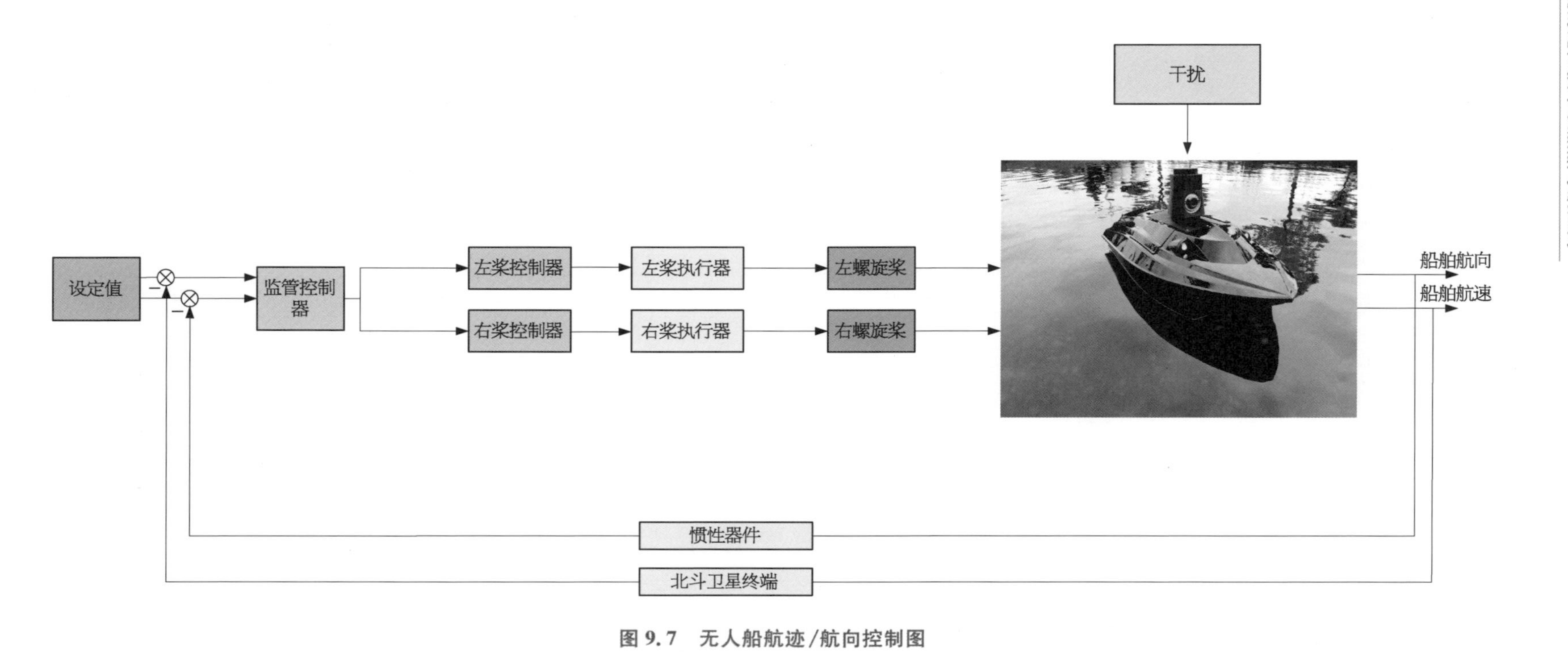

图 9.7 无人船航迹/航向控制图

图 9.8　TBOX 外观

(图片来源：http://c.gongkong.com/Semaphore/p17632.html)

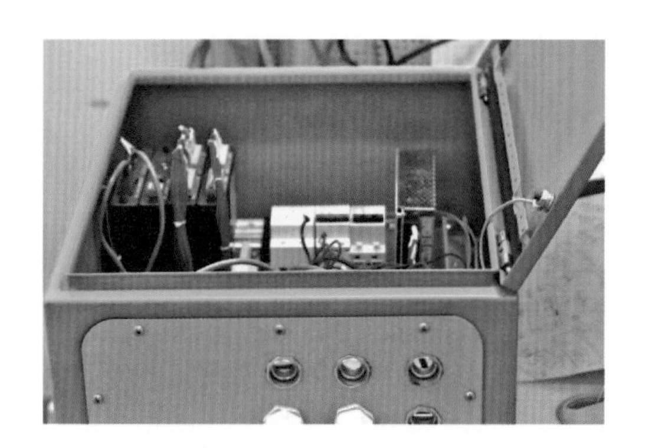

图 9.9　安装 TBOX 的机箱

(6) T-BOX RTU 提供全系列的 I/O 模块，可以组成各种远程终端单元系统，所有输入、输出信号具有隔离措施，其输入、输出端子电气绝缘强度不小于 500 V AC。

(7) T-BOX RTU 具有防雷击、浪涌电流保护。

(8) T-BOX RTU 是低功耗产品，适合采用太阳能、风能、电池等供电条件下的工程应用。

(9) T-BOX 产品线专为各种规模的分布式应用而设计，提供了一个卓越的数据采集与监控解决方案，其 push 和 Web 技术大大提升了产品性能，并降低运行成本。基于先进的 IP 功能，SCADA 系统的控制人员已不再需要 24 h 现场职守。通过完整的 Web 服务器、SMS 报告和远程控制技术的 T-BOX 产品，可随时随地通过标准的 Web 浏览器进行实时访问，而且使用手机就可以收到 SCADA 报警并与远程站点建立通信。自动报警升级功能可让核心维修人员收到未经确认的 SCADA 报警信息。

3) 无线数传模块

GXM 系列电台是在 Freewave 公司 900 MHz 跳频电台的成功基础上，研发的 2.4 GHz 频段的同类功能系列产品。该产品的设计为 OEM 商提供了更可靠的稳定性和更高的数据传输质量。该系列产品获得了全球各种安全等级证书，包括 ETSI、FCC、IC、RoHS、UL Class 等。该产品体积小，方便嵌入各种机柜，大大方便了某些对 900 MHz 频段有限制的国家和地区使用。GXM 模块具备 GX 系列电台的全部性能，而且能够兼容所有 Freewave 以往的 2.4 GHz 产品，包括 I2、IM 系列等。Freewave 所有产品均由其公司自主设计，全部在科罗拉多州博尔德市 Freewave 公司生产。GXM 2.4 GHz 无线数传模块如图 9.10 所示。

图 9.10　GXM 2.4 GHz 无线数传模块

(图片来源：http://www.youuav.com/sell/detail/201608/23/2123.html)

GXM 2.4 GHz 无线数传模块的特点包括：

(1) 最大输出功率 500 mW，最小输出功率 100 mW，可以符合全球各种功率输出限制。

(2) 线型电源控制可将输出功率限定在 10～27 dB·m 或 10～20 dB·m(在 100 mW 功率时)。

(3) 远程 LED 控制，可选 24 针脚连接。

(4) VSWR 保护。

(5) 低频性能提高：RISC-基础上的信号模拟，配以合适的过滤系统。

9.4 无人船移动端软件设计

9.4.1 总体架构

无人水质监测平台的主要功能如下：

(1) 初始化掉电后上电需要重新配置的设备。

(2) 利用 433 MHz 模块监听现场遥控终端的指令。船体控制设备根据指令做出相应动作。

(3) 水质数据采集设备完成初始化后，定时输出当前时刻从在线水质传感器读出的数据。

(4) ARM11 处理器板对数据进行处理压缩后，通过 2.4 GHz 无线数传模块和北斗卫星用户机，分别发送给现场遥控终端与地面基站。

为实现以上功能，本套设备需要分别对两个处理器——管理数据传输的 ARM11 微处理器板和管理船体控制的 STM32 微控制器板进行编程。

9.4.2 433 MHz 无线遥控软件设计

无人水质监测平台的遥控用短波通信使用 Silicon Labs 的 Si4463 无线通信模块，该模块可以设置为 119～960 MHz 的宽频段范围，本书作者选用 433 MHz[17]。

本系统采用了 STM32 微控制器作为船体驱动控制器以及现场遥控用手持终端，型号为 STM32F103VET6，为 100 脚封装大容量基础增强型，内核为 ARM Cortex-M3，用于控制 433 MHz 通信模块，使用了一个 SPI 接口(3 个 I/O)以及 3 个 GPI/O(2 个输出，1 个输入中断)。STM32 与 Si4463 模块交互如图 9.11 所示，初始化流程图如图 9.12 所示。

由于 Si4463 模块为掉电失忆的可编程无线通信模块，所以每次掉电或者硬件逻辑关机后需要由 STM32 重新配置参数，如图 9.13 所示。配置完成后 STM32 自身在 nIRQ 线

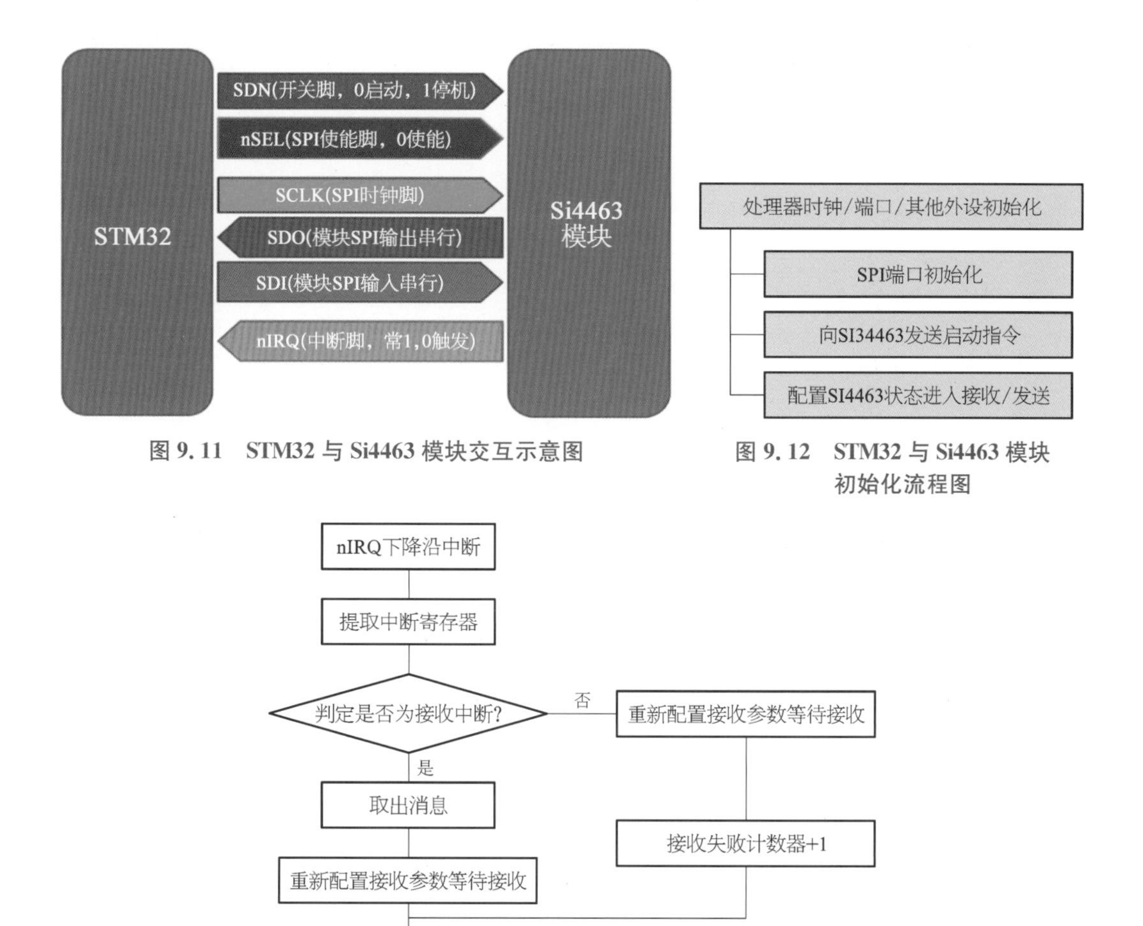

图 9.11　STM32 与 Si4463 模块交互示意图

图 9.12　STM32 与 Si4463 模块初始化流程图

图 9.13　STM32 控制下的 Si4463 通信流程图

上设置了下降沿触发的外中断，一旦 SI4463 的 nIRQ 脚拉低电平则触发中断处理函数进行操作。

如图 9.13 所示，当 Si4463 模块作为接收端工作时，Si4463 接收到消息后并不主动向微控制器发出收到的消息，而是在 nIRQ 脚拉低电平信号然后处于挂起状态不再接收。因此，当 STM32 检测到 nIRQ 脚的下降沿跳变后，需要立即从 Si4463 提取收到的消息，并恢复 Si4463 的接收端配置等待下一条消息。

而当 Si4463 作为发送端时，在配置完成后即进入待机状态，当需要发信时被再次唤醒并将指令发出，发出后微控制器可以访问 Si4463 的寄存器查看发送状态成功与否，也可以通过配置使能发送完成中断使得发送完成后向微控制器发送通知，以此作为统一的收/发完成标志动作。

9.4.3　抗干扰程序架构

由于外部环境的电磁干扰会产生遥控系统死机的状况，所以为了防止移动平台(双体船)工作环境中有其他干扰(浮标、船用电台以及控制设备也可能使用 433 MHz 频段的电磁波),需要在 STM32 的软件层面实现受到干扰后的自我恢复功能[18]。抗干扰程序整体流程如图 9.14 所示。

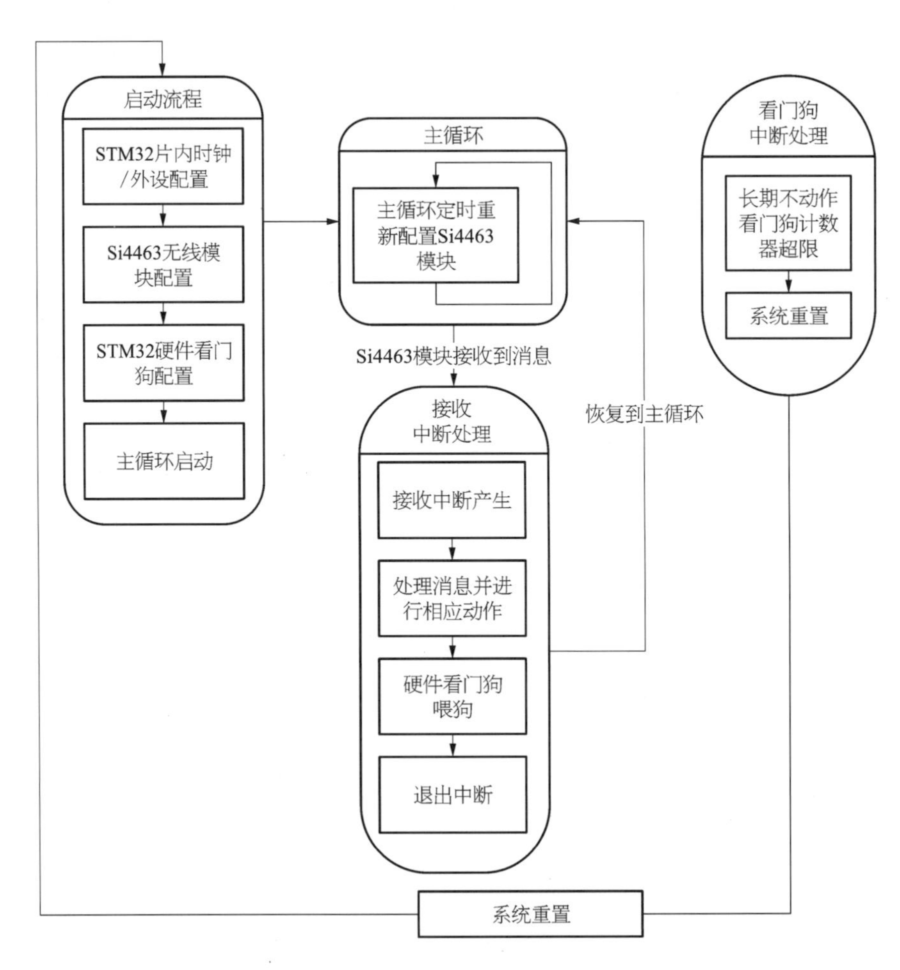

图 9.14　整体流程图

首先是正常的启动,在启动过程中配置了 STM32 自带的硬件看门狗外设。该外设是一个独立于 STM32 系统时钟的定时器,能够在 STM32 进入异常状态后继续计时的递减定时器,一旦定时器值归零就会产生系统重启中断,强行重启 STM32。因此,程序在正常状态下需要定期地恢复硬件看门狗的定时器,相当于"喂狗",避免归零产生重启。

计时器重置代码被设置在了遥控接收动作语句中,即一旦接收端长期收不到遥控端发出的无线遥控指令,硬件看门狗将强制整个系统重启。

由于硬件重启将导致遥控系统在 1～2 s 内(系统的启动时间)无法响应动作,所以为了减少硬件重启次数,在遥控程序的主循环体添加了定时重新配置 SI4463 无线传输模块的代码,尽可能地减少对于遥控响应的影响。

9.5　系统测试和实验

对所设计的移动水质监测平台进行遥控功能测试，其中涉及的测试设备和软件包括：手持遥控终端、移动水质监测平台、蓝牙串口，以及一部可以具有蓝牙功能并安装蓝牙串口软件的手机。

1）测试内容

利用STM32微控制器空闲的外设串口，在Si4463无线模块接受程序段中嵌入串口发送程序，用以发送当前的状态。串口连接蓝牙串口透传模块，发送至具有蓝牙功能的手机，手机通过蓝牙串口即可观察到移动平台当前的遥控状态。串口发送代码嵌入位置分别为Si4463接受中断处理程序入口、接收消息校验后的分支（成功、失败）两处，以及接收消息失败后进行状态判断后的分支（消息内容错/设备状态错）。通过串口的输出数据，可对整个遥控设备的工作状态进行判断。[19]

2）测试步骤

对遥控系统的测试从系统的开发过程开始，直到整个移动水质监测平台完成，再到期实际下水测试这段时期。只要使用了遥控设备，就会进行相应的遥控效果评估。

根据当时测试时开发进度，测试分为以下阶段：

(1) 第一阶段：STM32微控制器仅与继电器模组连接，负载为空载，通过Si4463与遥控终端通信。此阶段仅使用不带消火花电路的结构，并运行非抗干扰程序。

(2) 第二阶段：STM32微控制器与继电器模组以及推进/转向系统，进行总集成，置于岸上空载运行测试，此阶段使用了消火花电路结构，并且分别测试了抗干扰程序以及非抗干扰程序。

(3) 第三阶段：设备整体下水进行测试，此时除了安装了消火花电路结构外，还对继电器组进行了部分屏蔽以及433 MHz无线接收模块与STM32的全封闭金属外壳屏蔽。此阶段由于考虑非抗干扰程序带来的失控将导致设备的回收困难，所以仅采用抗干扰程序进行实际测试。

每次测试对操作指令发送数目及指令失败次数进行记录（利用蓝牙串口回显）。

3）测试结果与分析

不同阶段的测试结果见表9.1、表9.2、表9.3。

第一阶段的测试为STM32经由Si4463的无线指令对继电器组进行操控，推进/转向装置没有安装。从表9.1可以看到，当仅驱动继电器模组时，不会产生足以影响Si4463与STM32运行的电磁干扰。

表 9.1　第一阶段测试结果

批　次	操作数	操作失败数	丢包率	结束时状态
1	20	0	0%	可控
2	53	0	0%	可控

表 9.2　第二阶段测试结果

批　次	程序是否抗干扰	操作数	操作报错数	操作失败数	丢包率	结束时状态
1	否	5	1	1	20%	失控
2	否	3	1	1	33.33%	失控
3	否	6	1	1	13.33%	失控
4	是	29	5	1	17.24%	可控
5	是	35	7	3	20%	失控
6	是	156	28	12	17.95%	可控

表 9.3　第三阶段测试结果

批　次	操作数	操作报错数	丢包率	结束时状态
1	3 074	217	7.06%	可控
2	6 798	583	8.58%	可控
3	5 436	392	7.21%	可控
4	9 842	786	7.99%	可控

第二阶段前期采用了继承自第一阶段的程序，由于第一阶段直接连接推进/转向装置时出现大概率死机(第一次推进器继电器操作即失控)，所以在电火花产生触点接线间加装了电容以期消除电火花的影响。但一旦进入频繁操作状态，即容易发生失控。改用抗干扰程序后，失控状况得到缓解，仅在高强度测试时小概率出现，但干扰依然存在，而且由于干扰有一定概率导致程序短暂无响应。

第三阶段在第二阶段的基础上，在大电流继电器(由小电流继电器间接控制)的吸合线圈接线柱两端并联一个阻容电路，削弱线圈电感效应带来的电路波动。同时在船体结构上专门增加两个金属壳体，一个半封闭壳体用于容纳继电器组，另一个全封闭壳体用于容纳 STM32 以及 Si4463 无线模块，仅保留天线与信号线接出口。

经过以上改造后，误码丢包率大幅下降，并且失控现象得到解决。

4) 测试总结

测试结果表明，433 MHz 无线遥控系统经过不断改进硬件、线路布局，确保了无线远距离遥控设备的可靠性。同时 STM32 的程序设计充分考虑到了 Si4463 可能出现的受干扰状况，并进行了应对处理，确保遥控设备的自纠正能力，防止失控的发生，可以作为设备的可靠遥控装置。

参考文献

[1] 张迪. 水质检测中实验室检测结果的质量控制方法[J]. 能源与环境，2017(05)：75-78.

[2] 刘超，赵效辉，朱志超，等. 水质监测自动控制系统的研究[J]. 电子制作，2015(11)：39.

[3] 黄培，马鑫. 小型移动水质在线监测船避障方法研究[J]. 办公自动化，2018，23(2)：52-55.

[4] 杨员，张新民，徐立荣，等. 美国水质监测发展历程及其对中国的启示[J]. 环境污染与防治，2015，37(10)：86-91.

[5] MEAHMED A，DUAN W. Overview on the development of autonomous underwater vehicles (AUVs)[J]. Journal of Ship Mechanics，2016，20(6)：768-787.

[6] 鲁鹏，耿文豹. 水下自主航行器在海洋环境监测中的应用及试验研究[J]. 中国造船，2017，58(3)：245-250.

[7] CACCIA M，BONO R，BRUZZONE G，VERUGGIO G. Unmanned underwater vehicles for scientific applications and robotics research：The ROMEO project[J]. Marine Technology Society Journal，2000，34(2)：3-17.

[8] 罗刚，张然. 无人监测船在城市内河水质监测中的应用[J]. 环境监控与预警，2017，9(1)：18-20.

[9] 吴宇. 小型移动水质监测系统的研究[D]. 杭州：浙江大学，2013.

[10] 魏子凡，俞强，杨松林. 基于CFD不同AUV艇体的阻力性能分析[J]. 中国舰船研究，2014，9(3)：28-37.

[11] 陈安文. 小型高速双体船运动改善措施研究[D]. 济南：山东交通学院，2016.

[12] 孙书鹰，陈志佳，寇超. 新一代嵌入式微处理器STM32F103开发与应用[J]. 微计算机应用，2010，31(12)：59-63.

[13] 吴建锋，罗小文. 基于SI4463的新型物联网组网方式[J]. 电子世界，2016(05)：137-139.

[14] 李欣，孙珊珊. 基于神经网络的自适应PID船舶运动控制器研究[J]. 舰船科学技术，2018，40(8)：28-30.

[15] 徐风云，万隆君，徐轶群，等. 基于北斗的无人船艇数据传输系统研发[J]. 机电工程技术，2018，47(06)：31-35，76.

[16] 方超. 基于北斗的无人船艇的数据传输系统研究[D]. 厦门：集美大学，2017.

[17] 刘仲波. 基于北斗的交通信息服务关键技术研究[D]. 长春：吉林大学，2016.

[18] 张飞，张云，韩彦岭，等. 基于Modbus远程监控的水质在线监测系统的设计与实现[J]. 电子设计工程，2014，22(2)：1-4.

[19] 徐申远，张云，洪中华，等. 基于北斗的低成本无人机倾斜摄影系统的设计与实现[J]. 全球定位系统，2017，42(3)：54-60.

第10章　北斗系统船舶定位与导航产业现状与前景展望

北斗卫星导航系统广泛应用在海上运输、海洋渔业、水文监测等方面，但航运市场对于北斗系统高精度、高效率以及廉价模块等方面有了更高的要求。本章总结了四个前瞻性的北斗系统船舶定位与导航技术，包括人工智能与定位导航技术，面向大众船舶的位置补正信息服务，低轨(LEO)卫星的导航定位增强技术以及通导遥一体化服务。这些技术的发展将使得北斗系统船舶定位与导航更加成熟，从而为国家、社会做出更大的贡献。

10.1　北斗系统的行业应用现状

2003年，北斗卫星导航试验系统发射了两颗卫星，形成了地球同步轨道上的第一颗星座[1]，并已经开始在海上运输、水文监测、海洋渔业、防汛救灾等领域提供服务。北斗卫星和其他卫星导航系统的天线、多模块芯片和板卡等关键技术也取得了重大进步，拥有了自主知识产权，同时也完成了产品化，产生了显著的社会效益和经济效益[2]。同时现在北斗系统在国际化中有良好的发展势头，已经成功在印尼、泰国和巴基斯坦等国家得到广泛应用。

(1) 在海上运输方面，北斗系统在港口口岸实现高精度实时定位监控以及运输过程中重点监控管理等领域得到充分利用。

(2) 在水文监测方面，北斗系统能够实时传输多山地域水文测报信息，能够远距离传输且不受环境限制，大大提高了灾情预报和救助的可靠性。

(3) 在海洋渔业方面，北斗系统成功为渔业管理部门提供紧急救援、监控船位、信息发布以及渔船出入港管理等服务。

(4) 在防汛救灾方面，北斗系统能够准确地进行灾区范围定位和洪水预报预测，成为制定防洪防汛调度方案的重要依据，推进了灾害救助管理工作的信息化、智能化，明显提高了洪汛灾害中应急救援的反应能力和决策能力。

10.2　北斗系统定位导航技术展望

由于航运市场对导航定位的需求不断深入，以及自主航行技术的不断成熟，对北斗系统定位的高精度、高效率、高可靠性、廉价模块等方面提出了更高的要求，本书对于一些前瞻性定位技术做简单描述。

10.2.1 人工智能与定位导航技术

人工智能(artificial intelligence)是研究人类智能活动的规律,并开发用于模拟和扩展人类智能的方法、技术及应用系统的一门新的学科。人工智能是计算机科学的一个分支,它试图了解智能的实质,并研究如何应用计算机的概念与技术来模拟人类智能行为的基本理论、方法和技术。该领域的研究包括语言识别、计算机视觉、自然语言理解和专家系统等。

人工智能技术的实现主要依赖机器学习,机器学习是让计算机拥有智能的根本途径,它能利用某些算法指导计算机从获取的数据中得出适当的模型,并用于对新场景的判断。所有从数据中训练出来的学习算法都属于机器学习范畴,包括早期的最小均方误差、K 均值、决策树,以及 20 世纪 70 年代以来随着小样本问题的引入,涌现出的人工神经网络、支持向量机以及逻辑回归等。其中支持向量机是解决小样本问题的典型方法,在图像识别、海冰检测领域取得了显著的成效[3-4],为保障航运安全提供了技术手段;另外,随着机器学习技术的不断发展,有些算法中出现的局部最优、过拟合问题以及需要人为参与特征提取等问题不断出现,未能获得很好地解决,促成了机器学习新分支—深度学习的出现。深度学习的发展源自机器学习的丰富积累,可以无须人工提取特征,从原始数据中通过组合低层特征不断提取出更高层的抽象表示,从而发现高维数据中错综复杂的特征表达,其目的在于建立模拟人脑进行分析学习的多层神经网络,近年来在图像、语音识别等领域取得不错的研究成果[5-6]。因此,人工智能技术的实现涉及计算机科学、数学、认知科学等十分丰富的学科内容,与目前广泛流行的大数据、物联网等概念,都属于时空服务体系中不可分割的组成部分。

从时空信息技术及其服务体系的角度,北斗导航与定位系统是提供时空感知信息的基本手段之一,能够统领、涵盖并贯通各种各样的信息技术,如相关芯片、定位导航模块、服务终端、系统平台、时空数据、各类应用 App 及软硬件等基础设施,并将其纳入自身体系当中。

近年来,随着“北斗+”概念的提出,北斗数据应用与各个传统行业不断进行融合。这种融合并不是简单的两者相加,而是通过北斗卫星导航定位技术、大数据融合技术、通信技术以及物联网技术,使北斗导航定位系统和传统行业进行深度融合,从而实现重塑产业结构、跨界信息融合、创新应用领域,打造基于北斗+空间信息体系的天地互联。

目前,“北斗+”已经影响到多个行业,包括智能航运、智慧城市及物流监控等,通过与这些领域的结合促进产业信息融合,实现北斗卫星导航的创新应用。而在这些“北斗+”应用领域中,离不开定位导航与人工智能技术的结合,人工智能为时空信息的接收、分析、处理及匹配等提供了技术手段,这是实现智能化应用的基础和关键。随着北斗系统和人工智能技术的不断发展和完善,未来必将对传统行业带来更加深远的影响。

10.2.2 低轨卫星的导航定位增强技术

普通的载波相位差分(real-time kinematic,RTK)方式需要在一定范围内架设基准站以提高移动站的精度，达到厘米级。但是该方式的局限性在于基准站的覆盖范围最多只能是 10 km 左右，超出了该范围后，定位精度会显著下降[7]。显然该方式很难应用于海上高精度定位。利用低轨卫星的增强位置补正信息服务可以有效地保障海洋高精度导航定位服务，实现远海无基站高精度定位。

该技术的核心是实时单点精密算法(precise point positioning，PPP)，以及实时超远距离精密算法(extra-long-distance，RTK)，其中快速整周模糊度解算、电离层模型算法，以及快速精准星历等技术尤为关键。随着 GPS 及北斗系统等三频系统的建立和完成，将带给我们新的机遇来解决这些问题。同时人工智能的方法，也将带给我们新的思维方式。

低轨卫星与其他卫星相比，轨道较低(一般在 100～500 km)，因此信号功率相对较强，一般不易受到自然环境的干扰。如果低轨卫星参加了定位计算以后，可以增加用户可视卫星个数，改善精度因子(dilution of precision，DOP)，提高定位精度，增加系统可靠性。

10.2.3　面向大众船舶自助式航行的位置补正信息服务

目前，低轨星基增强服务的主要服务对象还是专业型定位模块，该类定位模块价格较高，因此极大地束缚了海上高精度导航定位服务的推广。近年来，随着廉价定位模块的性能不断提高，面向大众化的补正信号服务将成为未来的重点[8]，例如“Sapcorda Service”服务。2017 年 8 月 8 日，博世、Geo＋＋、三菱电机和 u－blox 宣布联合组建合资公司 Sapcorda Services GmbH，为大众市场应用提供高精度的 GNSS 定位服务。该服务可以通过互联网和卫星广播提供全球适用的 GNSS 定位服务，目前服务主要面向无人汽车、工业和消费者市场。它的特点是以公共、开放的方式传递数据，实现实时校正数据服务，同时不需要绑定接收器硬件或系统。

该类技术的核心就是开发面向大众化定位模块的高精度定位算法，关键技术是研发减少多径效应的算法。随着该类型服务的不断升级和推广，必将对于低成本无人船的推广，以及船舶高精度导航定位产生巨大的推广作用。

10.2.4　通导遥一体化服务

通信-导航-遥感(通导遥)一体化服务的研究在国内外尚属于空白领域，目前的相关研究主要分别从定位-导航-授时(positioning，navigation，and timing，PNT)服务和遥感服务两个方面独立开展。在 PNT 服务方面，当前具备最广泛覆盖范围和最大用户数量的 PNT 基础设施是全球导航卫星系统，主要包括美国的 GPS、俄罗斯的 GLONASS、中国的北斗系统、欧洲的 GALILEO 系统、日本的 QZSS 和印度的 IRNSS[9-10]，其中运行最为成熟的当属 GPS 和北斗系统。在 PNT 与通信服务集成方面，目前美国正在大力开展 GPS 和铱星(Iridium，通信卫星)系统的导航通信集成(iGPS)研究，以有效提高 PNT 的导航战能力，而北斗系统则创新性地自带双向短报文通信功能，极大地拓展了北斗系统的应用能力。此外，美国《国家 PNT 体系执行计划》也提出了一些指导意见，其宗旨是整合多种可用的 PNT 资源，灵活组合、互为冗余、优势互补，弥补单一系统存在的问题和缺点，提供可用性、完好性、鲁棒性更好的 PNT 服务。其关注点仍然仅仅聚焦于 PNT 增强服务方面，而尚未考虑构建通信-导航-遥感的一体化系统，以充分发掘多功能系统组网与服务的巨大潜力。

因此，有必要研究由通信卫星、导航卫星和遥感卫星等空间节点组成的通导遥一体化网络实时监测系统，通过一体化组网实时获取、传输和处理海量数据，依据不同地面任务信息（地理位置、观测区域大小、目标类型）智能规划星地协同的数据处理模式与流程，实现自动化、智能化的星地协同处理，从而快速提供任务决策所需的高精度、高质量、高可靠空间决策支持信息，实时地为不同用户提供通信-导航-遥感服务，实现海上敏感目标以及船舶的实时监测，保障海洋经济与军事安全。

参考文献

[1] To Be More Precise: The Beidou Satellite Navigation and Positioning System[2007-05-25]. https://jamestown.org/program/to-be-more-precise-the-beidou-satellite-navigation-and-positioning-system

[2] 李冬航，姬晨，董力伟. 我国卫星导航与位置服务产业发展现状与思考[J]. 导航定位学报，2013，1(3)：6-10.

[3] Cortes C, Vapnik V. Support-vector networks[J]. Machine learning, 1995, 20(3): 273-297.

[4] Yanling Han, Peng Li, Yun Zhang, et al. Combining active learning and transductive support vector machines for sea ice detection. Journal of Applied Remote Sensing, 2018, 12(2): 1.

[5] 马世龙，乌尼日其其格，李小平. 大数据与深度学习综述[J]. 智能系统学报，2016，11(6)：728-739.

[6] Lecun Y, Bengio Y, Hinton G. Deep Learning[J]. Nature, 2015, 521(7553): 436-444.

[7] 曹西京，张登榜，朱本辉. RTK-GPS 技术及其在 AGV 导航中的应用[J]. 物流技术，2015，34(19)：252-255.

[8] 邓跃进，龚婧. 地理信息与位置服务标准在智慧城市中的应用[J]. 信息技术与标准化，2017(10)：21-24.

[9] 叶峰屹，高晓雷. 北斗卫星导航系统篇[J]. 国际太空，2018(01)：14-17.

[10] 郝蓉. 浅析全球卫星导航定位系统[J]. 内燃机与配件，2017(21)：143-144.

缩 略 语 表

缩略词	英 文 全 称	中 文 名 称
ADC	analog-to-digital converter	模数转换器
AI	artificial intelligence	人工智能
AIS	automatic identification system	船舶自动识别系统
APP	application	应用程序
ARCS	admiralty grating scan chart service	英版光栅扫描海图服务
ARPA	automatic radar plotting aids	自动雷达标绘仪
ATS	automatic identification system	船舶自动识别系统
AUI	autosub under ice	冰下调查型水下自主航行器
AUV	autonomous underwater vehicle	水下自主航行器
BDS	Bei Dou navigation satellite system	北斗卫星导航系统
BDT	Bei Dou time	北斗时
CAN	controller area network	控制器局域网络
CDMA	code division multiple access	码分多址
CORS	continuously operating reference stations	连续运行参考站
CPU	central processing unit	中央处理器
DD	double difference	双差
DGPS	differential global positioning system	差分全球定位系统
DLL	delay locked loop	延迟锁相环
DOP	dilution of precision	定位精度强弱度
DR	dead-reckoning	航位推算
DSP	digital signal processing	数字信号处理
ECDTS	electronic chart display and information system	电子海图显示和信息系统
ECEF	earth centered earth fixed	空间直角坐标系
ECS	electronic chart system	电子海图系统
EGNOS	European geostationary navigation overlay service	欧洲地球静止导航重叠服务
ENC	electronic navigational (nautical) Chart	电子导航海图
ESA	European Space Agency	欧洲航天局/欧洲太空总署
FDMA	frequency division multiple access	频分多址
FFT	fast Fourier transformation	快速傅里叶变换

（续表）

缩略词	英 文 全 称	中 文 名 称
GAGAN	GPS-aided GEO-augmented navigation	GPS 辅助 GEO 增强导航系统
GALILEO	Galileo satellite navigation system	伽利略卫星导航系统
GDOP	geometric dilution of precision	几何精度因子
GEO	geostationary earth orbit	地球静止轨道
GF	geometry-free	几何无关
GIS	geographic information system	地理信息系统
GMDSS	global maritime distress and safety system	全球海上遇险与安全系统
GNSS	global navigation satellite system	全球卫星导航系统
GPIO	general purpose input output	通用输入/输出
GPRS	general packet radio service	通用分组无线服务
GPS	global positioning system	全球定位系统
GSM	global system for mobile communications	全球移动通信系统
HLR	home location register	归属位置寄存器
I/O	input/output	输入/输出
I2C	inter-integrated circuit	内部集成电路
IC	integrated circuit	集成电路
ID	identification	身份证
IF	ionosphere-free	电离层无关
IGSO	inclined geosynchronous satellite orbit	倾斜地球同步轨道
IHO	International Hydrographic Organization	国际航道组织
IIS	integrate interface of sound	集成音频接口
IMO	International Maritime Organization	国际海事组织
IRNSS	Indian Regional Navigation Satellite System	印度区域导航卫星系统
ISRO	Indian Space Research Organization	印度空间研究组织
LEO	low earth orbit	低轨道
LSAST	Least-square ambiguity search technique	最小二乘模糊搜索算法
MEO	medium earth orbit	中圆地球轨道
MSAS	multi-functional satellite augmentation system	多功能卫星增强系统
MSC	mobile switching center	移动交换中心
PC	personal computer	个人计算机
PDOP	position dilution of precision	位置精度因子
pH	potential of Hydrogen	氢离子浓度指数
PLL	phase locked loop	锁相回路
PNT	positioning navigation, and timing	定位导航授时
PPP	precise point positioning	单点精密算法

（续表）

缩略词	英文全称	中文名称
QZO	quasi-zenith orbit	准天顶轨道
QZSS	quasi-zenith satellite system	准天顶卫星系统
RCDS	raster chart display system	光栅海图显示系统
RDSS	radio determination satellite service	卫星无线电测定服务
RMS	root mean square	均方根值
RNSS	radio navigation satellite system	卫星无线电导航服务
RTK	real-time kinematic	实时动态
SCADA	supervisory control and data acquisition	数据采集与监视控制系统
SD	single difference	单差
SIM	subscriber identification module	用户身份识别模块
SMS	short message service	短信息服务
SMSC	short message service center	短消息服务中心
SPI	serial peripheral interface	串行外设接口
UKHO	United Kingdom Hydrographic Organization	英国航道组织
USART	universal synchronous /asynchronous receiver /transmitter	通用同步/异步串行接收/发送器
USB	universal serial bus	通用串行总线
UTC	coordinated universal time	世界协调时间
VLR	visitor location register	来访位置寄存器
VTS	vessel traffic service	船舶交通服务